新编畜禽饲料配方600例丛书

昝林森　辛亚平　田万强　主编

新编肉牛饲料配方

600例

（第二版）

化学工业出版社
·北京·

图书在版编目（CIP）数据

新编肉牛饲料配方 600 例/昝林森，辛亚平，田万强
主编.—2 版.—北京：化学工业出版社，2017.1（2023.11重印）
（新编畜禽饲料配方 600 例丛书）
ISBN 978-7-122-28520-1

Ⅰ.①新… Ⅱ.①昝… ②辛… ③田… Ⅲ.①肉牛-
配合饲料-配方 Ⅳ.①S823.95

中国版本图书馆 CIP 数据核字（2016）第 274271 号

责任编辑：邵桂林　　　　　　　　装帧设计：张　辉
责任校对：吴　静

出版发行：化学工业出版社
　　　　　（北京市东城区青年湖南街 13 号　邮政编码 100011）
印　　装：北京印刷集团有限责任公司
850mm×1168mm　1/32　印张 8　字数 223 千字
2023 年 11 月北京第 2 版第 11 次印刷

购书咨询：010-64518888　　　　　　售后服务：010-64518899
网　　址：http://www.cip.com.cn
凡购买本书，如有缺损质量问题，本社销售中心负责调换。

定　　价：40.00 元　　　　　　　　　版权所有　违者必究

编写人员名单

主　　编　昝林森　辛亚平　田万强

编写人员　（按姓氏笔画排序）

田万强　李林强　杨　帆　辛亚平

昝林森　曹阳春　梅楚刚

前　言

　　《新编肉牛饲料配方 600 例》（第二版）是依据我国肉牛营养和饲料科技研究的最新成果，采用最新《中国饲料成分及营养价值表》（2014 年第 25 版），结合各地饲草饲料资源特点，在吸收《新编肉牛饲料配方 600 例（第一版）》精华的基础上，经编写组专家修改补充后形成的。

　　与第一版相比，此次修订充分体现了科学性、准确性、先进性和实用性的特点，在专业术语、饲料原料名称、营养指标方面更加规范和严谨，更加注重营养指标、感官指标、安全指标的统一，实用性和可操作性兼备，更加方便肉牛从业人员和养殖场参考选用。

　　本书内容丰富，在介绍肉牛常用饲料的种类和营养特点、肉牛营养物质需要的种类与特点、饲料的加工与调制技术、日粮配制的基础知识的基础上，推荐了适用于不同地区的哺乳期犊牛开食料饲料配方、哺乳犊牛全价饲料配方、哺乳犊牛浓缩饲料配方、断奶犊牛全价饲料配方、断奶犊牛浓缩饲料配方、育成牛全价饲料配方、育成牛浓缩饲料配方、青年牛全价饲料配方、青年牛浓缩饲料配方、成年牛全价饲料配方、成年牛浓缩饲料配方等，共计近 600 例。

　　由于笔者水平有限，如有不妥或不当之处，敬请同行专家和广大读者批评指正。

编者

2016.10

第一版前言

近年来，随着我国农业产业结构的调整，肉牛业的经济效益、社会效益日益突显，在有些地方已经成为带动当地经济发展的支柱产业。

随着肉牛产业化的不断发展，专业户和养殖企业对肉牛饲养技术的要求也越来越高。为了适应农村产业结构的调整以及优质高效肉牛业的发展，大力普及先进实用的肉牛饲养技术，使广大肉牛养殖者掌握更多的有关肉牛营养、日粮配制、饲草料加工调制、饲喂等方面的科技知识，使肉牛饲养更加科学合理，肉牛生产水平和经济效益得到更大提高，西北农林科技大学的专家学者紧密围绕我国肉牛生产的特点以及生产中经常遇到的问题，在吸取国内外肉牛饲养新技术和先进理念的同时，组织编写了《新编肉牛饲料配方600例》一书。

本书主要结合现代肉牛生产的实际需要，在介绍了肉牛常用饲料的种类和营养特点、肉牛需要的营养物质种类与特点、饲料的调制和日粮配合技术的基础上，针对性地重点列举介绍了肉牛不同生理阶段的600多例日粮配方以及相应的饲养管理要点。本书所列举的配方贴近肉牛饲料生产实际，具有较高的参考和使用价值，有的可以直接使用，有的可根据本地饲料实际情况略加修改即可使用。本书实用性强，知识系统全面，重点突出，不仅适用于饲料厂、养牛场，而且也适用于从事肉牛业的广大技术人员及专业人员参考。

由于笔者水平有限，如有不妥之处，敬请同行专家和广大读者批评指正。

编者
2009.1

目　录

第一章 肉牛饲料配制的基本要领

饲料是发展优质高效肉牛业的物质基础和先决条件，大力开发和合理利用各种饲料资源是保证肉牛业持续、稳定及协调发展的重要措施。我国就畜牧业发展而言，饲料不足、人畜争粮的矛盾一直很突出，饲料蛋白质资源匮乏。而我国广大农村，特别是种植玉米、小麦、谷物、高粱、红薯的平原地区和广阔的草原地区，作物秸秆和青草非常丰富，但一直没有得到充分合理地开发和利用，甚至焚烧而造成了极大浪费，也对环境带来了严重污染。如能全面了解和掌握饲料的加工与调制技术，充分利用这些资源来发展肉牛业，变废为宝，不仅能促进肉牛业的发展，而且还可以带来显著的经济效益。

第一节 肉牛常用饲料的种类和营养特点

目前，我国主要用于肉牛养殖的饲料有粗饲料、精饲料和添加剂饲料等。肉牛采食的饲料首先是用于满足维持需要，多余的营养用于生长和繁殖。在肉牛日常对营养物质的消化吸收中，碳水化合物是肉牛的主要营养来源。碳水化合物包括两大内容：一是精料，主要含有淀粉和可溶性糖；二是牧草和其他粗饲料，如干草、作物秸秆和青贮料，这类饲料的粗纤维含量很高，这些粗纤维约有45％在牛的瘤胃内消化、10％在大肠内消化。粗纤维在瘤胃内被微生物分解的最终产物是挥发性脂肪酸，到达大肠的粗纤维也同样被栖居在那里的微生物所降解。母牛集约化饲养的主要饲料就是粗饲料，其次是精料，再次是维生素和无机盐等添加剂饲料等。

一、粗饲料

按国际饲料的分类，凡是饲料中粗纤维含量在18％以上或细胞壁含量为35％以上的饲料，统称为粗饲料。

粗饲料对肉牛极为重要，这是因为粗饲料不仅为肉牛提供养分，而且对肌肉生长和胃肠道活动还起着促进作用。能饲喂肉牛的粗饲料主要有青干草、农作物秸秆等。

干草是指植物在不同生长阶段收割后被干燥、保存的饲草。干草作为重要的粗饲料，在肉牛生产中使用广泛，一般可占肥育肉牛日粮能量的30％，占其他肉牛日粮能量的90％。干草的种类包括禾本科牧草和豆科牧草，它们不仅是肉牛的主要能量来源，而且豆科牧草还是很好的蛋白质来源。豆科牧草中紫花苜蓿营养价值最高，有牧草之王的美称。优质的牧草可以代替青饲料。

与干草相比，农作物秸秆的使用更为普遍。我国秸秆年产量近6亿吨，主要来源于玉米、小麦、水稻、高粱、燕麦和谷子等作物。这些作物秸秆的粗纤维含量高，直接饲喂牛时只能满足维持需要，但不能增重。而要提高其利用价值，则需要采取适当的方法进行加工处理。粗饲料有以下特点。

① 体积大，适口性差。粗饲料的质地一般较粗硬，适口性差。

② 维生素D含量丰富，其他维生素则少，但优质干草含有较多的胡萝卜素。

③ 粗饲料含钙量高，而含磷量低。

④ 各种粗饲料的粗蛋白含量差异很大。豆科干草含粗蛋白为10％～18％，禾本科干草为6％～10％，而禾本科秸秆、秕壳仅为2％～5％。秸秆中的粗蛋白还很难消化，如苜蓿干草粗蛋白的消化率为71％，而大豆仅为21％，稻草则为16％。

⑤ 粗纤维含量高，无氮浸出物难消化。粗饲料的粗纤维含量为20％～45％，而且粗纤维中含有较高的木质，很难消化。例如苜蓿干草粗纤维的消化率为45％，大豆秕壳仅为36％。在粗饲料中，特别是秕秸类的无氮浸出物中缺乏淀粉和糖，主要是半纤维素及缩成糖的可溶部分，因此消化率低。例如块根、块茎及谷实的无

氮浸出物消化率达 90％，而苜蓿干草无氮浸出物的消化率为 70％，稻草为 48％，花生壳仅为 12％。

⑥ 成本低。粗饲料是肉牛最主要、最廉价的饲料。特别是在我国各大农作区的植物秸秆和野草，非常丰富廉价。

（1）青干草 青干草是指经收割、干燥和储存含 85％～90％干物质的禾本科、豆科牧草及谷类作物等。优质干草呈绿色、多叶、柔韧，含粗蛋白、胡萝卜素、维生素 D、维生素 E 及矿物质较丰富，适口性好。豆科青干草粗蛋白含量 10％～18％，禾本科为6％～10％。豆科及禾本科青干草粗纤维含量为 20％～30％，所含能量为玉米的 30％～50％。

目前常用的豆科青干草有苜蓿、沙打旺、草木樨等，是牛的主要粗饲料，它们在成熟早期营养价值丰富，富含可消化粗蛋白、钙以及胡萝卜素等。豆科干草的纤维在瘤胃中发酵通常比其他牧草纤维快，因此牛摄入的豆科干草总是高于其他牧草。豆科干草适宜的收割期为果实形成的中晚期。

禾本科干草主要有羊草、披碱草、冰草、黑麦草、无芒雀麦、苏丹草等，数量大，适口性好，但干草间品质差异大。这类牧草适宜的收割期为孕穗晚期到出穗早期。谷类青干草有燕麦、大麦、黑麦等，属低质粗饲料，蛋白质和矿物质含量低，木质素成分高。各种谷物中，可消化程度最高的是燕麦干草，其次是大麦干草，最差的是小麦干草。

（2）秸秆 农作物收获籽实后的茎秆、叶片等统称为秸秆。秸秆粗纤维含量高，为 25％～30％，难消化。豆秕壳消化率为 36％，稻草为 48％，花生壳为 12％。秸秆蛋白质含量低，禾本科秸秆、秕壳蛋白质含量为 3％～5％，大豆秸为 21％，稻草为 16％。秸秆含钙量高，含磷量低。干甘薯蔓含钙量达 2％以上，豆科秸秆秕壳含钙量 1.5％左右，禾本科秸秆为 0.2％～0.4％，各种秸秆含磷量多为 0.1％以下。粗饲料含钾量较多，属碱性饲料，适合喂肉牛。

二、精饲料

精饲料是指粗纤维含量低于 18％、无氮浸出物含量高的饲料。

谷物、饼粕、面粉业的副产品都是精饲料。在肉牛饲养中，精饲料是其生长过程中的一种补充料。除肥育牛日粮精饲料的含量稍高一些外，母牛和育成牛仅喂少量精料就可以保证维持其生长的需要。精饲料又分为能量饲料、蛋白质饲料等。

1. 能量饲料

粗纤维含量低于 18%、蛋白质低于 20%饲料为能量饲料。

（1）谷实类饲料　主要来源于禾本科植物的籽实。我国常用的有玉米、大麦、燕麦、黑麦、小麦、稻谷和高粱等，其中以玉米为最多。谷实类饲料是能量饲料的主要来源，需要量很大，占育肥期日粮的 40%～70%。谷实类饲料的营养特点是干物质中无氮浸出物含量为 70%～80%，粗蛋白含量为 8%～13%，脂肪含量 2%左右，纤维含量一般在 3%以下，消化率高。

① 玉米。它是禾本科籽实中淀粉含量较高的饲料，70%为无氮浸出物，几乎全是淀粉，是含能量最高的饲料。粗纤维含量少，易被消化。其有机物质消化率达 90%。玉米的蛋白质含量 8%，是由生物学价值较低的玉米蛋白和谷蛋白构成。胡萝卜素含量也低。

因玉米中所含的可利用物质高于任何一种谷实类饲料，其在肉牛中使用的比例最大，因而被称为饲料之王。由于玉米的不饱和脂肪酸含量高，粉碎后的玉米粉易于酸败变质，不宜长期保存。因此养殖场以储存整粒玉米最佳，黄玉米中含胡萝卜素和叶黄素，营养价值高于白玉米。此外，带芯玉米饲喂肉牛效果更好。在满足肉牛蛋白质、钙和磷的需要后，肉牛所需能量可以全部通过饲喂玉米来达到。

② 大麦。大麦在精料中是含蛋白质较高的饲料，比玉米含蛋白质明显要高，品质也较玉米好，是肉牛饲养上生产高档优质肉块和改善脂肪色泽及脂肪硬度的优质能量饲料。其粗纤维含量为 5.2%，但脂肪含量较低，所以总营养价值较玉米低。因大麦含较多的粗纤维，所以质地疏松。大麦被认为是生产高档牛肉最好的精料。

③ 小麦。与玉米相比，小麦所含能量较低，但蛋白质及维生素含量较高，缺乏赖氨酸，所含 B 族维生素及维生素 E 较多。小

麦的过瘤胃淀粉较玉米、高粱低，牛饲料中的用量以不超过50%为宜，并以粉碎和压片效果最佳，不能整粒饲喂或粉碎得过细。

④ 燕麦。燕麦总的营养价值低于玉米，但蛋白质含量较高，约11%；粗纤维含量较高，为10%～13%，能量较低；富含B族维生素，脂溶性维生素和矿物质较少，钙少磷多。燕麦是牛的极好饲料，喂前应适当粉碎。

⑤ 高粱。它的营养价值稍低于玉米，相当于玉米的90%～95%。无氮浸出物为68%，其中主要是淀粉；蛋白质含量稍高于玉米，但品质较差；粗纤维和脂肪含量比玉米低，具有与玉米相似的缺陷。高粱含有鞣酸，所以适口性不如玉米，且易引起牛便秘。

（2）糠麸料　糠麸料是谷实加工的副产品，是牛营养性饲料中的重要组成部分。这类饲料包括小麦麸、米糠、次粉、玉米皮、大豆皮等，糠麸类饲料主要是谷物籽实的种皮、少量的胚和胚乳，其粗纤维含量为9%～14%，粗蛋白含量为12%～15%，钙磷比例不平衡，磷的含量高约为1%，它们都是蛋白质或磷等营养的有效补充物，是养肉牛的精料配方中常用组分。

（3）其他高能量饲料　高能量饲料是指饲料中无氮浸出物高、粗纤维低，所含可利用能量高的饲料，像块根、块茎及其加工的副产品，动物和植物的油脂以及糖、蜜等都属于这类饲料。块根、块茎也称多汁饲料，包括胡萝卜、甘薯、木薯、马铃薯、饲用甜菜和芜菁等。这类饲料的干物质中淀粉和糖类含量高，蛋白质含量低，纤维素少且不含木质素，是适口性好的饲料。多汁饲料水分含量高，一般含水量为75%～90%。具有轻泻作用，对泌乳母牛还起催乳作用，因此一般不作肉牛育肥期的饲料，而适用于犊牛和产奶牛的饲喂。

① 甜菜。它是肉牛的优良多汁饲料，根据甜菜中干物质含量的不同，可分为饲用甜菜和糖用甜菜两种。饲用甜菜中干物质含量较少，一般只有12%左右，总营养价值不高。糖用甜菜中干物质含量较多，而且富含糖分。甜菜叶中还含有大量草酸，不利于肉牛消化吸收饲料中的钙，所以需在每100千克鲜叶中补加125克磷酸钙，以中和草酸。最好与其他饲草饲料混喂，以防腹泻。

② 胡萝卜。胡萝卜含有较多的糖分和大量的胡萝卜素（每千克含 100～200 毫克），适口性强，是肉牛维生素的最好来源，对生长和泌乳都具有良好的作用。胡萝卜以生喂为宜，但必须洗净后再喂，也可将胡萝卜切碎，加入麦麸、草粉、干甜菜丝等饲喂。

③ 甘薯。甘薯中干物质含量约为 30%，主要为淀粉和糖分，营养价值较高。红色或黄色的甘薯含有大量胡萝卜素（每千克约含 60～120 毫克），缺乏磷和钙。甘薯味甜美，适口性好，容易消化。喂量根据牛的粪便变化情况进行调整，不可过量，否则牛易拉稀。可将甘薯蔓铡短调成青贮饲料，冬春季饲用。禁用黑斑病甘薯喂牛，以防中毒。

2. 蛋白质饲料

蛋白质含量在 20% 以上的饲料称为蛋白质饲料。蛋白质饲料在生产中起着关键作用，影响着肉牛的生长与增重，其使用量比能量饲料少，一般占日粮的 10%～20%。肉牛的蛋白质饲料主要是粕。豆粕的粗蛋白含量高、氨基酸平衡、适口性好，用它可以全部满足肉牛对蛋白质的需要量。此外常用的还有棉粕，它在肉牛精料中的比例达到 20%～30%，菜粕的比例也在 20% 左右，其育肥效果很好。在我国市场上所见的花生饼，大部分是去壳后榨油的原料，习惯上称为花生仁饼，它的粗蛋白含量为 43%～50%，适口性好。亚麻籽饼、葵花籽饼以及芝麻饼粕等也都是肉牛育肥期很好的饲料。

（1）植物性蛋白饲料

① 饼（粕）类。饼（粕）类是主要的蛋白饲料，也是精料中的关键饲料，是蛋白质的主导成分。饼（粕）价格较高，肉牛日粮搭配中蛋白质的供给不要单一地依靠饼（粕）类饲料，否则会增加成本。可以充分利用其他家畜所不用的或很少用的棉饼类，以达到育肥目的。在营养成分上要弥补饼（粕）类饲料维生素不足的缺点。

a. 大豆粕。大豆粕是粕类饲料中数量最多的一种，有黄豆粕、黑豆粕两种，一般粗蛋白含量在 40% 以上，其中必需氨基酸的含量比其他植物性的饲料都高，如赖氨酸含量是玉米的 10 倍。因此，它是植物性饲料中生物学价值最高的一种。豆粕的适口性好，营养成分较全面。

b. 棉籽粕。其粗蛋白含量仅次于豆粕，蛋白质含量高达36％～48％，但赖氨酸缺乏，蛋氨酸、色氨酸都高于豆粕，含钙少，缺乏维生素 A、维生素 D。棉籽粕中含有棉酚，对血液、神经等有损害作用，因此，喂牛时先要去毒。棉籽粕去毒的方法很多，如用清水泡、碱水（1％～2％）泡或煮沸等，其中以煮沸去毒的效果最好。用去毒的棉籽粕喂牛，一般由少到多，逐步达到规定量。喂量成年牛每头每天喂 2～3 千克，育成牛 1～1.5 千克。切忌饲喂受潮发霉的棉籽粕，饲喂棉籽粕时，同时加喂青干草和矿物质效果更好，并可降低毒性。

c. 菜籽粕。菜籽粕是高蛋白质饲料，其氨基酸成分不亚于大豆粕，但适口性差，含有菜籽粕毒（异硫氰酸盐等），但牛对此毒的敏感性较低，使用时要限量，每天喂 1～2 千克，不会出现中毒症状。

d. 胡麻粕。胡麻粕也称亚麻仁粕，蛋白质含量略低，约为35％，是很好的轻泻剂，使牛肠道畅通，被毛光亮，用作修饰日粮。但含有氢氰酸，能使牛中毒。防止的方法是用凉水浸泡或高热蒸煮，以减弱或破坏亚麻酶分解亚麻配糖体形成氢氰酸的作用。成年牛的采食量不超过 3～4 千克。

e. 花生粕。花生粕是适口而优质的蛋白质补充料。蛋白质含量为 41％～50％，脂肪含量为 4.5％～8％，但蛋氨酸、赖氨酸、色氨酸、钙、胡萝卜素和维生素 D 的含量低，且不宜越夏久藏，应使用新鲜的花生粕。

② 糟渣料及工业副产品。酒精、啤酒、白酒、淀粉、制糖、酱坊、醋坊、粉丝、造纸等行业的副产品都可用作饲料。这类饲料因主产品的原料不同，副产品的营养成分各异，但优点是价格比较低廉，有的含有相当可观的粗蛋白，有的具有很高的能量，且可提供某些特殊的维生素。

a. 酒糟。白酒糟和啤酒糟这两类副产品是粮食经过发酵的产物，按绝干物含量计算，粗蛋白量达 15％～25％，粗脂肪 2％～

5％，无氮浸出物 35％～41％，粗灰分 11％～14％，钙 0.3％～0.6％，磷 0.2％～0.7％，而纤维素为 15％～20％。

b. 糖渣。由甘蔗或甜菜生产的糖渣、糖蜜以及柑橘糖等，大多为通过酶或酸脱水，以及其他精炼工艺后的副产物，是重要的能量饲料，微量元素等成分也很丰富。按干物质计每 2 千克甜菜渣相当于 0.8 千克玉米的营养。糖蜜是十分有用的饲料，除直接饲喂以外，尚用于饲料调味剂、颗粒饲料结合剂以及舔砖的结合剂等。喂量不宜过大，在牛的日粮中一般控制在 10％～15％。

c. 粉渣。我国常用的淀粉用玉米、甘薯、木薯、小麦等制作，这些浆状物经过滤或脱水后是良好的饲料。酱油渣、粕糖渣等都属此类。这类粉渣的加工废液中可能有重金属元素及其他的残留物，在饲喂时只作为补充料，不用作主料。

d. 豆腐渣。新鲜豆腐渣含水分 80％以上，含粗蛋白 3.4％左右。由于豆腐渣含水多，容易酸败，饲喂过量易使牛拉稀，而且维生素也较缺乏，因此，最好煮熟再饲喂，并搭配其他饲料。

（2）微生物性蛋白饲料　其蛋白质含量很高，占 40％～50％，主要是菌体蛋白，其中真蛋白质占到 80％，蛋白质的品质介于动物性蛋白饲料与植物性蛋白饲料之间。

3. 添加剂

（1）矿物质添加剂　矿物质添加剂一般指为牛提供食盐、钙源及磷源的物质。

① 食盐。食盐的主要成分是氯化钠，用其可补充植物性饲料中钠和氯的不足，还可以提高饲料的适口性，增加食欲。牛喂量为精料的 1％～2％。

② 石粉、贝壳粉。石粉和贝壳粉是廉价的钙源，含钙量分别为 38％和 33％左右，是补充钙营养的最廉价的矿物质。

③ 磷酸钙。磷酸氢钙的磷含量在 18％以上，含钙不低于 23％；磷酸二氢钙含磷 21％、钙 20％；磷酸钙（磷酸三钙）含磷 20％、钙 39％，是常用的无机磷源饲料。为了预防疯牛病，牛日粮禁用动物性饲料骨粉、肉骨粉及血粉等。

（2）微量元素添加剂　牛常需要补充的微量元素有 7 种，即铁、铜、锰、锌、硒、碘、钴。微量元素的应用开发经历了三个阶段，即无机盐阶段、简单的有机化合物阶段和氨基酸螯合物阶段。目前我国常用的微量元素添加剂主要还是无机盐类。微量元素氨基酸螯合物是指以微量元素离子为中心原子，通过配位键、共价键或离子键同配体氨基酸或低分子肽合成的复杂螯合物。微量元素氨基酸螯合物稳定性好，具有较高的生物学效价及特殊的生理功能，成本高，目前在生产中还不能替代常规的添加形式。

研究表明，微量元素氨基酸螯合物能使被毛光亮，并且能治疗肺炎、腹泻等。用氨基酸螯合锌、氨基酸螯合铜加抗坏血酸饲喂小牛，可以治疗小牛沙门菌感染。例如蛋氨酸锌在瘤胃中具有抗降解作用，锌的吸收率同氧化锌。通过尿排泄，在血液中浓度维持时间较长。我国黄牛日粮中每天添加 500 毫克蛋氨酸锌，增重比对照组提高 20.7%。另有报道，添加蛋氨酸锌可减少奶牛腐蹄病的发生。

日粮中添加微量元素除了要考虑微量元素的化合物形式外，还要考虑各种微量元素之间存在的拮抗和协同的关系。如日粮中锰的含量较低时会造成肉牛体内硒水平的下降；日粮中钴、硫的含量与肉牛体内硒的含量呈负相关。

（3）维生素添加剂 在犊牛瘤胃发育正常以前，B 族维生素必须由日粮补给；而在成年牛中由瘤胃微生物所合成，不需要日粮供应。然而维生素 A、维生素 D、维生素 E 不能由瘤胃内微生物合成，必须由日粮补充。

① 维生素 A 与 β-胡萝卜素添加剂。在以干秸秆为主要粗料、无青绿饲料时，高精料日粮或饲料储存时间过长都容易缺乏维生素 A。维生素 A 是牛日粮中最容易缺乏的维生素。β-胡萝卜素具有调节血液淋巴细胞防御功能的作用。在日粮中添加 β-胡萝卜素可改善牛的繁殖性能和减少乳房炎的发生，据报道，添加 β-胡萝卜素可减少母牛每次怀孕的配种次数和空怀天数。

② 维生素 D 添加剂。维生素 D 可以调节钙磷的吸收。用高精料日粮和高青贮日粮时牛容易缺乏维生素 D。在以干秸秆为主要粗料、无青绿饲料时，应注意维生素 D_3 的供给。

③ 维生素 E 添加剂。维生素 E 也叫生育酚，能促进维生素 A

的利用，其代谢又与硒有协同作用，维生素E缺乏时容易造成白肌病。

（4）缓冲剂 缓冲剂是一类能增强溶液酸碱缓冲能力的化学物质，用于牛的生产主要是防止反刍动物酸中毒和提高反刍动物生产性能。一般认为在牛高精料日粮、大量酸性青贮料、啤酒糟或者饲料加工过细的日粮中，添加缓冲剂可调整瘤胃pH值、中和胃酸、增进食欲，保证牛的健康，有助于提高牛的生产性能。比较理想的缓冲剂首推碳酸氢钠（小苏打），其次是氧化镁，乙酸钠近年也引起了人们的重视。

① 碳酸氢钠。碳酸氢钠主要作用是调节瘤胃酸碱度，增进食欲，提高牛对饲料的消化率，以满足生产需要。碳酸氢钠添加量因牛的日粮而异，通常占精料补充料的1.5%。添加时可采用每周逐渐增加（0.5%、1%、1.5%）喂量的方法，以免造成初期突然添加使采食量下降等。

② 氧化镁。氧化镁的主要作用是维持瘤胃适宜的酸度，增强食欲，增加日粮干物质采食量，有利于粗纤维和糖类消化。用量一般占精料补充料的0.75%或占整个日粮干物质的0.3%~0.5%。

碳酸氢钠与氧化镁二者同时使用效果更好，合用比例以（2~3）：1较好。

③ 乙酸钠。乙酸钠的主要作用是在畜体内分解成乙酸根与钠离子，为乳脂合成提供脂肪前体。它还能起缓冲作用，改善瘤胃内环境，有利于瘤胃内微生物的生长、繁殖和对各种营养物质的分解、消化及吸收，提高了饲料的利用率。钠离子可以促进畜体内电解质和酸碱平衡，激活肝脏、肾脏和肠黏膜，并经细胞传递营养。用量为每千克体重饲喂0.50克，均匀混合于饲料中饲喂。

（5）饲料药物添加剂 饲料药物添加剂是一种抑制微生物生长或破坏微生物生命活动的物质。主要用于犊牛和肉牛育肥阶段。

① 莫能菌素。莫能菌素又称瘤胃素，其作用主要是通过减少甲烷气体能量损失和饲料蛋白质降解、脱氨损失以及控制和提高瘤胃发酵效率，从而提高增重速度及饲料转化率。放牧肉牛和以粗饲

料为主的舍饲肉牛，每日每头添加 150～200 毫克瘤胃素，舍饲肉牛日增重比对照牛提高 13.5％～15.0％，放牧肉牛日增重提高 23％～45％。高精料强度育肥舍饲肉牛，每日每头添加 150～200 毫克瘤胃素，日增重比对照组提高 1.6％，每千克增重减少饲料消耗 7.5％；若每千克日粮干物质添加 30 毫克，饲料转化率提高 10％左右。熊易强等在舍饲肉牛日粮中添加瘤胃素，日增重提高 17.1％，每千克增重减少饲料消耗约 15％，估计与我国肉牛拴系饲养而非自由采食的特殊育肥方式有关。瘤胃素的用量为肉牛每千克日粮 30 毫克或每千克精料混合料 40～60 毫克。

② 益生素或饲用微生物活菌制剂。用于奶牛的主要作用是补充有益菌群，维持消化道微生物区系平衡，产生有机酸、过氧化氢和抗生素等，抑制有害微生物生长，使消化道功能正常化；刺激机体免疫系统，强化非特异性免疫反应，提高机体免疫力；可改善机体代谢，提高肉牛生产性能，防止有毒物质积累。

目前用于生产益生素的菌种主要有乳酸杆菌属、粪链球菌属、芽孢杆菌属和酵母菌属等。牛则偏重于真菌、酵母类，并以曲霉菌效果较好。

③ 酵母培养物。酵母培养物通常指用固体或液体培养基经发酵菌发酵后所形成的微生态制品。它由酵母细胞代谢产物和经过发酵后变异的培养基，以及少量已无活性的酵母细胞所构成。含有氨基酸、B 族维生素、矿物质、消化酶和未知促生长因子，它具有能够刺激胃肠内有益微生物（蛋白质合成菌、纤维分解菌等）生长，保证瘤胃正常发酵，从而达到提高饲料利用率和改善肉牛生产力水平的作用。

④ 酶制剂。酶制剂主要是采用微生物发酵法从细菌、真菌、酵母菌等微生物中提取或从植物中提取。酶制剂的作用是通过参与生化反应，提高其反应速度而促进蛋白质、脂肪、淀粉和纤维素的水解，具有促进饲料的消化吸收、提高饲料利用率和促进牛生产性能等作用。

在制剂类型上，既有单一酶制剂，又有复合酶制剂。牛使用的酶制剂，目前主要是纤维素降解酶类和瘤胃粗酶制剂等。

第二节　肉牛需要的营养物质种类和特点

在肉牛有机体的生活条件中，营养是最重要的因素。肉牛欲维持生命和健康，确保正常的生长发育和组织修复等，必须由体外摄取所需的种种物质，此类物质称为营养物质。牛对各种营养物质的需要因其品种、年龄、性别、生产目的、生产性能的不同而异，一般均需要水、碳水化合物、脂肪、蛋白质、无机盐、维生素及能量等。

一、水分

水分本身虽不含营养要素，但它是生命和一切生理活动的基础。据测定，牛体含水量占体重的 55%～65%，牛肉含水量为 64%～73%。此外，各种营养物质在牛体内的溶解、吸收、运输。代谢过程所产生的废物的排泄，体温的调节等均需要水。所以水是生命活动不可缺少的物质。缺水会引起代谢紊乱，消化吸收发生障碍，蛋白质和非蛋白质含氮物的代谢产物排泄困难，血液循环受阻，体温上升，结果导致发病，甚至死亡。水对犊牛和泌乳牛更为重要，泌乳牛因缺水而引起的疾病要比缺乏其他任何营养物质来得快，而且严重。因此，水分应作为一种营养物质加以供给。牛需要的水来自饮水、饲料中的水分及代谢水，但主要靠饮水。据研究，牛的代谢水只能满足需要量的 5%～10%。牛需要的水量因牛的个体、年龄、饲料性质、生产力、气候等因素不同而不同。一般来说，牛每日需水量，奶牛 38～110 升，役牛和肉牛 26～66 升；母牛每产 1 升奶需 3 升水，每采食 1 千克干物质约需 3～4 升水。乳牛应全日有水供应，役牛、肉牛每天上午、下午喂水 2 次，夏天宜增加饮水次数。

二、蛋白质

蛋白质是构成牛皮、牛毛、肌肉、蹄、角、内脏器官、血液、神经、各种酶、激素等的重要物质。因此，不论犊牛、青年牛、成年牛均需要一定量的蛋白质。蛋白质不足会使牛消瘦、衰弱甚至死亡。蛋白质过多则造成浪费，且有损于牛的健康。故蛋白质的给量既不能太少，也不宜过多，应该根据其需要喂给必要的量。体重200千克的生长肉牛维持需要可消化蛋白质170克，如果日增重0.5克体重，则需可消化蛋白质350克。

蛋白质是由各种氨基酸组成的，由于构成蛋白质的氨基酸种类、数量与比例不一样，蛋白质的营养价值也就不相同。因此，在喂牛时用多种饲料搭配比喂单一饲料好，因为多种饲料搭配使用可使各种氨基酸起互补作用，提高其营养价值。

蛋白质饲料较缺的地区可以用尿素或铵盐等非蛋白质含氮物喂牛，以代替一部分蛋白质饲料。尿素 $[(NH_2)_2CO]$ 也称为碳酰二胺脲，纯的尿素一般含氮量为 $42\% \sim 46\%$，1千克尿素约相当于 $2.625 \sim 2.875$ 千克蛋白质的含氮量。

牛之所以能利用尿素等非蛋白质含氮物，是因为其瘤胃内的微生物能产生活力较强的脲酶，将吃进瘤胃的尿素分解，产生氨和二氧化碳。瘤胃内的微生物可利用氨和瘤胃内的有机酸合成氨基酸，并进一步合成微生物蛋白质，这些微生物最后随饲料进入真胃和肠道而被消化吸收，成为牛的营养物质。尿素的喂量一般占日粮干物质的1%，或按100千克体重日喂 $20 \sim 30$ 克，如1头体重为400千克的牛，每日可喂80克。尿素的适口性差，最初 $1 \sim 2$ 周内应将每日的喂量分数次混入精料或富含淀粉的糖类饲料中饲喂，也可用少量的水将尿素溶解，然后喷洒在稻草或干草上，晾干后喂牛，或在制作青贮料时按青贮料量的0.5%加入饲料中一起青贮。使用尿素时喂量不宜过多，也不得将尿素溶在水里直接饲喂，否则易引起氨中毒。这是因为喂量过多或溶解于水中直接饲喂，尿素在瘤胃内被脲酶迅速分解，产生大量的游离氨，由于产生氨的速度快于微生物利用的速度，瘤胃内的微生物来不及利用，多余的氨就会通过胃壁进入血液。如果吸收的氨量超过肝脏把氨转化为尿素的能力，氨在血液中的浓度便增高，当每100毫升血中氨氮含量超过1毫克时便发生中毒。万一发生中毒可及时灌服 $1.5 \sim 2.5$ 升醋，或用2%的醋酸溶液 $1.5 \sim 2$ 升灌服。由于尿素只含有氮，缺乏能量、无机盐及维生素，所以在使用尿素的同时应喂给一定量的糖类、无机盐及维生素，以提高尿素氮的利用率。

三、碳水化合物

碳水化合物主要包括糖、淀粉、纤维素、半纤维素、木质素、果胶及黏多糖等，是肉牛不可缺少的一种重要营养物质。这类营养物质在常规营养分析中包括无氮浸出物和粗纤维。碳水化合物是肉牛能量的主要来源，也是构成肉牛体细胞的重要组成成分。由于牛是复胃反刍动物，通过瘤胃的发酵可以利用粗纤维。粗纤维除发酵产生的营养作用以外，对保证牛消化道的正常功能、维持宿主健康和调节微生物群落都具有重要作用，日粮中必须保持一定含量，否则引起牛消化机能障碍。

牛的碳水化合物，一是来自精料；二是来自牧草和其他粗饲料，如干草、作物秸秆和青贮料等，这类粗饲料的含量很高。碳水化合物在牛消化道内主要被分解为挥发性脂肪酸而被吸收利用，以单糖的形式被吸收的数量很少。

四、脂肪

脂肪和碳水化合物一样，也是能量来源，其能量是碳水化合物的 2.25 倍。尽管脂肪的能量较高，但因其价格高，不能作为能量的主要来源。在营养物质的消化吸收中，脂肪具有特殊功能。它是生长和修补体组织的原料，是牛体制造维生素 D_3、雌激素和雄激素的原料，还是体内输送维生素 A、维生素 D、维生素 E、维生素 K 及胡萝卜素的溶剂。还可以提供必需脂肪酸如亚麻酸、亚油酸和花生四烯酸。在神经和大脑中含有神经磷脂和脑磷脂，在细胞中含有各类磷脂及胆固醇。牛对脂肪利用率低，需要量也少。但若饲料中缺乏，则会引起发育不良、生长缓慢，甚至出现皮肤病、繁殖障碍等病变。

五、无机盐

无机盐又称为灰分，是牛生长发育、繁殖、产肉、产奶以及新陈代谢所必需的营养物质。在牛体内有常量的钙、磷、钾、钠、氯、硫、镁等元素，也有微量的铁、铜、锌、锰、碘、钼、铬等元素。

钙和磷是体内含量最多的无机盐，是构成骨骼和牙齿的重要成分。钙也是细胞和组织液的重要成分。磷存在于血清蛋白、核酸及磷脂中。钙不足会使牛发生软骨病、佝偻病，骨质疏松易断。磷缺乏则出现"异嗜癖"，如爱啃骨头或其他异物，同时也会使繁殖力和生长量下降，生产不正常，增重缓慢等。

骨中的钙和磷化合物主要是三钙磷酸盐，其中钙和磷的比例为3∶2，所以一般认为日粮中钙和磷的比例以（1.5～2）∶1较好，这有利于两者的吸收利用。

泌乳牛、妊娠母牛、犊牛等需要较多的钙和磷。奶牛每100千克体重每天需增加钙6克、磷4.5克；每产1千克奶，每天约需4.5克钙、3克磷。200千克体重的育肥牛，日增重0.5千克时每天每头需钙14克、磷13克。

钠和氯是保持机体渗透压和酸碱平衡的重要元素，对组织中水分的输出和输入起重要作用。补充钠和氯一般是用食盐，食盐对肉牛有调味和营养双重功能。植物性饲料含钠、氯较少，含钾多，以植物性饲料为主的牛常感钠和氯不足，应经常供应食盐，尤其是喂秸秆类饲料时更为必要。食盐的喂量一般按饲料日粮干物质的0.5%～1%，或按混合精料的2%～3%供给。

六、维生素

维生素是维持生命和健康的营养要素，它对牛的健康、生长和生殖都有重要作用。饲料中缺乏维生素会引起代谢紊乱，严重者则导致死亡。由于牛瘤胃内微生物能合成B族维生素和维生素K，维生素C可在体组织内合成，维生素D可通过摄取经日光照射的青干草或在室外晒太阳而获得。因此，对牛来说，主要是补充维生素A。

维生素A又称抗干眼维生素、生长维生素，是畜禽最重要的维生素。它能促进机体细胞的增殖和生长，保护呼吸系统、消化系统和生殖系统上皮组织结构的完整和健康，维持正常的视力。同时，维生素A还参与性激素的形成，对提高繁殖力有着重要的作用。缺乏维生素 A 会妨碍犊牛的生长，出现夜盲症，公牛生殖力下降，母牛不孕或流产。植物性饲料中虽不含有维生素 A，但在青绿饲料中却含有丰富的胡萝卜素，绿色越深，胡萝卜素含量越多，豆科植物比禾本科的高，幼嫩茎叶比老茎叶高，叶部比茎部高。牛吃到胡萝卜素后可在小肠和肝脏内经胡萝卜素酶的作用转化为维生素 A。所以，只要有足够的青绿饲料供给牛就可得到足够的维生素 A。冬春季节只用稻草喂牛往往缺乏维生素 A，因此应补喂青绿饲料。

七、能量

俗话说："饥寒饱暖"。意为肉牛肚饿，身寒无力，吃饱后便产热有力。不论是维持生命活动或生长、繁殖、生产等均需要一定的能量。牛需要的能量来自饲料中的糖类、脂肪和蛋白质，主要是糖类。糖类包括粗纤维和无氮浸出物，在瘤胃中的微生物作用下分解产生挥发性脂肪酸（主要是乙酸、丙酸和丁酸）、二氧化碳、甲烷等。挥发性脂肪酸被胃壁吸收，可成为牛能量的重要来源。牛的能量指标以净能表示，奶牛用产奶净能、肉牛用增重净能。牛之所以用净能，是因为牛的饲料种类很多，各类饲料对牛的能量价值，不仅能量的消化率差别很大，而且从消化能转化为净能的能量损耗差异也很大。而用净能表示则较能客观地反映各种饲料之间能量价值的差异，而不致过高地估计粗饲料的能量价值。

牛需要多少能量，不同种类、年龄、性别、体重、生产目的、生产水平的牛有所不同。为了便于计算，一般把牛的能量需要分成维持和生产两部分。维持能量需要，是指牛在不劳役、不增重、不产奶，仅维持正常生理机能必要活动时所需的能量。由于维持的能量是不生产产品的，所以，它占总能量的比重越小，效率越高。肉牛体重不同，维持需要净能也不一样。100 千克体重，每头日需维持净能 10.16 兆焦，150 千克体重需 13.8 兆焦，200 千克体重需要 17.14 兆焦，250 千克体重需 20.23 兆焦，300 千克体重需 23.2 兆焦，350 千克体重需 26.08 兆焦，400 千克体重需 28.76 兆焦，450 千克体重需要 31.43 兆焦，500 千克体重需 34.03 兆焦。日增重不同，所需净能也不同。

第三节　饲料调制与日粮配合技术

一、粗饲料调制技术

1. 青贮

（1）青贮原理　青贮是利用微生物的乳酸发酵作用，将新鲜植物紧实地堆积在不透气的容器中，通过微生物（主要是乳酸菌）的厌氧发酵，使原料所含碳水化合物、可溶性糖分和其他养分转化为有机酸——主要是乳酸。当乳酸在青贮原料中积累到一定浓度时，就能抑制其他微生物的活动，并制止原料中养分被微生物分解破坏，从而将原料中的养分很好地保存下来。随着青贮发酵时间的进展，乳酸不断积累，乳酸积累的结果使酸度加强（pH 值 4.0 左右），乳酸菌自身受抑制而停止活动，发酵结束。青贮发酵完成一般需 21 天。由于青贮原料是在密闭并且微生物停止活动的条件下储存的，所以可以长期保存而不变质发霉。

（2）青贮建筑

① 青贮建筑具备的条件。

a. 其大小应与每天饲喂牛的头数及种类、饲喂青贮期的长短以及利用制作青贮的饲草数量相一致。

b. 建筑物的四壁边墙要陡直而光滑，以防形成气穴。包括不使青贮塔门的周围空气进入塔内。

c. 应有足够的深度从而有利于更好填实和减少暴露表面积。

d. 青贮窖（塔）应建在储运方便、地势较高的地点，在任何天气情况下都能自由出入。

② 常用青贮建筑种类。

a. 青贮塔（图 1-1）。青贮塔是一种在地面上修造的圆筒体。圆筒形状可以充分承受压力并适于充分填料。青贮塔是永久性的建筑物，因此它的建造必须坚固，可供长期使用，其最初成本是所有类型中最昂贵的。其优点是持久耐用，青贮损失少，装卸方便；缺点是容纳量小。

　　b. 青贮窖（图 1-2）。青贮窖是一种建造迅速、费用低的建筑，使用普遍。青贮窖的四壁用砖砌衬，壁面用水泥压光。窖底用砖块铺垫平整，窖的上部略宽于下部，窖底应向一边倾斜，以排走过多的青贮液汁。青贮窖的优点是造价低，易于建造，容纳量大；缺点是密封的面积大，损失率大。

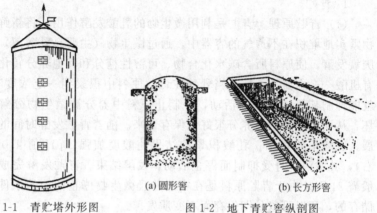

(a) 圆形窖　　　　(b) 长方形窖

图 1-1　青贮塔外形图　　　　图 1-2　地下青贮窖纵剖图

　　（3）青贮技术要点

　　① 排除空气。青贮就是在厌氧的环境下使乳酸菌大量繁殖生长。如不排除空气，就没有乳酸菌存在的余地，致使霉菌、腐败菌乘机滋生，导致青贮失败。因此青贮要把原料切短（3 厘米以下）并踩实、密封严。

　　② 营造合适的温度。乳酸菌存活适宜温度为 25～35℃，在这个温度范围内，乳酸菌大量繁殖，而其他一切杂菌无法活动，若温度达 50℃ 以上时，丁酸菌就会生长繁殖，使青贮料出现臭味，以致腐败。因此，除要尽量踩实排除空气外，还要尽可能地缩短铡草过程，以减少氧化产热。

　　③ 把握好水分。适于乳酸菌繁殖的水量为 70% 左右，过干不易踩实，温度易升高；过湿则酸度大，肉牛不爱吃。70% 的含水量相当于玉米植株下边有 3～5 片干叶；如果全株青绿，砍后可以晾半天。如果黄青叶比例各半，只要设法踏实不加水同样可获成功。

④ 青贮原料。青贮需要含糖量多的原料，比如玉米秸、瓜秧、青草、红薯蔓等。含糖少的难青贮，如花生秧、大豆秸等。对于含糖少的原料，可以和含糖多的原料混合在一起青贮，也可添加 3%～5% 的玉米面或麦麸单贮。

⑤ 掌握好青贮的时机。利用农作物秸秆青贮，要掌握好时机。过早会影响粮食生产，过迟会影响青贮品质。玉米秸秆的收割时间，一看籽实成熟程度，蜡熟正适时；二看青黄叶比例，青叶多好；三看生长天数，一般中熟品种 110 天就基本成熟。

⑥ 装填及封窖。装填青贮饲料时要逐层装入，每层 15～20 厘米，装一层踩实一层，边装边踩实，直至装满并超出窖口 20～30 厘米为止。窖顶用厚塑料布封好，四周用泥土把塑料布压实，防止漏气和雨水渗入。

（4）青贮饲料质量评定 评定青贮饲料的质量时，开启青贮容器，从青贮饲料的色泽、气味和质地等进行感官评定，再用 pH 试纸测定 pH 值，对于青贮玉米秸秆，如果 pH 值在 3.4～3.8，水分含量为 60%，气味甘酸、色泽亮黄、质地松散柔软不沾手为优等；如果气味腐败、霉烂、色泽黑褐，质地发黏结块，含水量 86%，pH 值 4.8 以上为劣等。

（5）几种常见青贮饲料的制作 多种饲料作物都可用来制作青贮，现举几种常见青贮饲料的制作。

① 带棒玉米青贮。

a. 适时收获。玉米在生理上成熟时即蜡熟期是获得最高产量和营养物质的最适收获期。此时作物的含水量约为 60%～67%，即可开始收获。在 1～2 周内进行收获可使干物质和营养成分损失极少。

b. 长度适当。玉米青贮切碎的合适长度为 3～4 厘米占 15%，其余 85% 应在 3 厘米以下，这样的长度有利于压紧。

c. 控制含水量。含水量是决定青贮质量的最重要因素之一。制作玉米青贮的最佳含水量为 60%～65%。控制含水量的最好办法是成熟期收获。确定青贮原料的含水量，可用把握法试探，即抓一把经过切短的牧草，用力握紧 1 分钟左右，然后将手慢慢放开，观察手心的牧草球团情况，液汁自由流动或在手指间可以见到液汁，此时的含水量约为 75%～80%，太湿，如不经处理就不能制成优质青贮，否则将会损失大量液汁和养分；草团维持圆球形状，手湿润，此时的含水量约为 68%～75%，尚需必要的田间摊晒，否则制成的青贮气味强烈；草团在手心缓慢散开，手上不出现水分，此时含水量约为 60%～67%，正好合适；草团随着手放开而立即松散，此时的含水量约为 60% 以下。

d. 加尿素的玉米青贮。玉米作物的蛋白质含量相对较低，粗蛋白含量在湿饲时仅为 1.6%，按干物质计算为 6.4%，需添加非蛋白氮，最常用的是尿素。1000 千克玉米青贮添加 54 千克尿素，可使湿饲时的蛋白质含量提高到 3.0%。

② 整株高粱青贮。高粱作物在其籽粒变硬时，即可收获制作青贮。高粱青贮每亩❶可获青绿多汁茎叶 4000～6000 千克，籽粒 200～300 千克。

③ 玉米秸秆青贮。收获籽实的玉米，每亩产玉米秸 500～700 千克，最高可达 1000 千克。青贮的收获适期在籽粒蜡熟中、末期，即当剥开苞叶籽粒已呈蜡质状，此时茎和上部叶仍为绿色，全株含水 40%～50%，而"站秸绿"品种含水可达 60% 以上，且茎髓含糖 7%～9%，粗蛋白含量 2%～3%。利用籽实收获后的玉米秸秆青贮时，首先把玉米棒掰下来，当即将秸秆边割、边用、边贮，以防水分散失和糖分转化。含水 50%～60% 的青玉米秸青贮，可制成酸、甜、香俱全的优质青贮饲料。含水量较少（低于 40%）的玉米秸，可与新鲜的多汁原料混贮或加水调湿青贮，青贮时要切短、压实、密封，虽然青贮品质欠佳，但也比干玉米秸好得多。

④ 鲜稻草尿素青贮。割下水稻立即脱粒，将含水量 30% 以上、含糖 3%～4% 的新鲜稻草，切成 2～3 厘米长的碎段，加水拌湿，使其含水量达 60%～70%，再均匀加入湿稻草重 0.5% 的尿素，入贮、踩实、封严，经 30～40 天即可完成乳酸发酵过程，这种青贮能达到增进饲料品质、提高利用效率的目的。

---

❶ 1 亩＝667 米²。

2. 半干青贮

半干青贮饲料又称低水分青贮饲料，是青贮原料经过晾晒达到适当含水量后，铡碎贮于密闭窖、塔内而获得的调制饲料。

（1）贮制方式　地窖贮、塔贮、罐贮均可，地窖贮要选择地势高、干燥、水位低、土质坚硬的地方，长形、方形、圆形皆可，窖底与窖壁要光滑。

（2）原料　多年生豆科牧草和禾本科牧草以及一年生饲料作物，如苜蓿、三叶草、大麦、燕麦、豌豆等。豆科牧草适割期在现蕾至开花初期。禾本科牧草在孕穗至抽穗期收割，割下的原料晾晒24小时左右，使含水量达到45%～55%，装窖前须将原料铡至2～3厘米长，以利装窖压实。

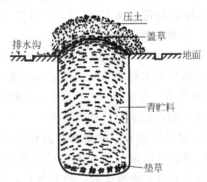

图 1-3　封闭后青贮窖纵剖面

（3）装窖技术　分层踩实，每立方米可装400～450千克，窖底及四周最好先覆一层无毒塑料薄膜。装到高出窖口50～70厘米左右为止。然后用塑料薄膜盖严，用土再覆盖30～50厘米，压紧踩实。如图1-3所示为封闭后青贮窖纵剖面示例。

（4）开窖饲喂　青贮需封40天以上才能开窖利用。调制好的半干青贮料为半湿润状，呈深绿色，结构保持完好，有水果香味，pH值为4.8～5.2，有机酸含量5.54%。饲喂时，喂量由少到多，逐步增加。

3. 农作物秸秆的加工与调制

农作物秸秆及其秕壳经适当加工调制，可改变原来的体积和理化性质，便于家畜采食，提高适口性，减少饲料浪费，改善消化性，提高营养价值。

（1）秸秆微贮　农作物秸秆微贮可有效地降低作物秸秆中的木质纤维素类物质，提高其消化率，改善饲喂效果。农作物秸秆经微贮后，pH 值 4.5～4.6，蛋白质提高 10.7%，纤维素降低 14.2%，半纤维素降低 43.8%，木质素降低 10.2%。

①微贮原理。农作物秸秆以微生物活干菌发酵储存的过程是利用生物技术筛选培育出的微生物活干菌剂，经溶解复活后，兑入浓度为 1% 的盐水，再喷洒到铡短的作物秸秆上，在厌氧条件下，由微生物生长繁殖来完成的。秸秆发酵活干菌在秸秆发酵储存中，可抑制有害微生物繁殖，有效提高贮料中 B 族维生素和胡萝卜素的含量，使贮料 pH 值稳定在 4.2～4.5，不发生过酸和霉烂现象，并可预防肉牛酸中毒和酮糖中毒。

②微贮条件。秸秆发酵活干菌适用范围广，含糖量高的秸秆和一年或多年生豆科与禾本科牧草，豆料禾本科混合牧草，山区杂草与干秸秆混合的草苇（湿度 60%）以及禾本科作物（小麦、大麦、水稻、黑麦等）的秸秆均可作微贮原料。

③操作方法。取新鲜秸秆，按要求对秸秆进行全面铡切处理，按表 1-1 中所示比例取出适量的菌剂和食盐，在喷前 1～2 小时将菌剂溶解在 250 毫升含 3% 糖的水中，使其复活，同时按所取的食盐量配制成浓度近 1% 的盐水，将菌液加入盐水中充分搅拌，喷洒在一定量的秸秆中。

表 1-1　菌液的配制和用量

秸秆种类	秸秆质量/千克	活干菌用量/(亿个/克)	食盐/千克	水/千克
稻麦秸秆	1000	3.0×10^3	12	1500
黄玉米秸	1000	3.0×10^3	8	800
青玉米秸	1000	1.5×10^3		适量

注：第一次喷洒前应将铡好的秸秆均匀地铺入窖底，厚度约 50 厘米，然后按秸秆的数量和含水率喷洒配好的菌液，再压实。秸秆的铺放以及菌液的喷洒一定要均匀一致，秸秆每层的厚度可保持在 40 厘米左右。每铺放一层，喷洒压实一层，一直压到高出窖口 40 厘米为止，最后封窖。

（2）秸秆碱化　先将麦秸或稻草铡成 3 厘米长的短节，装进缸内或水泥池中，然后按 1 千克生石灰加 100 千克水处理 33 千克草的比例，取优质生石灰称重，按比例配制成 1％的生石灰水溶液，充分搅拌均匀，去渣。将石灰水倒入装好原料的缸内或水泥池中，使原料充分浸润，上面用石块压实。再加石灰水，保持水面淹没原料。浸渍一昼夜，原料被浸透，以手抓住感觉柔软时捞出，沥去石灰水，即可饲喂肉牛。在碱化过程中，原料内蛋白质和维生素同时受到破坏，用此碱化处理只适用于含蛋白质和维生素很少的麦秸和稻秸等秸秆类。

（3）秸秆氨化　秸秆氨化处理后，可使粗蛋白含量提高 1 倍以上，适口性增强，牲畜采食增加 1 倍左右，消化率大幅度提高。长期饲喂，无毒无害，安全可靠，能节约大量精饲料。

①秸秆准备。氨化的秸秆一般为麦秸、稻草、玉米秸、高粱秸等，这几种秸秆可单独氨化，也可混合在一起氨化。为了提高氨化效果，先将秸秆切成 2～3 厘米的短节，并且保持秸秆新鲜，不能有霉变腐烂的秸秆混入。

②氨化方法。用于氨化的氨液主要是尿素、氨水和碳酸氢铵，最常用的是尿素。尿素使用量为秸秆的 3％～4％，最高不超过5％。加水量可占秸秆的 20％～30％，最后调整秸秆含水量到40％～50％。使用时要先将一定量的尿素溶在容器里，加入少量的温水。使尿素充分溶解后再加一定量的水。氨水（浓度为 15％～20％）的用量为 10％～12％。碳酸氢铵的用量为 10％～13％。氨化时间因环境温度高低而长短不一。5℃以下为 8 周以上，5～15℃为 4～8 周，15～30℃为 1～4 周，30℃以上为 1 周以内。用尿素或碳酸氢铵作氨源的氨化时间要比氨水略长些。

选择清洁干净的中间略凹的场地，将事先准备好的塑料布（10米×10米）一小半平铺在场地上，再将铡好的秸秆放在塑料布上，堆垛长 5 米、宽 5 米、高 1.5 米。整垛成馒头形，然后盖上塑料布，四周与铺地的塑料布搭边折扣，用泥土压平，留出一边以便注氨。再将装有氨源溶液的罐放在距秸秆垛近的高处以提高液面压力，安上带有胶管的铁制注氨管插入秸秆垛中部，自流灌注。也可用水桶或盆盛氨源溶液注氨。氨源溶液要均匀地洒在麦秸上。

注意，在进行氨化时应防止氨中毒，注氨后立即封好注氨口，然后用土压紧塑料布，防止跑氨、漏雨。饲喂牛时，喂量应由少到多，少给勤添。

（4）物理处理　将秸秆切短、撕裂或粉碎、湿水或蒸煮软化等，都是人们普遍熟知的处理作物秸秆用以养畜的办法，这些方法在我国农村早已被证明是行之有效的。俗话说："寸草铡三刀，无料也上膘"。近年来，随着科学技术水平的提高，秸秆成型、热喷技术以及秸秆揉搓机相继问世，使传统的秸秆物理处理法赋予了新的内涵。

① 秸秆切短、粉碎及软化。将秸秆切短、粉碎及软化以增加与瘤胃微生物的接触面，这样的处理可提高秸秆的采食量和通过瘤胃的速度，但其消化率并不能得到改进。

a. 切短。实践证明，如果未经切短的秸秆，家畜只能采食70%～80%的话，那么，切碎的秸秆几乎全部可以被吃尽。秸秆切短的适宜程度视家畜种类与年龄而异。过长作用不大，过细也不利咀嚼和反刍，加工所花费的劳力也多。一般喂牛可以略长一些，3～4厘米即可。如果将切短的麦秸、谷草等多种秸秆混合饲喂，则可起到互补作用，效果比单独饲喂要好；如果能与豆科干草或青贮饲料混合，再加点精料和食盐喂反刍家畜，效果会十分理想。

b. 粉碎。粉碎多用于精料加工，但在大部分农村也有粉碎作物秸秆用来养畜的习惯。粉碎的目的本是想提高秸秆的消化率，但一般来说，粉秸与切秸相比消化率差异并不大（表1-2）。

表1-2　肉牛对麦秸的消化率　　　　　　　　%

处理	有机物	粗蛋白	粗脂肪	粗纤维	无氮浸出物
切秸	49.8	34.4	32.5	50.0	52.9
粉秸	48.9	29.1	36.9	49.9	52.6

还有一些研究证实，在牛日粮中适当混合一些秸秆粉，可以提高采食量，采食增加的部分所含的能量可以补偿秸秆本身所含能量之不足，而使育肥阉牛的效果与精料对照组相当，甚至还有超过。

c. 软化。常用的软化法有浸湿软化和蒸煮软化两种。

用食盐水将秸秆浸湿软化，并用少量调料进行拌合调味，可使家畜对秸秆类粗饲料食入量提高 1～2 千克。秸秆经浸湿软化处理后，不仅可以增加肉牛的采食量，而且采食速度明显加快。

秸秆蒸煮软化可以使秸秆的适口性得到改善，但并不能提高其营养价值。如果在以作物秸秆为主的日粮内添加某些物质，则可以提高它的消化率，如加入尿素，可以将纤维素的消化率提高 10%；添加玉米粉，可将纤维素的消化率由 43% 提高到 54%。

② 秸秆粉碎后压粒成型。颗粒饲料通常是用肉牛的平衡饲料制成的。目的是为了便于机械化饲养或自动饲槽的应用，并减少浪费。由于颗粒饲料粉尘减少，质地硬脆，颗粒大小适中，利于咀嚼和改善适口性，从而诱使肉牛提高采食量和生产性能。

单纯的粗饲料经粉碎，或优质干草不经粉碎直接制成颗粒饲料在国外已很普遍。随着饲料加工业和秸秆畜牧业的发展，我国在秸秆等粗饲料经粉碎处理后压粒成型等方面已有较大进展。

颗粒饲料的大小可因家畜种类而异。牛用直径在 6～8 毫米即可。

③ 秸秆揉搓处理。目前，农作物秸秆饲料化最常见的办法有两个：一是用铡草机将秸秆切断直接喂牲畜，吃净率只有 70%，造成很大浪费；二是将秸秆铡短后，进行氨化处理喂牲畜。经试验，使用揉搓机将秸秆揉搓成丝条状直接喂牲畜，吃净率可提高到 90% 以上。使用揉搓机将秸秆揉搓成柔软的丝条状后进行氨化，不仅氨化效果好，而且可进一步提高吃净率。

秸秆揉搓机的工作原理是将饲料送入料槽，在锤片及空气流的作用下，进入揉搓室，受到锤片、定刀、斜龄板及抛送叶片的综合作用，使饲料切断，揉搓成丝条状，经出料口送出机外。

④ 秸秆热喷处理。其原理是利用热喷效应，使饲料木质素熔化，纤维结晶度降低，饲料颗粒变小，总面积增加，从而达到提高家畜、家禽采食和消化吸收率以及由于高温高压而杀虫、灭菌的目的。

利用这项技术对秸秆、秕壳、劣质蒿草、灌木、林木副产品等粗饲料进行热喷处理，使全株采食率由 0～50％提高到 95％以上，消化率达到 50％，两项叠加可使全株利用率提高 2～3 倍。结合"氨化"对粗精饲料进行迅速的热喷处理，可将氨、尿素、氯化铵、碳酸铵、磷酸铵等多种工业氮源安全地用于肉牛的饲料中，使粗饲料及精饲料的粗蛋白水平成倍提高。另外，饲料热喷处理技术还具有对菜籽粕、棉籽粕、蓖麻粕、生大豆等含毒原料进行热去毒功能，使得这些高蛋白副产物得到充分利用。

另外，我国山东南部地区的群众还创造了秸秆碾青的方法，即将麦秸铺在打谷场上，厚约 0.33 米，上面铺上 0.33 米左右的青苜蓿，苜蓿上再铺上相同厚度的麦秸，然后用滚碾压，流出的苜蓿汁液可被麦秸吸收，这样压扁的苜蓿在热天只要半天到一天的曝晒就可干透。这种方法的好处是可以较快制成苜蓿干草，茎叶干燥速度均匀，叶片脱落损失减少，而麦秸的适口性与营养价值提高，不失为一种多、快、好、省的粗饲料调制方法。

（5）秸秆的生物处理

① 秸秆发酵处理。对秸秆饲料发酵处理一般采用两种方法：一是将含糖物质（糖蜜或粉碎的甜菜）加入碎秸秆，通过掺入过磷酸钙和尿素来培养酵母；二是先对纤维素进行水解，然后再进行发酵。

a. 掺入酵母发酵法。此法的原理是使盐溶液在温度 100～105℃和较高的压力下作用于秸秆，使部分纤维转化为糖类。先将粉碎的秸秆用热水浸湿并掺入酵母，分层装入木箱或塑料袋中，置于 24～26℃的条件下，发酵 12 小时以上。将加工处理过的秸秆冷却到 32～35℃，然后加入发酵剂（占秸秆重的 3％～5％）进行拌和，在 27～30℃的温度下发酵 2 昼夜即可。

b. 掺糖类物质发酵法。将 400～600 升水注入容积为 3～7 立方米的储藏罐中，通入蒸汽，将水加热到 60～65℃，然后再将秸秆装入储罐。如储藏罐可容纳 1 吨饲料，则经过粉碎的秸秆数量不应超过混合物重量的 30％～50％，其余 65％～70％应为掺入的含淀粉或糖类的粉碎饲料，如谷物、糖用甜菜及糖蜜等。此外储藏罐中还应加入过磷酸钙和硫酸铵的萃取物，以及 10～15 千克的麸皮和 0.2～0.3 升的浓盐酸。待上述工序完成后，将混合饲料用搅拌器拌匀，通入蒸汽，使混合料在 80～90℃下保持 1.5～2.0 小时，然后在 28～30℃下通风冷却，再按储罐中内容物的重量加入 5%～8% 的发酵剂，并仔细搅拌，每隔 2～3 小时 1 次，这样经过 9～12 小时，就可以饲用了。

② 秸秆饲料酶——酵母加工处理。该方法是用酵母菌将秸秆进行发酵处理，以产生酵母发酵饲料的一种调制方法。这种方法在拥有饲料车间及配备有搅拌和蒸煮设备的畜牧场均可使用。

先将切碎的 500～700 千克秸秆送入搅拌蒸煮设备中，启动搅拌器，并依次加入 10～15 千克尿素、10 千克磷酸二铵、10 千克的磷酸二氢钙和 10 千克的食盐。之后继续加料，每隔 5～10 分钟给搅拌蒸煮容器送 1 次蒸汽，直到加料工序结束，使饲料混合物在 90～100℃的条件下蒸煮 50～60 分钟。在此期间，搅拌器应每运转 10～15 分钟间歇 1 次，这样便达到了高温灭菌以及饲料与各种矿物质盐、添加剂充分混合的目的，并能使尿素分解产生氨气，使纤维进一步得到破坏。

高温灭菌后为防止酶失活，应用自来水或空气将混合料冷却至 50～55℃以下，然后再按每吨秸秆 5 千克的比例，向搅拌机中加入各种酶制剂。发酵应持续 2 小时，其间搅拌机每运转 10～15 分钟间歇 10 分钟，发酵结束时，混合料中的温度应降至 28～32℃。此时，再向搅拌机内加入 100～150 升的酵母乳。面包酵母的用量应按每吨干秸秆 5 千克计算。

制取"酵母乳"的方法：每 4.5～5.0 吨秸秆混合料应用 30～40 千克的麸皮或面粉；或用 20 千克糖蜜，将其拌入 100～150 升热水中，在 28～32℃的条件下，向这种液态混合物中按 4∶1 的比例加入 10 千克的面包酵母和 0.5 千克的酶制剂，充分搅拌后充分曝晒，以强化酵母生长。

4. 干草调制与储藏

优质青干草呈绿色，叶多、气味浓香，具有良好的适口性和较高的营养价值。调制良好的青干草含有较多的蛋白质，氨基酸比较齐全，富含胡萝卜素、维生素 D、维生素 E 及矿物质，粗纤维消化率也较高，是一种营养价值比较完全的基础饲料。

（1）干草的调制方法　干草的制作方法较多，目前农村采用的有地面干燥法、草架干燥法、发酵干燥法以及化学制剂干燥法等。

① 地面干燥法。将收割后的青草堆在地面曝晒，同时适当翻动，让其自然干燥。当水分减少到 40%～50%时，搂成较厚的平堆以减少曝晒面积，使大部分茎叶在平堆内风干；当水分降至 20%左右时，再并成大堆继续干燥。经过风吹日晒，直至其含水量降至14%～17%即能制成优质青干草。这样晒可以减少养分损失，同时在大堆中有发酵作用进行，可使干草产生清香味，具有青绿的颜色。

② 草架干燥法。树干、独木架、木制长架、活动式干草架等都可以作草架。用草架晾晒青草速度快，品质好。一般先将割下青草晾晒 1 天，使其含水量在 50%左右，然后上架继续晾晒。放草时要由下向上逐层堆放，或打成 15 厘米左右的小捆。草的顶端朝里，堆成圆锥形或屋脊形，堆草应蓬松，厚度不超过 70～80 厘米。离地面 30 厘米左右，堆中要留有通道，以利于空气流通。

③ 发酵干燥法。在阴绵多雨天气，可采用发酵干燥法，即将刈割的青草通过翻晒，使水分减至 50%左右，分层堆积高 3～5米，逐层压实，表面用塑料薄膜或土覆盖，使草迅速发热，待堆内温度上升到 60～70℃时，打开草堆，随着发酵产生热量的蒸发，可以在很短时间内风干或晒干，干草棕色具有香味。如遇阴雨天无法晾晒，可堆放 1～2 个月，类似青贮原理，一旦雨停后，立即晾晒，但品质差。

④ 化学制剂干燥法。施用化学制剂是一项简单易行的人工干燥法，值得推广。此法施用的化学制剂亦称干燥剂，诸如甲酸、硅胶等。研究证明，用 0.2 摩尔/升碳酸钾加 2%～4%甲基酯再加0.25%乳化剂的混合液喷洒紫花苜蓿，要比单独用同样浓度的各种化学成分使牧草干燥得快。这种混合液的用量最好占应喷洒的新鲜紫花苜蓿重量的 4%。喷施时应注意气候条件，最好是晴天喷洒，另外注意喷洒均匀。

（2）青干草的储藏　制成的青干草应及时储藏起来，以免雨淋变湿使其发霉变质，储藏方法有两种。

① 草棚储藏。为了保证青干草品质优良，将干草储藏在舍内或专门的草棚储藏，以减少风吹日晒或雨淋造成的损失。

② 露天草堆。如果晒制的青干草体积太大，又没在宽敞的草棚屋舍储存，可在露天选择地势较高的土台，把干草搭堆成垛存放。堆放前，用石块或木头把垛底垫高 0.3～0.6 米，堆放时应分层进行，堆放要实，垛好后把草垛梳理整齐，堆顶用草绳交叉系紧，以免大风吹顶，并用稀泥抹顶，或用塑料膜盖顶。

当然，随着现代科学技术的发展，一些大型牧（农）场已采用机械化收割烘干机制作青干草并打捆堆放。这样制作的干草品质好、速度快，适合大面积推广利用。

由于各地的地域特征以及牧草品种的差异及农作物种植种类不同，不同地区养牛所采用的饲草不尽相同，因当地的习惯、习俗、饲喂方法也多种多样，应根据当地的具体情况，充分利用本地的资源优势，合理选用牧草及加工调制方法，推进本地养牛业向规模化、规范化、集约化、高效化发展。

二、精饲料的加工调制

精饲料中的营养物质一般消化率都很高，适口性也比较好，牛喜欢采食。因此，这类饲料的加工调制意义不大。但是像籽实的种皮、颖壳、糊粉层的细胞壁物质，淀粉粒的性质以及某些抑制性物质如抗胰蛋白酶等，仍然影响着这类饲料营养物质的利用，因此，适当加以调制和加工也是必要的。生产实践中，精料一般多指禾谷类籽实饲料。这些饲料都比较坚实，除有种皮之外还包被一层硬壳（颖壳），如大麦、燕麦、水稻等，如果肉牛咀嚼不完全而进入胃肠就不易被各种消化酶或微生物作用而整粒排出。因此，对于这类饲料，首先要消除这一障碍因素。

1. 机械加工

（1）磨碎与压扁　精饲料磨碎后，为均匀的搭配饲料提供了方便，细度以中磨为好，老残牛要求细度直径为 1 毫米，中、青年牛2 毫米。从瘤胃生理需要来看，饲料压扁要比磨碎更适合于肉牛的消化。

（2）蒸煮与炒焙　蒸煮有利于提高精饲料的适口性。根据研究，马铃薯、大豆和豌豆等蒸煮后还可以提高消化利用率。炒焙使饲料中淀粉部分热化为糊精而产生香甜味，增添适口性。将其磨碎后撒在拌湿的粗料上，就会提高粗饲料的适口性，增加肉牛对粗饲料的采食量。

（3）湿润与浸泡　湿润一般用于粉尘多的饲料，而浸泡则多用于坚硬的粉尘或油粕使之软化或用于溶去有毒物质。对磨碎或粉碎的精料，喂牛前，应尽可能湿润一下，以防饲料中粉尘多而影响牛的采食和消化，对预防尘粉呛入气管而造成的呼吸道疾病也有好处。

浸泡可使硬实饲料软化，如豆粕相当坚硬，不经浸泡很难使牛嚼碎。豆粕或黄豆浸泡后磨成豆浆，用以饲喂犊牛，效果更好。

浸泡硬质饲料时要注意气温，夏季油粕浸泡不宜实行。因为时间延长就会使饲料发馊，时间过短又泡不透。如果浸泡的水弃去（如用于去毒）则流失其营养，损失也很大。

2. 发芽与糖化

（1）发芽　碳水化合物含量较多的禾谷类籽实中大多数缺乏维生素，经发芽后可成为良好的维生素补充饲料。如植物的幼芽，当芽长为 0.5～1.0 厘米时，富含 B 族维生素和维生素 E；芽长达到 6～8 厘米时，含有胡萝卜素，同时还有维生素 B_2 和维生素 C 等。

发芽的方法比较简单，即将要发芽的籽实用 15℃ 的温水或冷水浸泡 12～24 小时后摊放在木盘或细筛内，厚约 3～5 厘米，上盖麻袋或草席，经常喷洒清水，保持湿润。发芽室内的温度宜控制在 20～25℃ 之间。发芽所需时间视室内温度高低和需要的芽长而定。一般经过 5～8 天即可发芽。

如果有条件，可制作人工发芽的木架。木架长约 100 厘米、宽约 50 厘米，上下共七八层，每层距离 12 厘米，摆放在架子中的木盘高约 7 厘米，木盘与木盘之间上下空隙约 5 厘米。

发芽饲料的喂量，成年种公牛为 100～150 克，犊牛和育肥牛可酌减。妊娠母牛在临产前不宜喂发芽饲料，否则会引起流产。

（2）糖化　精饲料的糖化处理，就是利用禾谷类籽实中淀粉酶的作用将饲料中一部分的淀粉转化为麦芽糖，以提高饲料的适口性，增大采食量。

糖化的方法是在磨碎的籽实饲料中加入 2.5 倍的热水，搅拌均匀，放在 55～60℃的温度下，使酶发生作用。4 小时后，即可使饲料中含糖量增加到 8%～12%。如果加入 2%的麦芽，糖化作用可以更快。糖化饲料一般用于肉牛集中催肥期。

3. 饲料颗粒化

饲料颗粒化就是将饲料粉碎后，根据家畜的营养需要，按一定的饲料配合比例搭配，并充分混合，用饲料压缩机加工成一定的颗粒形状。颗粒饲料属全价配合饲料的一种，可以直接用来喂牛。采用颗粒化喂牛有许多优点。一是饲喂方便，有利于机械化饲养；二是适口性好，咀嚼时间长，有利于消化；三是营养齐全，能防治产生营养性疾病；四是能充分利用饲料资源，减少饲料损失。如将精、粗饲料混合在一起加工成颗粒，则更有利于牛的采食、消化和利用。

三、肉牛的日粮配合技术

1. 肉牛的饲养标准

饲养标准是根据家畜不同种类、性别、年龄、体重、生理状况、生产目的与水平，制定的一头（只）家畜（禽）每昼夜应给予的能量和各种营养物质的数量定额。饲养标准是在多次试验和长期实践中产生的。各个国家分别制定了本国所适用的饲养标准。我国肉牛饲养标准经过数年的努力，业已初步制定、验证、试用。

在肉牛育肥饲养中，应注意尽量减少由于饲料变化而造成的应激，也就是说，饲养肉牛不应突然改变日粮，尤其是不应猛然间从粗饲料日粮转变成高精料日粮，肉牛还需要有个逐渐适应的过程。

2. 日粮配合技术

日粮是指一昼夜内一头家畜所采食的一组混合饲料，通常包括青饲料、粗饲料、精饲料和添加剂饲料。根据科学饲养原理和饲养标准配制的日粮中，能量和各种营养物质的种类、数量及其相互比例能满足家畜的需要时，则称为全价日粮或平衡日粮。

在饲养实践中，并不是每天配制日粮，而是按照全价日粮配方比例，配合大批混合饲料即称为饲粮。

(1) 配合日粮的原则 配合日粮是肉牛饲养业中的一个重要环节，只有合理地配合全价日粮，方能满足肉牛的营养需要，充分发挥肉牛的生产性能，提高肉牛业的经济效益。日粮配合并不是简单地把几种饲料混合在一起就可以了，必须遵循一定的配合原则。

① 必须以饲养标准为基础，灵活应用，结合当地实际，适当增减。

② 必须首先满足肉牛对能量的需要，在此基础上再考虑对蛋白质、矿物质和维生素的需要。如将肉牛营养需要量以百分比表示，则矿物质和维生素为 1%～2%，蛋白质为 6%～12%，能量为 86%～93%。

③ 饲粮的组成要符合肉牛的消化生理特点，合理搭配。肉牛属草食动物，应以粗饲料为主，搭配少量精饲料，粗纤维含量可在 15%以上。

④ 日粮要符合肉牛的采食能力。日粮组成既要满足肉牛对营养物质的需要，又要让肉牛吃得下，吃得饱。肉牛的采食量为每 100 千克体重 2～3 千克干物质/日。

⑤ 日粮组成要多样化，以发挥营养物质的互补作用，使营养更加平衡。

⑥ 尽量就地取材，降低成本。饲料应尽可能就地生产，少用商品饲料。不同地区、不同季节，应采用不同的日粮配方。

(2) 配合日粮的方法 为了得到一个良好的日粮配方，首先要掌握饲养标准的内容和熟悉各类饲料的营养特点，然后按以下步骤进行。

① 查表。查肉牛饲养标准和饲料营养价值表，确定所饲养肉牛的营养需要量和拟用饲料的营养价值。

② 初配。确定日粮中饲草的种类和用量，通常可按每 100 千克体重给予 1～1.5 千克干草和 3～4 千克青贮料。

③ 补充和平衡。将肉牛的营养需要减去饲草提供的养分量，即为由精料补充的养分量。矿物质和维生素的补充也应该在这一步

骤完成。

在实际饲养中，除对肉用种公牛采取个体饲养外，一般均系群饲方式。因此，并不需要为每一头肉牛单独配合一个日粮。在日粮配合时，可按年龄、体重、性别、生产性能（日增重）和生理状态等情况，将肉牛群划分为若干条件相似的组，然后分别为每一组肉牛配合一个日粮即可。肉牛个体间需要量的差异可在具体饲喂时通过增减喂量加以调整。

这里介绍一种叫作"四方法"的日粮配合方法。如给体重为300千克、日增重为0.8千克的育肥小阉牛配合日粮，所用饲料为玉米、玉米秸和豆粕，要求所配日粮的粗蛋白含量为12%。具体方法如下。

a. 查饲料营养价值表，三种饲料的粗蛋白含量如下。

玉米	玉米秸	豆粕
8.6%	8.5%	43%

b. 画一四方形，四方形中央为日粮所要求的粗蛋白含量。

玉米和玉米秸所含粗蛋白很接近，故将其组成一组（按四份玉米秸和一份玉米配合，即玉米秸占 4/5、玉米占 1/5）放在四方形的左上角，豆粕放在四方形的左下角。将玉米秸、玉米、豆粕所含粗蛋白与日粮所要求的粗蛋白含量的差数（按四方形内对角线的箭头所示方向取得两数的差值之绝对值）分别写在四方形的右下角和右上角。

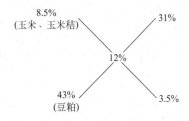

然后计算日粮中玉米秸、玉米和豆粕的用量，其算式如下。

玉米秸与玉米用量：31.0%÷（31.0%＋3.5%）＝89.9%

其中，玉米秸用量：89.9%×4/5＝71.9%

玉米用量：89.9％×1/5＝18.0％

豆粕用量：3.5％÷（31.0％＋3.5％）＝10.1％

　　c. 以上混合料，玉米秸占 71.9％，玉米占 18.0％，豆粕占 10.1％。其粗蛋白含量已达到要求（如不满足需要，可调整玉米秸与玉米的比例，使玉米的比例加大，直至整个日粮能量符合肉牛生长之需要），而混合料的矿物含量不符合要求，经计算并与饲养标准比较，磷已达到要求，钙不足，可用石粉补充。

　　石粉的补充量也用"四方法"计算。即将饲养标准中钙的需要量放在四方形的中央，上述混合料中钙的含量放在四方形的左上角，石粉含钙量放在左下角，其计算方法同上。计算出石粉在日粮中的用量以及上述混合料在日粮中的用量后，再补充维生素 A 30000 万国际单位，并按混合精料 2％的比例加进食盐。这样，按饲养标准育肥小阉牛的日粮就基本配合成功了。

　　值得说明的是，饲养标准中规定的营养定额为肉牛的平均营养需要量，在实际配合日粮时，允许根据牛群体状况酌情调整。但是，能量的实际供给量应不超过标准的±5％，蛋白质实际供给量则不宜超过±（5％～10％）。此外，在采用矿物质饲料补充日粮中的钙和磷时，必须注意二者保持适当比例［(1.5～2)：1］。肉牛日粮中含有大量青饲料和青贮料时，其中所含胡萝卜素往往超过肉牛的实际需要，这对肉牛的健康和生长一般无不良影响，可不予考虑。

第二章 哺乳犊牛的饲料配制及配方实例

第一节 哺乳犊牛的生理特点与饲养管理要点

一、哺乳犊牛的生理特点

哺乳犊牛是指0～4月龄之内以乳汁为主要营养来源的初生小牛，或者从初生至断乳前的小牛。它生长发育快，新陈代谢旺盛，但消化器官尚未充分发育，适应能力较弱，对外界环境的抵抗力较弱，在饲养上应进行精心的管理以及供给富含营养且易消化的食物等。由于其消化特点和成牛有显著不同，因此，在饲养管理上也应有自己的特点，主要抓好"三早"（早吃初乳、早断奶、早开食），把好"三关"（喂奶关、饲养关、断奶关），防好"两病"（脐带炎、白痢病）。

哺乳犊牛由于其各种组织器官在构造和机能上都在逐步地又不间断地发生着变化，因此，此期是犊牛对外界环境条件逐步适应的时期。初生犊牛的各种组织器官正在发育，对外界环境不良因素的抵抗能力较弱，适应能力较差，犊牛的消化道黏膜容易被细菌穿过，而皮肤的自我保护机能也很低，易受各种疾病的侵袭，故必须加强护理。如果犊牛饲养不当，会使其生长受阻，架子牛发育不良，形成僵牛，甚至失去肥育价值。因此，犊牛阶段饲养管理至关重要。

二、犊牛饲养管理要点

（1）新生牛接产严格按规范要求操作　母牛应在清洁干燥的场

所、安静的环境下产犊。产犊舍铺垫新的柔软褥草，应以自然分娩为主，适当辅以助产。犊牛出生后应立即用碘仿消毒脐部，擦干周身黏液，特别是口鼻内黏液。

（2）早喂初乳 母牛分娩后最初 7 天内所分泌的乳汁称为初乳，7 天后分泌的乳汁称为常乳，初乳中含有丰富而且容易消化吸收的干物质、蛋白质、脂肪、矿物质及维生素等；含有 3 种免疫球蛋白（免疫球蛋白 M、G、A），能增强犊牛的抗病力；含有免疫活性细胞干扰素、补体（C_3、C_4）、溶菌酶等免疫物质，可增强犊牛的免疫机能；含有 K 抗原凝集素，能抵抗特殊品系的大肠杆菌，保护犊牛不受侵袭；含有较多的盐类，有轻泻作用，利于胎便的排出。初乳可使胃液与肠道内容物变成酸性，形成不利于细菌生存的环境，甚至可杀死有害细菌。初生犊牛的皱胃和肠壁上没有黏膜，初乳能覆盖在肠壁上代替黏膜，阻止细菌侵入血液中。

初乳对犊牛免疫机能的建立具有重要作用。犊牛出生后，随着时间的推移，其吸收初乳中免疫球蛋白的能力减弱，因此及早哺喂初乳十分重要。一般在犊牛出生后 0.5～1 小时，最迟不超过 2 小时哺喂初乳，而且喂量不应少于 1 千克。当犊牛自吮不便时可进行人工辅助。如将犊牛引导到母牛的乳头旁，辅以犊牛吮乳，也可用手指蘸上乳汁，让犊牛吮吸，使其学会吃奶。以后，每天喂 3 次，每次 2.0～2.5 千克，连喂 5～7 天。犊牛经过 5～7 天的初乳哺喂期之后，即可开始饲喂常乳，进入常乳期饲养。犊牛哺乳期各地不尽一致，一般为 2～3 个月，哺乳量 250～300 千克左右。现在比较先进的奶牛场哺乳期为 45～60 天，哺乳量为 200～250 千克。现介绍一种以哺乳期为 45 天、哺乳量为 210 千克的哺乳方案，见表 2-1。

表 2-1 犊牛哺乳方案

犊牛日龄/天	日喂奶量/千克	阶段奶量/千克
0～5（初乳）	6.0	30.0
6～20（常奶）	6.0	90.0
21～30（常奶）	4.5	45.0
31～45（常奶）	3.0	45.0

喂奶时，初乳温度应保持在 35～38℃ 之间，每次喂奶后 1～2 小时，应喂温开水 1 次；如果母牛产后患乳房炎或死亡，可改喂其他健康母牛的初乳，或喂发酵初乳。为了提高抗体的吸收作用，可在发酵初乳中加入少量碳酸氢钠。肉用犊牛喂乳量可根据体型大小、健康状况合理掌握，其喂量可参照表 2-2。

表 2-2　肉用犊牛喂乳量参照　　　　　千克

周龄/周		1～2	3～4	5～6	7～8	9～13	14 以后	全期喂量
日喂量	小型牛	3.7～5.0	4.2～6.0	4.4	3.6	2.6	1.5	400
	大型牛	4.5～6.5	5.7～8.0	6.0	4.8	3.5	2.0	540

对纯种肉用牛和杂交肉用牛，一般采用随母哺乳方法培育犊牛，在其出生后能站立时即引导犊牛吃初乳。具体做法是将犊牛头引至乳房下，挤出乳汁于手指上，让犊牛舔食，并引至乳头吮乳。对肉乳兼用牛或乳牛，由于母牛产犊后奶水增加较快，为避免犊牛一次吃乳太多，引起消化不良，前 3 天可随母哺乳，以后通常采用人工哺乳。可利用乳桶或奶瓶饲喂，日哺乳量占体重的 12%～16%，分 3 次等量供给，第 1 次喂量不得低于 1.5 千克。为减轻人工哺乳的劳力负担，最好通过调教使犊牛在盆或桶等容器中自己吃奶。喂奶 1 小时后，要喂温热水 0.5 千克以上，以补充体内所需水分。

牛奶虽然是犊牛最好的饲料，但为了促进犊牛瘤胃的发育，还需要早期训练犊牛吃植物性饲料，一般犊牛生后 1 周，即开始训练采食精料，生后 10 天左右训练采食干草。训练犊牛采食精料时，可用大麦、豆粕磨成细粉，并加入少量鱼粉、骨粉和食盐拌匀，每日 20 克左右。初期在犊牛喂完奶后将少量犊牛料涂抹在犊牛鼻镜或嘴唇上或撒少许于奶桶上任其舔食，使犊牛形成采食精料的习惯，3～4 天后，即可将精料投放在食槽内让其自由采食，1 月龄时日采食犊牛料 250～300 克，2 月龄时 500～700 克。第 2 周在牛栏的草架内添入优质干草（如豆科、禾本科青干草），为了让犊牛尽快采食干草，可在干草上洒些食盐水。3 周龄补喂青绿多汁饲料

（如胡萝卜、甜菜等），以促进消化器官的发育，每天先喂 20 克左右，逐渐增加喂量，到 2 月龄时可增加到 1.0～1.5 千克。青贮饲料由于酸度大，过早饲喂会影响瘤胃微生物的正常建立，同时，青贮饲料蛋白质含量低，水分含量高，过早饲喂不利于犊牛营养的摄入，所以，一般从 2 月龄开始训练采食。

（3）早饮水 母牛产后应供给充足的饮水，有条件的可喂温水食盐麸皮汤。牛奶中虽然含有大量水分，但仍不能满足犊牛正常代谢的需要，因此，需要在出生后 1 周即开始训练其饮水（水中加适量奶借以引诱），以补充奶中水的不足。开始需饮 36～37℃的温开水，10～15 天后改饮常温水。1 月龄后可在运动场饮水池储满清水，任其自由饮用，水温不应低于 15℃。

（4）犊牛舍要干燥通风 犊牛应尽可能放在干燥通风处饲养，但不应有穿堂风或贼风。冬季应保暖，勤换晒垫草。

（5）适时补饲 犊牛在 1 周龄时开始出现反刍。此时在其牛栏内投入一些优质干草，任其自由咀嚼，训练采食。及早开食，一方面能促进犊牛胃肠的发育和机能的健全，另一方面可防止犊牛舔食脏物、污草和形成"舔癖"，并可减少喂奶量。

为犊牛能及早开食，最好采用"开食料"。开食料要求营养丰富、易于消化、适口性好，不必配得很复杂。常用的原料有玉米、小麦、大麦、大豆粉、豆粕、棉籽粕、菜籽粕、麦麸等，也可加 10%～20%的苜蓿粉。开食料粗蛋白水平为 20%以上，粗纤维 15%以下，粗脂肪 10%以下。另加石粉 0.3%、食盐 0.5%，每千克料加维生素 A 4400 国际单位、维生素 D 660 国际单位、金霉素 22 毫克。最好制成颗粒。

适时补饲是促进犊牛瘤胃早期发育的重要措施，因此，以出生后 2 周龄开始，就应投给优质干草，任其自由采食，2 周龄开始补喂开食料（代乳料），参照配方为玉米 40%、豆粕 30%、小麦 25%、鱼粉 2%、骨粉 2%、食盐 0.5%、微量元素添加剂 0.5%。每千克饲料另加维生素 A 4400 国际单位、维生素 D 660 国际单位、金霉素或土霉素 22 毫克。以干湿料生喂，方法是把饲料用热水拌湿［水料比为（0.5～0.8）:1］，经 4～6 小时糖化后饲喂，便于提高采食量，2月龄日喂 2～3 次，日喂量应根据年龄和采食量逐渐添加并加喂青贮饲料，日喂量 100～4000 克，按采食情况逐渐增加。当犊牛每日能采食精料 1 千克以上，青贮料 2 千克以上时，便可人为断奶。考虑到农村开展补饲难度较大、经济条件限制等因素，犊牛饲养过程中，尤其是杂交犊牛，以适当补饲，延长哺乳期至 4～6 月龄为宜。

肉用犊牛一般是自然哺乳，犊牛出生后 3 个月内母牛的泌乳量可满足犊牛生长发育的营养需要。3 个月后母牛的泌乳量逐渐下降，而犊牛的营养需要却逐渐增加，母牛的奶量满足不了犊牛的营养需要，母牛的泌乳量和犊牛的营养需要形成剪刀差，两者之差越来越大。为此，应提早补饲青粗饲料和精料，使犊牛在哺乳后期能采食较多的植物性饲料。这样不仅可满足犊牛所需的营养，而且可促进瘤胃的发育。当犊牛满 2 个月时，就应该给犊牛喂代乳料，喂量逐渐增加。开始时可辅以人工饲喂，慢慢就可以让犊牛自己吃料。饲料可用干草加精料混合喂，也可将代乳料撒在青饲料上饲喂。犊牛的补饲量应逐渐增加，饲料中粗蛋白含量应在 18% 左右。除正常补饲精料外，还应同时补充粗饲料，最初可给以优质干草，让其自由采食，以促进瘤胃发育。随日龄和采食量的增加，要供应足够的清洁饮水。

（6）及时断奶　为使犊牛早期断奶，犊牛生后 10 天左右应用代乳品（又称为人工乳）代替常乳哺喂。它是一种粉末状或颗粒状的商品饲料，饲喂时必须稀释成为液体，且具有良好的悬浮性和适口性，浓度 12%～16%，即按 1∶8～1∶6 加水，饲喂温度为38℃。代乳品原料以乳业副产品如脱脂乳、乳清蛋白浓缩物、干乳清等为主要成分。使用代乳品除节约常乳、降低培育成本外，尚有补充常乳某些营养成分不足的作用。

犊牛断奶一般在 6 月龄，可根据饲料补饲效果，结合犊牛生长发育情况，尽量提前断奶。犊牛哺乳期一般为 3 个月。喂 7 天初乳，第 8 天喂代乳料，1 个月后喂混合精料及优质干草。喂料量为体重的 1%。代乳料配比是豆粕 27%、玉米面 50%、麦麸子 10%、鱼粉 10%、维生素和矿物质添加剂 3%。

（7）去角　犊牛去角后，便于管理。去角时间一般在出生后 5～7 天内，对犊牛影响小。去角方法有碱法和电烙法。碱法是用氢氧化钠在角的基部画圈，当该部位出现烧伤时即可停止，牛角会自动脱落或不能长出。注意此法应在晴天及哺乳后进行，在伤口未干前不要让犊牛哺乳，以免伤及母牛乳房及皮肤。用电烙法去角，做法是将电烙器加热到一定温度后牢牢地压在角的基部，直到其下部组织烧灼成白色为止，再涂以青霉素软膏或硼酸粉。但要注意不能太久太深，以防烧伤深层组织。

（8）运动　在犊牛出生后 5～6 天，每天必须刷拭牛体 1 次，并要注意进行适当运动。天气晴好时，应让犊牛于户外自由运动，多晒太阳，以增强体质。也可通过和母牛一起放牧，达到运动的目的。要注意控制犊牛的运动量。

（9）防好"两病"　生产中，对犊牛危害最大的两种病是脐带炎和白痢病，因此，要高度重视这两种病的防治工作。

第二节　哺乳犊牛开食料营养指标

在犊牛培育中，为了节约商品奶，加快犊牛生长发育速度，弥补母牛在泌乳高峰期过后产奶量不足，以满足幼畜生长发育对日粮营养物质的需要，在认识这一时期幼畜的新陈代谢特点和各种天然饲料的营养价值的基础上，人们研制了一些可以代替牛乳的代乳粉以及促进犊牛前胃发育尽早完成独立的消化粗饲料能力的开食料。

开食料亦称为犊牛代乳料，是根据犊牛营养需要而配制的一种适口性强、易消化、营养丰富，专用于犊牛断奶前后饲喂的混合精料。前已叙及，常用的原料有玉米、小麦、大麦、大豆粉、豆粕、棉籽粕、菜籽粕、麦麸等，也可加 10%～20% 的苜蓿粉。它的作用是促使犊牛由以乳或代乳品为主的营养向完全采食植物性饲料过渡。它的形态是粉状或颗粒状，从犊牛生后第 2 周开始自由采食。在低乳量饲养的条件下，犊牛采食开食料的数量增加很快，当犊牛每日能采食精料 1 千克、青贮料 2 千克以上时，便可人为断奶，限量饲喂开食料，逐渐向普通犊牛料过渡。

一、代乳粉和开食料的区别

顾名思义，代乳粉就是代替母乳饲喂幼畜的饲料。它有以下几个特点。

① 有一定的乳制品，如脱脂乳粉、乳清粉等。

② 部分蛋白质可以用大豆蛋白浓缩物和肉粉（鱼粉等）替代，但必须有利于幼畜消化。

③ 添加适量的限制性氨基酸（特别是蛋氨酸和赖氨酸）以及幼畜需要的维生素和微量元素等。

④ 本身为粉末状，但饲喂时必须冲稀为液体供肉牛饮用。因此，代乳粉中的各种成分要有极好的溶解性和悬浮性。

开食料的作用是除了供给幼畜生长发育过程中所必需的营养物质外，就是促进肉牛尽早采食非乳类精、粗饲料，为幼畜的前胃提供发育的刺激物，并为其接种有用的细菌、纤毛原虫和厌氧性真菌。根据其作用，开食料应具备以下特点。

① 应当含有一定数量的优质粗饲料（如苜蓿干草等），并适当粉碎（一般以 3 毫米为佳）。

② 精料、维生素、矿物质和微量元素的配合量符合肉牛饲养标准。

③ 做成粉状或颗粒状。

④ 投放在饲槽中直接饲喂（不用稀释）。

开食料不同于人工乳，它不是以乳业副产品为主，而是以高能量籽实类及高蛋白料为主，可加入少量鱼粉、矿物质、维生素等，也可添加优质豆科草粉（如苜蓿草粉等）。

犊牛出生 2 周后一般就应该添加开食料，最好是全价颗粒料，要每天喂新鲜的。开食料中最好添加抗生素、莫能霉素以防治腹泻和球虫。开食料内最好有 10%～15% 易消化纤维饲料，如大豆皮、玉米皮、甜菜渣、高质量苜蓿草粉等，蛋白质无需太高，超过 16%（风干样）即可。犊牛开食料配方实例见表 2-3。

表 2-3　犊牛开食料配方实例

原　料	配方比例/%		营养指标（风干样基础）	
	配方实例一	配方实例二	营养素	含量
玉米	45.0	43.5	TDN/%	71.10
麦皮	14.0	9.0	NE_m/（千卡/千克）	1.74
豆粕	18.0	14.0	NE_g（千卡/千克）	1.17
棉粕	5.0	5.0	CP/%	17.0
DDGS		10.0	Ca/%	0.80
大豆皮	14.5	15.0	P/%	0.45
磷酸氢钙	0.70	0.60		
食盐	0.50	0.50		
石粉	1.30	1.40		
维生素	1.0	1.0		

注：1卡=4.1840焦耳。TDN为可消化总营养成分；DDGS为含可溶物干燥酒粕，NE_m为维持净能；NE_g为增重净能；CP为粗蛋白。

二、犊牛代乳粉的营养指标和质量要求

（1）营养指标

① NND（能量单位）。2.46～2.8。

② 粗蛋白（CP）。20%～26%。

③ 矿物质。Ca 0.6%、P 0.4%、Mg 0.1%、K 0.65%、Na 0.1%、Cl 0.2%、S 0.2%、Fe 0.2%。

④ 维生素。维生素 A 4400 国际单位、维生素 D_3 800 国际单位，维生素 E 60 国际单位、尼克酸 0.2 毫克、泛酸 13 毫克、维生素 B_2 6.5 毫克、维生素 B_6 6.5 毫克、叶酸 0.5 毫克、生物素 0.1 毫克、维生素 B_{12} 0.07 毫克、胆碱 0.26%。

⑤ 粗纤维。≤6%。

⑥ 粗脂肪。10%～20%。

（2）质量要求　所生产的代乳粉具有良好的溶解度、悬浮性及适口性。犊牛从初乳期过后的 6 日龄就可以开始饲喂，至 8～10 日龄全部取代全乳饲喂。

三、犊牛开食料的主要营养指标

① 干物质。72%～75%。

② 粗蛋白（CP）。20％以上。

③ 粗脂肪。7.5％～12.5％。

④ 粗纤维。≤3.5％。

⑤ 钙。≥0.5％。

⑥ 磷。≥0.5％。

四、几种犊牛的代乳粉和开食料配方

（1）代乳粉 具体见表2-4。

表 2-4　几种代乳粉的原料配方　　　　　　　　％

配　　方	配方 1	配方 2	配　　方	配方 1	配方 2
乳清粉	21	38	麸皮	—	—
脱脂乳粉	36	—	植物油	16	17.5
干乳清粉	—	—	预混料	2	1.5
大豆蛋白浓缩粉	—	17.5	赖氨酸	—	0.3
蛋白粉	—	—	蛋氨酸	—	0.2
豆粕	—	—			

（2）开食料 玉米50％、豆粕15％、苜蓿15％、麸皮10％、蛋白粉4％、食盐1％、犊牛预混料5％。

五、使用代乳粉和开食料的注意事项

① 代乳粉和开食料不能代替初乳饲喂。

② 犊牛60日龄后代乳粉中不需添加B族维生素。

③ 代乳粉的稀释应严格按标签说明，一般加水量为代乳粉重量的6～8倍。最好使用煮沸晾凉的开水稀释，水温38～40℃。

④ 随气温变化增、减喂量。气温为−5～5℃时，喂量增加18％；−10℃时，喂量增加25％；当气温≥30℃时，喂量增加11％。

⑤ 给犊牛提供充足的饮水。饮水量可以按日干物质采食量的6～7倍给予。

⑥ 每天为犊牛提供与代乳粉等量的干草，但在开始使用开食料时可以不提供干草。

⑦ 将代乳粉用于犊牛培育方案中可以取代全乳。开食料可以代替培育方案中的配合精料。

六、开食料的特点

① 颗粒状有利犊牛的瘤胃发育。

② 高能量、高蛋白能满足犊牛快速生长的需要。

③ 含有丰富的可消化粗纤维，有利于瘤胃微生物区系的建立，可刺激瘤胃的快速发育。

④ 添加了足够量的矿物质、维生素和微量元素，以弥补牛奶中的不足。

七、开食料的使用

① 可供哺乳期犊牛自由采食。

② 在犊牛出生后2周开始使用，并开始训练采食精料和青干草。

③ 当犊牛每日能采食精料1千克、青贮料2千克以上时，便可人为断奶。

④ 断奶后更换饲料应逐步进行。

第三节　哺乳犊牛开食料饲料配方

哺乳犊牛全价饲料配方1

原料名称	含量/%	原料名称	含量/%
玉米(GB2)	22.34	细石粉	2.91
燕麦秸秆粉	20.00	磷酸氢钙	1.79
DDGS——玉米溶浆蛋白	10.00	牛预混料(1%)	1.00
小麦麸(GB1)	10.00	食盐	0.30
花生粕(GB2)	10.00	营养素名称	营养含量
玉米蛋白粉(60%粗蛋白)	10.00	粗蛋白/%	21.00
米糠(GB2)	7.06	钙/%	1.50
葵花粕(GB2)	4.60	总磷/%	0.76

注：GB1、GB2分别表示国标1级、国标2级，余同。

哺乳犊牛全价饲料配方 2

原 料 名 称	含量/%	原 料 名 称	含量/%
玉米(GB2)	21.74	米糠粕(GB1)	2.67
燕麦秸秆粉	20.00	磷酸氢钙	1.76
米糠(GB2)	10.00	牛预混料(1%)	1.00
DDGS——玉米溶浆蛋白	10.00	食盐	0.30
小麦麸(GB1)	10.00	营养素名称	营养含量
花生粕(GB2)	10.00	粗蛋白/%	19.00
玉米蛋白粉(60%粗蛋白)	6.13	钙/%	1.50
棉籽粕(GB2)	3.47	总磷/%	0.80
细石粉	2.93		

哺乳犊牛全价饲料配方 3

原 料 名 称	含量/%	原 料 名 称	含量/%
玉米(GB2)	41.77	磷酸氢钙	1.82
DDGS——玉米溶浆蛋白	20.00	牛预混料(1%)	1.00
玉米蛋白粉(60%粗蛋白)	12.47	食盐	0.30
米糠(GB2)	10.00	营养素名称	营养含量
花生粕(GB2)	6.21	粗蛋白/%	22.00
小麦麸(GB1)	3.59	钙/%	1.50
细石粉	2.84	总磷/%	0.80

哺乳犊牛全价饲料配方 4

原 料 名 称	含量/%	原 料 名 称	含量/%
玉米(GB2)	38.40	牛预混料(1%)	1.00
DDGS——玉米溶浆蛋白	20.00	小麦麸(GB1)	0.97
玉米蛋白粉(60%粗蛋白)	20.00	食盐	0.30
米糠(GB2)	10.00	营养素名称	营养含量
米糠粕(GB1)	4.47	粗蛋白/%	24.00
细石粉	3.00	钙/%	1.56
磷酸氢钙	1.86	总磷/%	0.85

哺乳犊牛全价饲料配方 5

原 料 名 称	含量/%	原 料 名 称	含量/%
DDGS——玉米溶浆蛋白	20.00	贝壳粉	1.00
小麦(GB2)	20.00	牛预混料(1%)	1.00
高粱(GB1)	19.19	食盐	0.30
玉米蛋白粉(60%粗蛋白)	12.17	营养素名称	营养含量
葵粕(GB2)	11.61	粗蛋白/%	23.00
米糠(GB2)	10.00	钙/%	1.92
细石粉	3.00	总磷/%	0.86
磷酸氢钙	1.74		

哺乳犊牛全价饲料配方6

原料名称	含量/%	原料名称	含量/%
DDGS——玉米溶浆蛋白	20.00	磷酸氢钙	1.73
小麦(GB2)	20.00	贝壳粉	1.00
高粱(GB1)	18.29	牛预混料(1%)	1.00
葵粕(GB2)	15.00	食盐	0.30
米糠(GB2)	10.00	营养素名称	营养含量
玉米蛋白粉(60%CP)	6.95	粗蛋白/%	21.00
细石粉	3.00	钙/%	1.93
米糠粕(GB1)	2.74	总磷/%	0.91

哺乳犊牛全价饲料配方7

原料名称	含量/%	原料名称	含量/%
DDGS——玉米溶浆蛋白	20.00	磷酸氢钙	1.73
小麦(GB2)	20.00	贝壳粉	1.00
高粱(GB1)	18.29	牛预混料(1%)	1.00
葵粕(GB2)	15.00	食盐	0.30
米糠(GB2)	10.00	营养素名称	营养含量
玉米蛋白粉(60%CP)	6.95	粗蛋白/%	21.00
细石粉	3.00	钙/%	1.93
米糠粕(GB1)	2.74	总磷/%	0.91

哺乳犊牛全价饲料配方8

原料名称	含量/%	原料名称	含量/%
DDGS——玉米溶浆蛋白	20.00	磷酸氢钙	1.72
小麦(GB2)	20.00	贝壳粉	1.00
高粱(GB1)	17.29	牛预混料(1%)	1.00
葵粕(GB2)	15.00	食盐	0.30
米糠(GB2)	10.00	营养素名称	营养含量
米糠粕(GB1)	5.95	粗蛋白/%	20.00
玉米蛋白粉(60%CP)	4.75	钙/%	1.92
细石粉	3.00	总磷/%	0.95

哺乳犊牛全价饲料配方9

原料名称	含量/%	原料名称	含量/%
DDGS——玉米溶浆蛋白	20.00	磷酸氢钙	1.72
小麦(GB2)	20.00	贝壳粉	1.00
高粱(GB1)	17.29	牛预混料(1%)	1.00
葵粕(GB2)	15.00	食盐	0.30
米糠(GB2)	10.00	营养素名称	营养含量
米糠粕(GB1)	5.95	粗蛋白/%	20.00
玉米蛋白粉(60%CP)	4.75	钙/%	1.92
细石粉	3.00	总磷/%	0.95

哺乳犊牛全价饲料配方 10

原　料　名　称	含量/%	原　料　名　称	含量/%
豆粕(GB1)	21.59	细石粉	1.42
玉米(GB2)	20.00	赖氨酸(Lys)	0.50
菜粕(GB2)	13.78	食盐	0.30
米糠(GB2)	10.00	蛋氨酸(DL-Met)	0.16
稻谷(GB2)	10.00	营养素名称	营养含量
米糠粕(GB1)	10.00	粗蛋白/%	20.00
麦饭石	7.25	钙/%	1.10
牛预混料(1%)	3.00	总磷/%	1.00
磷酸氢钙	2.00		

哺乳犊牛全价饲料配方 11

原　料　名　称	含量/%	原　料　名　称	含量/%
豆粕(GB1)	25.15	贝壳粉	1.68
玉米(GB2)	20.00	大麦(裸 GB2)	1.34
米糠(GB2)	10.00	赖氨酸(Lys)	0.50
稻谷(GB2)	10.00	蛋氨酸(DL-Met)	0.43
米糠粕(GB1)	10.00	食盐	0.40
麦饭石	10.00	营养素名称	营养含量
菜粕(GB2)	5.49	粗蛋白/%	19.00
牛预混料(1%)	3.00	钙/%	1.10
磷酸氢钙	2.00	总磷/%	0.95

哺乳犊牛全价饲料配方 12

原　料　名　称	含量/%	原　料　名　称	含量/%
麦芽根	20.00	马铃薯浓缩蛋白	1.82
苜蓿草粉(GB1)	20.00	牛预混料(1%)	1.00
槐叶粉	19.30	食盐	0.24
米糠(GB2)	10.00	米糠	0.22
麦饭石	10.00	营养素名称	营养含量
燕麦秸秆粉	10.00	粗蛋白/%	18.00
DDGS——玉米溶浆蛋白	5.35	钙/%	1.10
磷酸氢钙	2.08	总磷/%	0.84

哺乳犊牛全价饲料配方 13

原 料 名 称	含量/%	原 料 名 称	含量/%
麦芽根	20.00	马铃薯浓缩蛋白	2.23
槐叶粉	20.00	牛预混料(1%)	1.00
苜蓿草粉(GB1)	12.25	食盐	0.08
DDGS——玉米溶浆蛋白	12.08	细石粉	0.06
米糠(GB2)	10.00	营养素名称	营养含量
麦饭石	10.00	粗蛋白/%	19.00
燕麦秸秆粉	10.00	钙/%	1.10
磷酸氢钙	2.30	总磷/%	0.89

哺乳犊牛全价饲料配方 14

原 料 名 称	含量/%	原 料 名 称	含量/%
麦芽根	20.00	磷酸氢钙	2.22
DDGS——玉米溶浆蛋白	20.00	牛预混料(1%)	1.00
苜蓿草粉(GB1)	15.53	细石粉	0.61
米糠(GB2)	10.00	营养素名称	营养含量
麦饭石	10.00	粗蛋白/%	21.00
燕麦秸秆粉	10.00	钙/%	1.10
葵粕(GB2)	8.01	总磷/%	0.97
马铃薯浓缩蛋白	2.62		

哺乳犊牛全价饲料配方 15

原 料 名 称	含量/%	原 料 名 称	含量/%
麦芽根	20.00	马铃薯浓缩蛋白	2.69
DDGS——玉米溶浆蛋白	20.00	磷酸氢钙	2.47
槐叶粉	10.15	牛预混料(1%)	1.00
米糠(GB2)	10.00	细石粉	0.42
麦饭石	10.00	营养素名称	营养含量
燕麦秸秆粉	10.00	粗蛋白/%	22.00
苜蓿草粉(GB1)	7.60	钙/%	1.10
玉米蛋白粉(50%CP)	5.68	总磷/%	0.95

哺乳犊牛全价饲料配方 16

原 料 名 称	含量/%	原 料 名 称	含量/%
葵粕(GB2)	20.00	细石粉	0.96
苜蓿草粉(GB1)	20.00	玉米蛋白粉(50%CP)	0.85
花生粕(GB2)	14.02	马铃薯浓缩蛋白	0.45
米糠	10.60	食盐	0.30
米糠(GB2)	10.00	乳清粉	0.19
米糠粕(GB1)	10.00	营养素名称	营养含量
麦饭石	10.00	粗蛋白/%	21.00
磷酸氢钙	1.63	钙/%	1.10
牛预混料(1%)	1.00	总磷/%	0.97

哺乳犊牛全价饲料配方 17

原 料 名 称	含量/%	原 料 名 称	含量/%
葵粕(GB2)	20.00	细石粉	0.94
苜蓿草粉(GB1)	20.00	马铃薯浓缩蛋白	0.89
米糠	14.14	玉米蛋白粉(50%CP)	0.43
花生粕(GB2)	10.36	食盐	0.30
米糠(GB2)	10.00	乳清粉	0.25
米糠粕(GB1)	10.00	营养素名称	营养含量
麦饭石	10.00	粗蛋白/%	20.00
磷酸氢钙	1.69	钙/%	1.10
牛预混料(1%)	1.00	总磷/%	0.96

哺乳犊牛全价饲料配方 18

原 料 名 称	含量/%	原 料 名 称	含量/%
小麦麸(GB1)	20.00	细石粉	1.49
葵粕(GB2)	20.00	牛预混料(1%)	1.00
米糠	20.00	食盐	0.30
小麦麸(GB2)	12.82	营养素名称	营养含量
花生粕(GB2)	10.38	粗蛋白/%	20.00
麦饭石	10.00	钙/%	1.10
磷酸氢钙	2.02	总磷/%	0.89
马铃薯浓缩蛋白	1.99		

注：表中小麦麸出现 2 次表示小麦麸为 2 种原料，且价格不同。余同。

哺乳犊牛全价饲料配方 19

原 料 名 称	含量/%	原 料 名 称	含量/%
小麦麸(GB1)	20.00	马铃薯浓缩蛋白	1.48
米糠	20.00	牛预混料(1%)	1.00
葵粕(GB2)	19.25	食盐	0.30
花生粕(GB2)	15.27	营养素名称	营养含量
麦饭石	10.00	粗蛋白/%	21.00
小麦麸(GB2)	9.23	钙/%	1.10
磷酸氢钙	1.99	总磷/%	0.88
细石粉	1.49		

哺乳犊牛全价饲料配方 20

原 料 名 称	含量/%	原 料 名 称	含量/%
次粉（NY/T1）	20.00	牛预混料（1%）	1.00
米糠	20.00	细石粉	0.88
高蛋白啤酒酵母	15.05	乳清粉	0.32
大麦（裸 GB2）	10.00	食盐	0.30
次粉（NY/T2）	10.00	马铃薯浓缩蛋白	0.18
麦饭石	10.00	营养素名称	营养含量
玉米蛋白粉（50%CP）	5.09	粗蛋白/%	22.00
小麦麸	3.91	钙/%	1.10
磷酸氢钙	3.27	总磷/%	0.80

哺乳犊牛全价饲料配方 21

原 料 名 称	原料价格/元	含量/%	原 料 名 称	原料价格/元	含量/%
次粉（NY/T1）	1350.00	20.00	马铃薯浓缩蛋白	1800.00	1.03
米糠	900.00	20.00	牛预混料（1%）	4000.00	1.00
高蛋白啤酒酵母	3200.00	12.62	细石粉	140.00	0.87
大麦（裸 GB2）	1400.00	10.00	乳清粉	5000.00	0.32
次粉（NY/T2）	1400.00	10.00	食盐	700.00	0.30
麦饭石	300.00	10.00	营养素名称	营养含量	
小麦麸	1300.00	6.14	粗蛋白/%	21.00	
玉米蛋白粉（50%CP）	2300.00	4.44	钙/%	1.10	
磷酸氢钙	3200.00	3.29	总磷/%	0.80	

哺乳犊牛全价饲料配方 22

原 料 名 称	含量/%	原 料 名 称	含量/%
次粉（NY/T1）	20.00	牛预混料（1%）	1.00
米糠	20.00	细石粉	0.85
小麦麸	10.58	乳清粉	0.33
大麦（裸 GB2）	10.00	食盐	0.30
次粉（NY/T2）	10.00	营养素名称	营养含量
麦饭石	10.00	粗蛋白/%	19.00
高蛋白啤酒酵母	7.78	钙/%	1.10
磷酸氢钙	3.32	总磷/%	0.80
玉米蛋白粉	3.13		
马铃薯浓缩蛋白	2.72		

哺乳犊牛全价饲料配方 23

原 料 名 称	含量/%	原 料 名 称	含量/%
高粱(GB1)	17.60	玉米蛋白粉(50%CP)	2.48
小麦(GB2)	10.00	牛预混料(1%)	1.00
大麦(裸 GB2)	10.00	细石粉	0.73
大麦(皮 GB1)	10.00	乳清粉	0.51
麦饭石	10.00	食盐	0.30
干蒸大麦酒糟	10.00	营养素名称	营养含量
高粱	10.00	粗蛋白/%	20.00
高蛋白啤酒酵母	8.65	钙/%	1.10
马铃薯浓缩蛋白	5.35	总磷/%	0.80
磷酸氢钙	3.38		

哺乳犊牛全价饲料配方 24

原 料 名 称	含量/%	原 料 名 称	含量/%
高粱(GB1)	13.51	马铃薯浓缩蛋白	3.32
高蛋白啤酒酵母	13.50	牛预混料(1%)	1.00
小麦(GB2)	10.00	细石粉	0.71
大麦(裸 GB2)	10.00	乳清粉	0.55
大麦(皮 GB1)	10.00	食盐	0.30
麦饭石	10.00	营养素名称	营养含量
干蒸大麦酒糟	10.00	粗蛋白/%	22.00
高粱	10.00	钙/%	1.10
玉米蛋白粉(50%CP)	3.67	总磷/%	0.80
磷酸氢钙	3.44		

哺乳犊牛全价饲料配方 25

原 料 名 称	含量/%	原 料 名 称	含量/%
高蛋白啤酒酵母	15.80	牛预混料(1%)	1.00
玉米(GB2)	14.56	细石粉	0.71
菜粕(GB2)	12.14	乳清粉	0.58
稻谷(GB2)	10.00	食盐	0.30
麦饭石	10.00	营养素名称	营养含量
玉米淀粉	10.00	粗蛋白/%	22.00
干蒸大麦酒糟(酒精副产品)	10.00	钙/%	1.10
高粱	10.00	总磷/%	0.80
磷酸氢钙	3.28	可利用磷/%	0.68
马铃薯浓缩蛋白	1.62		

哺乳犊牛全价饲料配方 26

原 料 名 称	含量/%	原 料 名 称	含量/%
玉米（GB2）	19.07	磷酸氢钙	3.33
高蛋白啤酒酵母	11.03	牛预混料（1%）	1.00
菜粕（GB2）	10.11	细石粉	0.71
稻谷（GB2）	10.00	乳清粉	0.64
麦饭石	10.00	食盐	0.30
玉米淀粉	10.00	营养素名称	营养含量
干蒸大麦酒糟（酒精副产品）	10.00	粗蛋白/%	20.00
高粱	10.00	钙/%	1.10
马铃薯浓缩蛋白	3.81	总磷/%	0.80

哺乳犊牛全价饲料配方 27

原 料 名 称	含量/%	原 料 名 称	含量/%
玉米（GB2）	20.00	磷酸氢钙	3.20
稻谷（GB2）	10.00	牛预混料（1%）	1.00
麦饭石	10.00	细石粉	0.84
玉米淀粉	10.00	乳清粉	0.71
干蒸大麦酒糟（酒精副产品）	10.00	食盐	0.30
高粱	10.00	营养素名称	营养含量
棉粕（GB2）	8.21	粗蛋白/%	19.00
高蛋白啤酒酵母	6.68	钙/%	1.10
马铃薯浓缩蛋白	4.58	总磷/%	0.80
菜粕（GB2）	4.47		

哺乳犊牛全价饲料配方 28

原 料 名 称	含量/%	原 料 名 称	含量/%
玉米（GB2）	37.67	棉粕（GB2）	3.15
稻谷（GB2）	10.00	牛预混料（1%）	1.00
麦饭石	10.00	乳清粉	0.90
干蒸大麦酒糟	10.00	细石粉	0.77
高粱	10.00	食盐	0.30
高蛋白啤酒酵母	6.62	营养素名称	营养含量
马铃薯浓缩蛋白	6.12	粗蛋白/%	18.00
磷酸氢钙	3.47	总磷/%	0.80

哺乳犊牛全价饲料配方 29

原 料 名 称	含量/%	原 料 名 称	含量/%
玉米(GB2)	34.90	牛预混料(1%)	1.00
稻谷(GB2)	10.00	乳清粉	0.87
麦饭石	10.00	细石粉	0.81
干蒸大麦酒糟	10.00	食盐	0.30
高粱	10.00	营养素名称	营养含量
高蛋白啤酒酵母	8.38	粗蛋白/%	19.00
棉籽粕(GB2)	5.42	钙/%	1.10
马铃薯浓缩蛋白	4.92	总磷/%	0.80
磷酸氢钙	3.39		

哺乳犊牛全价饲料配方 30

原 料 名 称	含量/%	原 料 名 称	含量/%
玉米(GB2)	29.35	牛预混料(1%)	1.00
高蛋白啤酒酵母	11.91	细石粉	0.89
稻谷(GB2)	10.00	乳清粉	0.82
麦饭石	10.00	食盐	0.30
干蒸大麦酒糟(酒精副产品)	10.00	营养素名称	营养含量
高粱	10.00	粗蛋白/%	21.00
棉粕(GB2)	9.95	钙/%	1.10
磷酸氢钙	3.23	总磷/%	0.80
马铃薯浓缩蛋白	2.54		

哺乳犊牛全价饲料配方 31

原 料 名 称	含量/%	原 料 名 称	含量/%
玉米(GB2)	26.58	牛预混料(1%)	1.00
高蛋白啤酒酵母	13.68	细石粉	0.93
棉粕(GB2)	12.22	乳清粉	0.79
稻谷(GB2)	10.00	食盐	0.30
麦饭石	10.00	营养素名称	营养含量
干蒸大麦酒糟(酒精副产品)	10.00	粗蛋白/%	22.00
高粱	10.00	钙/%	1.10
磷酸氢钙	3.15	总磷/%	0.80
马铃薯浓缩蛋白	1.35		

哺乳犊牛全价饲料配方 32

原 料 名 称	含量/%	原 料 名 称	含量/%
小麦麸（GB1）	20.00	马铃薯浓缩蛋白	2.01
菜粕（GB2）	13.77	磷酸氢钙	2.00
麦饭石	10.00	细石粉	1.09
干蒸大麦酒糟	10.00	牛预混料（1%）	1.00
高粱	10.00	食盐	0.30
高蛋白啤酒酵母	7.15	玉米蛋白粉（50%CP）	0.18
米糠（GB2）	5.00	乳清粉	0.01
苜蓿草粉（GB1）	5.00	营养素名称	营养含量
燕麦秸秆粉	5.00	粗蛋白/%	21.00
槐叶粉	5.00	钙/%	1.10
玉米淀粉	2.48	总磷/%	0.80

哺乳犊牛全价饲料配方 33

原 料 名 称	含量/%	原 料 名 称	含量/%
菜粕（GB2）	14.26	槐叶粉	5.00
小麦麸（GB1）	10.00	磷酸氢钙	2.37
麦饭石	10.00	马铃薯浓缩蛋白	1.98
干蒸大麦酒糟（酒精副产品）	10.00	牛预混料（1%）	1.00
高粱	10.00	细石粉	0.86
高蛋白啤酒酵母	8.68	食盐	0.30
稻谷（GB2）	5.36	乳清粉	0.20
米糠（GB2）	5.00	营养素名称	营养含量
苜蓿草粉（GB1）	5.00	粗蛋白/%	21.00
玉米淀粉	5.00	钙/%	1.10
燕麦秸秆粉	5.00	总磷/%	0.80

哺乳犊牛全价饲料配方 34

原 料 名 称	含量/%	原 料 名 称	含量/%
棉粕（GB2）	17.09	高蛋白啤酒酵母	2.55
稻谷（GB2）	10.00	马铃薯浓缩蛋白	2.48
小麦麸（GB1）	10.00	磷酸氢钙	2.08
干蒸大麦酒糟	10.00	细石粉	1.19
高粱	10.00	牛预混料（1%）	1.00
玉米（GB2）	7.97	乳清粉	0.35
米糠（GB2）	5.00	食盐	0.30
苜蓿草粉（GB1）	5.00	营养素名称	营养含量
玉米淀粉	5.00	粗蛋白/%	20.00
燕麦秸秆粉	5.00	钙/%	1.10
槐叶粉	5.00	总磷/%	0.80

哺乳犊牛全价饲料配方 35

原 料 名 称	含量/%	原 料 名 称	含量/%
棉粕	14.82	马铃薯浓缩蛋白	3.67
玉米	10.74	磷酸氢钙	2.16
稻谷	10.00	细石粉	1.15
小麦麸	10.00	牛预混料(1%)	1.00
干蒸大麦酒糟	10.00	高蛋白啤酒酵母	0.78
高粱	10.00	乳清粉	0.37
米糠	5.00	食盐	0.30
苜蓿草粉	5.00	营养素名称	营养含量
玉米淀粉	5.00	粗蛋白/%	19.00
燕麦秸秆粉	5.00	钙/%	1.10
槐叶粉	5.00	总磷/%	0.80

哺乳犊牛全价饲料配方 36

原 料 名 称	含量/%	原 料 名 称	含量/%
玉米(GB2)	21.36	磷酸氢钙	2.27
棉粕(GB2)	13.41	高蛋白啤酒酵母	1.12
小麦麸(GB1)	10.00	细石粉	1.08
干蒸大麦酒糟(酒精副产品)	10.00	牛预混料(1%)	1.00
高粱	10.00	乳清粉	0.52
米糠(GB2)	5.00	食盐	0.30
苜蓿草粉(GB1)	5.00	营养素名称	营养含量
玉米淀粉	5.00	粗蛋白/%	19.00
燕麦秸秆粉	5.00	钙/%	1.10
槐叶粉	5.00	总磷/%	0.80
马铃薯浓缩蛋白	3.94		

哺乳犊牛全价饲料配方 37

原 料 名 称	含量/%	原 料 名 称	含量/%
玉米(GB2)	18.59	马铃薯浓缩蛋白	2.75
棉粕(GB2)	15.68	磷酸氢钙	2.19
小麦麸(GB1)	10.00	细石粉	1.12
干蒸大麦酒糟(酒精副产品)	10.00	牛预混料(1%)	1.00
高粱	10.00	乳清粉	0.49
米糠(GB2)	5.00	食盐	0.30
苜蓿草粉(GB1)	5.00	营养素名称	营养含量
玉米淀粉	5.00	粗蛋白/%	20.00
燕麦秸秆粉	5.00	钙/%	1.10
槐叶粉	5.00	总磷/%	0.80
高蛋白啤酒酵母	2.88		

哺乳犊牛全价饲料配方 38

原 料 名 称	含量/%	原 料 名 称	含量/%
玉米（GB2）	39.12	马铃薯浓缩蛋白	1.81
棉粕（GB2）	17.99	细石粉	1.72
小麦麸（GB1）	10.00	牛预混料（1%）	1.00
高粱	10.00	食盐	0.30
豌豆	9.23	营养素名称	营养含量
米糠（GB2）	5.00	粗蛋白/%	19.00
磷酸氢钙	2.00	钙/%	1.10
高蛋白啤酒酵母	1.83	总磷/%	0.80

哺乳犊牛全价饲料配方 39

原 料 名 称	含量/%	原 料 名 称	含量/%
玉米（GB2）	55.00	豆粕（GB1）	1.18
向日葵粕（部分去皮）	13.83	牛预混料（1%）	1.00
豌豆	10.00	食盐	0.30
高蛋白啤酒酵母	9.83	营养素名称	营养含量
麦饭石	5.00	粗蛋白/%	19.00
磷酸氢钙	2.00	钙/%	1.10
细石粉	1.86	总磷/%	0.52

哺乳犊牛全价饲料配方 40

原 料 名 称	含量/%	原 料 名 称	含量/%
玉米（GB2）	38.87	细石粉	1.52
麦芽根	20.00	牛预混料（1%）	1.00
DDGS——玉米溶浆蛋白	10.00	食盐	0.26
麦饭石	10.00	营养素名称	营养含量
豆粕（GB1）	9.63	粗蛋白/%	20.00
玉米蛋白粉（50%CP）	6.61	钙/%	1.10
磷酸氢钙	2.11	总磷/%	0.74

哺乳犊牛浓缩饲料配方 1

原 料 名 称	用量/千克	原 料 名 称	用量/千克
葵粕（GB2）	200.00	牛预混料（1%）	19.90
棉粕（GB2）	199.95	磷酸氢钙	17.52
玉米蛋白粉（60%CP）	177.37	贝壳粉	1.62
米糠粕（GB1）	150.00	营养素名称	营养含量
花生粕（GB2）	148.45	粗蛋白/%	37.00
米糠（GB2）	45.19	钙/%	2.00
细石粉	40.00	总磷/%	1.20

哺乳犊牛浓缩饲料配方 2

原料名称	用量/千克	原料名称	用量/千克
棉粕(GB1)	200.00	棉粕(GB2)	21.68
葵粕(GB2)	200.00	磷酸氢钙	16.91
花生粕(GB2)	168.25	贝壳粉	1.76
玉米蛋白粉(60%CP)	166.41	营养素名称	营养含量
米糠粕(GB1)	150.00	粗蛋白/%	38.00
细石粉	40.00	钙/%	2.00
米糠(GB2)	34.99	总磷/%	1.20

哺乳犊牛浓缩饲料配方 3

原料名称	用量/千克	原料名称	用量/千克
花生粕(GB2)	200.00	棉粕(GB2)	19.21
葵粕(GB2)	200.00	磷酸氢钙	17.87
玉米蛋白粉(60%CP)	174.65	贝壳粉	1.45
米糠粕(GB1)	150.00	营养素名称	营养含量
棉粕(GB1)	124.51	粗蛋白/%	37.00
米糠(GB2)	72.32	钙/%	2.00
细石粉	40.00	总磷/%	1.20

哺乳犊牛浓缩饲料配方 4

原料名称	含量/%	原料名称	含量/%
花生粕(GB1)	20.00	磷酸氢钙	1.28
葵粕(GB2)	20.00	贝壳粉	0.50
花生粕(GB2)	18.70	营养素名称	营养含量
玉米蛋白粉(60%CP)	18.06	粗蛋白/%	37.00
米糠(GB2)	14.45	钙/%	2.00
细石粉	4.00	总磷/%	0.88
牛预混料(1%)	3.00		

哺乳犊牛浓缩饲料配方 5

原料名称	含量/%	原料名称	含量/%
花生粕(GB1)	20.00	细石粉	2.65
葵粕(GB2)	20.00	贝壳粉	2.00
玉米蛋白粉(60%CP)	20.00	磷酸氢钙	1.22
花生粕(GB2)	18.34	营养素名称	营养含量
米糠粕(GB1)	6.87	粗蛋白/%	38.00
米糠(GB2)	5.93	钙/%	2.00
牛预混料(1%)	3.00	总磷/%	0.88

哺乳犊牛浓缩饲料配方 6

原 料 名 称	含量/%	原 料 名 称	含量/%
花生粕(GB1)	20.00	米糠粕(GB1)	1.42
花生粕(GB2)	20.00	磷酸氢钙	1.24
葵粕(GB2)	20.00	菜粕(GB2)	0.91
玉米蛋白粉(60%CP)	20.00	贝壳粉	0.67
膨润土	5.00	营养素名称	营养含量
葵粕(GB2)	3.93	粗蛋白/%	39.00
细石粉	3.83	钙/%	2.00
牛预混料(1%)	3.00	总磷/%	0.76

哺乳犊牛浓缩饲料配方 7

原 料 名 称	含量/%	原 料 名 称	含量/%
玉米蛋白粉(60%CP)	26.29	贝壳粉	2.00
花生粕(GB1)	20.00	磷酸氢钙	1.09
花生粕(GB2)	20.00	米糠(GB2)	0.77
米糠粕(GB1)	12.40	营养素名称	营养含量
棉粕(GB2)	6.67	粗蛋白/%	40.00
膨润土	5.00	钙/%	2.00
牛预混料(1%)	3.00	总磷/%	0.81
细石粉	2.78		

哺乳犊牛浓缩饲料配方 8

原 料 名 称	含量/%	原 料 名 称	含量/%
玉米蛋白粉(60%CP)	27.15	牛预混料(1%)	3.00
花生粕(GB1)	20.00	磷酸氢钙	1.16
花生粕(GB2)	20.00	营养素名称	营养含量
棉粕(GB2)	12.12	粗蛋白/%	40.90
膨润土	11.99	钙/%	2.00
细石粉	4.58	总磷/%	0.64

哺乳犊牛浓缩饲料配方 9

原 料 名 称	含量/%	原 料 名 称	含量/%
玉米蛋白粉(60%CP)	27.40	牛预混料(1%)	3.00
花生粕(GB1)	20.00	磷酸氢钙	1.10
花生粕(GB2)	20.00	食盐	0.40
棉粕(GB2)	8.86	营养素名称	营养含量
小麦麸(GB1)	8.52	粗蛋白/%	41.00
膨润土	6.11	钙/%	2.00
细石粉	4.62	总磷/%	0.68

哺乳犊牛浓缩饲料配方 10

原料名称	含量/%	原料名称	含量/%
玉米蛋白粉（60%CP）	24.09	牛预混料（1%）	3.00
花生粕（GB1）	20.00	磷酸氢钙	1.22
花生粕（GB2）	20.00	食盐	0.40
葵粕（GB2）	10.53	营养素名称	营养含量
膨润土	8.47	粗蛋白/%	40.00
棉粕（GB2）	7.77	钙/%	2.00
细石粉	4.52	总磷/%	0.68

哺乳犊牛浓缩饲料配方 11

原料名称	含量/%	原料名称	含量/%
玉米蛋白粉（60%CP）	21.38	磷酸氢钙	1.26
花生粕（GB1）	20.00	棉粕（GB2）	1.07
花生粕（GB2）	20.00	食盐	0.40
葵粕（GB2）	20.00	营养素名称	营养含量
米糠（GB2）	5.40	粗蛋白/%	39.00
细石粉	4.47	钙/%	2.00
膨润土	3.03	总磷/%	0.77
牛预混料（1%）	3.00		

哺乳犊牛浓缩饲料配方 12

原料名称	含量/%	原料名称	含量/%
花生粕（GB1）	20.00	膨润土	1.27
花生粕（GB2）	20.00	磷酸氢钙	1.27
葵粕（GB2）	20.00	食盐	0.40
玉米蛋白粉（60%CP）	19.55	营养素名称	营养含量
米糠（GB2）	10.05	粗蛋白/%	38.00
细石粉	4.46	钙/%	2.00
牛预混料（1%）	3.00	总磷/%	0.83

哺乳犊牛浓缩饲料配方 13

原料名称	含量/%	原料名称	含量/%
花生粕（GB1）	20.00	磷酸氢钙	1.27
花生粕（GB2）	20.00	膨润土	0.61
葵粕（GB2）	20.00	食盐	0.40
玉米蛋白粉（60%CP）	17.41	营养素名称	营养含量
米糠（GB2）	12.86	粗蛋白/%	37.00
细石粉	4.46	钙/%	2.00
牛预混料（1%）	3.00	总磷/%	0.86

哺乳犊牛浓缩饲料配方 14

原 料 名 称	含量/%	原 料 名 称	含量/%
棉粕（GB1）	30.00	磷酸氢钙	1.23
玉米蛋白粉（60%CP）	27.71	食盐	0.40
棉粕（GB2）	13.17	营养素名称	营养含量
膨润土	11.47	粗蛋白/%	37.00
小麦麸（GB1）	8.41	钙/%	2.00
细石粉	4.61	总磷/%	0.80
牛预混料（1%）	3.00		

哺乳犊牛浓缩饲料配方 15

原 料 名 称	含量/%	原 料 名 称	含量/%
棉粕（GB1）	30.00	磷酸氢钙	1.23
玉米蛋白粉（60%CP）	27.71	食盐	0.40
棉粕（GB2）	13.17	营养素名称	营养含量
膨润土	11.47	粗蛋白/%	37.00
小麦麸（GB1）	8.41	钙/%	2.00
细石粉	4.61	总磷/%	0.80
牛预混料（1%）	3.00		

哺乳犊牛浓缩饲料配方 16

原 料 名 称	含量/%	原 料 名 称	含量/%
玉米蛋白粉（50%CP）	20.00	磷酸氢钙	1.49
花生粕（GB1）	20.00	大豆油	1.00
葵粕（GB2）	19.17	食盐	0.40
花生粕（GB2）	15.10	营养素名称	营养含量
豆粕（GB1）	15.00	粗蛋白/%	37.00
细石粉	4.84	钙/%	2.20
牛预混料（1%）	3.00	总磷/%	0.77

哺乳犊牛浓缩饲料配方 17

原 料 名 称	含量/%	原 料 名 称	含量/%
玉米蛋白粉（50%CP）	20.00	磷酸氢钙	1.45
花生粕（GB1）	20.00	大豆油	1.00
花生粕（GB2）	17.74	食盐	0.40
葵粕（GB2）	16.55	营养素名称	营养含量
豆粕（GB1）	15.00	粗蛋白/%	37.50
细石粉	4.85	钙/%	2.20
牛预混料（1%）	3.00	总磷/%	0.76

哺乳犊牛浓缩饲料配方 18

原 料 名 称	含量/%	原 料 名 称	含量/%
花生粕(GB1)	20.00	磷酸氢钙	1.42
玉米蛋白粉(50%CP)	20.00	大豆油	1.00
花生粕(GB2)	20.00	食盐	0.40
豆粕(GB1)	15.00	营养素名称	营养含量
葵粕(GB2)	14.55	粗蛋白/%	38.00
细石粉	4.63	钙/%	2.12
牛预混料(1%)	3.00	总磷/%	0.75

哺乳犊牛浓缩饲料配方 19

原 料 名 称	含量/%	原 料 名 称	含量/%
花生粕(GB1)	20.00	大豆油	1.00
玉米蛋白粉(50%CP)	20.00	食盐	0.40
花生粕(GB2)	20.00	棉粕(GB2)	0.21
葵粕(GB2)	15.98	营养素名称	营养含量
豆粕(GB1)	15.00	粗蛋白/%	38.50
细石粉	3.00	钙/%	1.55
牛预混料(1%)	3.00	总磷/%	0.76
磷酸氢钙	1.41		

哺乳犊牛浓缩饲料配方 20

原 料 名 称	含量/%	原 料 名 称	含量/%
花生粕(GB1)	20.00	磷酸氢钙	1.37
玉米蛋白粉(50%CP)	20.00	大豆油	1.00
花生粕(GB2)	20.00	食盐	0.40
豆粕(GB1)	15.00	营养素名称	营养含量
葵粕(GB2)	11.78	粗蛋白/%	39.00
棉粕(GB2)	4.46	钙/%	1.54
细石粉	3.00	总磷/%	0.75
牛预混料(1%)	3.00		

哺乳犊牛浓缩饲料配方 21

原 料 名 称	含量/%	原 料 名 称	含量/%
花生粕(GB1)	20.00	磷酸氢钙	1.33
玉米蛋白粉(50%CP)	20.00	大豆油	1.00
花生粕(GB2)	20.00	食盐	0.40
豆粕(GB1)	15.00	营养素名称	营养含量
棉粕(GB2)	8.70	粗蛋白/%	39.50
葵粕(GB2)	7.57	钙/%	1.53
细石粉	3.00	总磷/%	0.74
牛预混料(1%)	3.00		

哺乳犊牛浓缩饲料配方 22

原 料 名 称	含量/%	原 料 名 称	含量/%
花生粕（GB1）	20.00	磷酸氢钙	1.29
玉米蛋白粉（50%CP）	20.00	大豆油	1.00
花生粕（GB2）	20.00	食盐	0.40
豆粕（GB1）	15.00	营养素名称	营养含量
棉粕（GB2）	12.95	粗蛋白/%	40.00
葵粕（GB2）	3.36	钙/%	1.52
细石粉	3.00	总磷/%	0.74
牛预混料（1%）	3.00		

哺乳犊牛浓缩饲料配方 23

原 料 名 称	含量/%	原 料 名 称	含量/%
花生粕（GB1）	20.00	大豆油	1.00
玉米蛋白粉（50%CP）	20.00	玉米蛋白粉（60%CP）	0.44
花生粕（GB2）	20.00	食盐	0.40
棉粕（GB2）	15.90	营养素名称	营养含量
豆粕（GB1）	15.00	粗蛋白/%	40.50
细石粉	3.00	钙/%	1.51
牛预混料（1%）	3.00	总磷/%	0.73
磷酸氢钙	1.26		

哺乳犊牛浓缩饲料配方 24

原 料 名 称	含量/%	原 料 名 称	含量/%
花生粕（GB1）	20.00	磷酸氢钙	1.27
玉米蛋白粉（50%CP）	20.00	大豆油	1.00
花生粕（GB2）	20.00	食盐	0.40
豆粕（GB1）	15.00	营养素名称	营养含量
棉粕（GB2）	13.69	粗蛋白/%	41.00
细石粉	3.00	钙/%	1.51
牛预混料（1%）	3.00	总磷/%	0.72
玉米蛋白粉（60%CP）	2.64		

哺乳犊牛浓缩饲料配方 25

原 料 名 称	含量/%	原 料 名 称	含量/%
花生粕（GB1）	20.00	磷酸氢钙	1.29
玉米蛋白粉（50%CP）	20.00	大豆油	1.00
花生粕（GB2）	20.00	食盐	0.40
豆粕（GB1）	15.00	营养素名称	营养含量
棉粕（GB2）	11.47	粗蛋白/%	41.50
玉米蛋白粉（60%CP）	4.84	钙/%	1.51
细石粉	3.00	总磷/%	0.72
牛预混料（1%）	3.00		

哺乳犊牛浓缩饲料配方 26

原 料 名 称	含量/%	原 料 名 称	含量/%
花生粕（GB1）	20.00	磷酸氢钙	1.30
玉米蛋白粉（50%CP）	20.00	大豆油	1.00
花生粕（GB2）	20.00	食盐	0.40
豆粕（GB1）	15.00	营养素名称	营养含量
棉粕（GB2）	9.25	粗蛋白/%	42.00
玉米蛋白粉（60%CP）	7.04	钙/%	1.51
细石粉	3.00	总磷/%	0.71
牛预混料（1%）	3.00		

哺乳犊牛浓缩饲料配方 27

原 料 名 称	含量/%	原 料 名 称	含量/%
花生粕（GB1）	20.00	磷酸氢钙	1.32
玉米蛋白粉（50%CP）	20.00	大豆油	1.00
花生粕（GB2）	20.00	食盐	0.40
豆粕（GB1）	15.00	营养素名称	营养含量
玉米蛋白粉（60%CP）	9.24	粗蛋白/%	42.50
棉粕（GB2）	7.04	钙/%	1.51
细石粉	3.00	总磷/%	0.70
牛预混料（1%）	3.00		

哺乳犊牛浓缩饲料配方 28

原 料 名 称	含量/%	原 料 名 称	含量/%
花生粕（GB1）	20.00	磷酸氢钙	1.33
玉米蛋白粉（50%CP）	20.00	大豆油	1.00
花生粕（GB2）	20.00	食盐	0.40
豆粕（GB1）	15.00	营养素名称	营养含量
玉米蛋白粉（60%CP）	11.45	粗蛋白/%	43.00
棉粕（GB2）	4.82	钙/%	1.51
细石粉	3.00	总磷/%	0.70
牛预混料（1%）	3.00		

哺乳犊牛浓缩饲料配方 29

原 料 名 称	含量/%	原 料 名 称	含量/%
花生粕（GB1）	20.00	磷酸氢钙	1.35
玉米蛋白粉（50%CP）	20.00	大豆油	1.00
花生粕（GB2）	20.00	食盐	0.40
豆粕（GB1）	15.00	营养素名称	营养含量
玉米蛋白粉（60%CP）	13.65	粗蛋白/%	43.50
细石粉	3.00	钙/%	1.51
牛预混料（1%）	3.00	总磷/%	0.69
棉粕（GB2）	2.60		

哺乳犊牛浓缩饲料配方 30

原 料 名 称	含量/%	原 料 名 称	含量/%
花生粕（GB1）	20.00	大豆油	1.00
玉米蛋白粉（50%CP）	20.00	食盐	0.40
花生粕（GB2）	20.00	棉粕（GB2）	0.39
玉米蛋白粉（60%CP）	15.85	营养素名称	营养含量
豆粕（GB1）	15.00	粗蛋白/%	44.00
细石粉	3.00	钙/%	1.51
牛预混料（1%）	3.00	总磷/%	0.69
磷酸氢钙	1.37		

哺乳犊牛浓缩饲料配方 31

原 料 名 称	含量/%	原 料 名 称	含量/%
花生粕（GB1）	20.00	磷酸氢钙	1.35
花生粕（GB2）	20.00	大豆油	1.00
玉米蛋白粉（50%CP）	18.20	食盐	0.40
玉米蛋白粉（60%CP）	18.06	营养素名称	营养含量
豆粕（GB1）	15.00	粗蛋白/%	44.50
细石粉	3.00	钙/%	1.51
牛预混料（1%）	3.00	总磷/%	0.68

哺乳犊牛浓缩饲料配方 32

原 料 名 称	含量/%	原 料 名 称	含量/%
花生粕（GB1）	20.00	磷酸氢钙	1.26
花生粕（GB2）	20.00	大豆油	1.00
玉米蛋白粉（60%CP）	20.00	食盐	0.40
豆粕（GB1）	15.00	营养素名称	营养含量
玉米蛋白粉（50%CP）	13.13	粗蛋白/%	45.00
棉粕（GB2）	3.19	钙/%	1.50
细石粉	3.01	总磷/%	0.69
牛预混料（1%）	3.00		

哺乳犊牛浓缩饲料配方 33

原 料 名 称	含量/%	原 料 名 称	含量/%
豆粕（GB1）	21.32	磷酸氢钙	1.05
花生粕（GB1）	20.00	大豆油	1.00
花生粕（GB2）	20.00	食盐	0.40
玉米蛋白粉（60%CP）	20.00	营养素名称	营养含量
棉粕（GB2）	10.16	粗蛋白/%	45.50
细石粉	3.06	钙/%	1.50
牛预混料（1%）	3.00	总磷/%	0.70

哺乳犊牛浓缩饲料配方 34

原 料 名 称	含量/%	原 料 名 称	含量/%
豆粕(GB1)	36.32	大豆油	1.00
花生粕(GB1)	20.00	食盐	0.40
玉米蛋白粉(60%CP)	20.00	营养素名称	营养含量
花生粕(GB2)	15.08	粗蛋白/%	46.00
细石粉	3.00	钙/%	1.52
牛预混料(1%)	3.00	总磷/%	0.69
磷酸氢钙	1.20		

哺乳犊牛浓缩饲料配方 35

原 料 名 称	含量/%	原 料 名 称	含量/%
豆粕(GB1)	37.35	大豆油	1.00
花生粕(GB1)	20.00	食盐	0.40
玉米蛋白粉(60%CP)	20.00	营养素名称	营养含量
花生粕(GB2)	15.12	粗蛋白/%	46.50
细石粉	2.94	钙/%	1.50
牛预混料(1%)	2.00	总磷/%	0.70
磷酸氢钙	1.19		

哺乳犊牛浓缩饲料配方 36

原 料 名 称	含量/%	原 料 名 称	含量/%
豆粕(GB1)	50.00	大豆油	1.00
玉米蛋白粉(60%CP)	20.00	食盐	0.40
棉粕(GB2)	13.05	营养素名称	营养含量
豆粕	9.24	粗蛋白/%	46.00
细石粉	2.82	钙/%	1.50
牛预混料(1%)	2.00	总磷/%	0.76
磷酸氢钙	1.49		

哺乳犊牛浓缩饲料配方 37

原 料 名 称	含量/%	原 料 名 称	含量/%
豆粕(GB1)	48.47	大豆油	1.00
棉粕(GB2)	20.00	食盐	0.40
玉米蛋白粉(60%CP)	20.00	营养素名称	营养含量
玉米蛋白粉(50%CP)	3.92	粗蛋白/%	45.50
细石粉	2.86	钙/%	1.50
牛预混料(1%)	2.00	总磷/%	0.81
磷酸氢钙	1.36		

哺乳犊牛浓缩饲料配方 38

原 料 名 称	含量/%	原 料 名 称	含量/%
豆粕(GB1)	40.09	大豆油	1.00
棉粕(GB2)	20.00	食盐	0.40
玉米蛋白粉(60%CP)	20.00	营养素名称	营养含量
玉米蛋白粉(50%CP)	12.19	粗蛋白/%	45.00
细石粉	2.86	钙/%	1.50
牛预混料(1%)	2.00	总磷/%	0.81
磷酸氢钙	1.45		

哺乳犊牛浓缩饲料配方 39

原 料 名 称	含量/%	原 料 名 称	含量/%
豆粕(GB1)	31.75	大豆油	1.00
棉粕(GB1)	20.00	棉粕(GB2)	0.45
玉米蛋白粉(50%CP)	20.00	食盐	0.40
玉米蛋白粉(60%CP)	20.00	营养素名称	营养含量
细石粉	2.87	粗蛋白/%	44.50
牛预混料(1%)	2.00	钙/%	1.50
磷酸氢钙	1.53	总磷/%	0.81

哺乳犊牛浓缩饲料配方 40

原 料 名 称	含量/%	原 料 名 称	含量/%
豆粕(GB1)	23.81	磷酸氢钙	1.48
棉粕(GB1)	20.00	大豆油	1.00
玉米蛋白粉(50%CP)	20.00	食盐	0.40
玉米蛋白粉(60%CP)	20.00	营养素名称	营养含量
棉粕(GB2)	8.38	粗蛋白/%	44.00
细石粉	2.93	钙/%	1.50
牛预混料(1%)	2.00	总磷/%	0.82

第三章 断奶犊牛的饲料配制及配方实例

第一节 断奶犊牛的饲养管理要点

一、犊牛的断奶

犊牛的断奶一般在 3～4 月龄时进行,当犊牛能够日采食0.5～0.75 千克的犊牛料,且可以有效进行反刍时即可断奶。在预定断奶前 15 天,逐渐增加精、粗料的饲喂量,减少哺乳量。哺乳次数由 3 次降为 2 次,2 次降为 1 次,然后隔日 1 次。断奶时可以喂给 1∶1 的掺水牛奶,并逐渐增加掺水量,断奶前 3～5 天全部由温开水代替牛奶。自然哺乳的母牛在断奶前 1 周即停喂精料,只给粗饲料。犊牛断奶后,应逐渐用混合料代替犊牛料,其干物质进食量占体重的 5% 左右,日粮中粗蛋白占 18%～20%,可消化养分占 75%,并要供给充足的钙、磷、微量元素和维生素。断奶后第 1 周,母牛和犊牛可能互相呼叫,此时应进行舍饲或拴饲,不让互相接触,以利于断奶。

二、犊牛的饲养管理要点

犊牛饲养管理的好坏直接关系到成年时的体型结构和生长性能。育种水平再高,如果没有良好的饲养管理,犊牛的优良生产水平也难以得到发挥。因此,加强犊牛的培育和饲养管理,是提高牛群质量、加速发展养牛业的重要一环。

1. 犊牛的饲养要点

犊牛饲喂干草时，可将优质干草或青草装入草架或小篮子，让犊牛自由采食。同时也要添加精料，3～4 月龄犊牛可采食 1.25～2 千克，5～6 月龄可采食 2～2.5 千克。犊牛料要求营养丰富，易于消化，且无腐败、变质。可根据当地饲料资源，确定适宜的配方和喂料。

2. 犊牛的管理要点

（1）分群饲养或放牧　犊牛应按月龄、体格大小和健康状况进行分群，每群 30～50 头，分群后固定专人进行饲养或放牧。

（2）防暑与防寒　冬季天气严寒风大，北方地区要特别注意犊牛舍的保暖，防止穿堂风。若是水泥或砖石地面，应铺垫些麦秸、锯末等，舍温不可低于 0℃；夏季炎热时，运动场应搭建凉棚，以免中暑。

（3）适宜的运动　运动对促进犊牛的采食量和健康发育都非常重要，应安排适当的运动场进行运动。犊牛生后即可在犊牛舍外的运动场做短时间的运动，活动时间的长短应根据气候及犊牛日龄掌握，随着日龄的增加逐渐延长时间。犊牛的运动量见表 3-1。

表 3-1　犊牛的运动量

日龄/天	每日运动时间/分钟	运动量/（千米/天）
91～120	120	3～4
121～180	180	5～6

（4）消毒与防疫　犊牛舍或犊牛栏要定期进行消毒，可用 2% 氢氧化钠溶液进行喷洒，同时用高锰酸钾液冲洗饲槽及饲喂工具。对犊牛也要进行防疫，做好疫苗接种工作。在断奶前的 3 周要进行传染性牛鼻气管炎疫苗（IBR）的接种，在断奶后的 2～3 周应进行牛病毒性腹泻的疫苗接种。此外，还要进行布氏杆菌及结核病的预防接种等。

（5）犊牛去势　如果是专门用于生产小白牛肉，公犊牛在没有表现出性特征以前就可达市场收购体重，则没有必要去势。一般除特殊生产外，公犊均要去势，以便沉积脂肪，改善牛肉风味。为便于管理，一般在公犊 4～6 月龄时去势，并于春季或晚秋后进行，此时手术创口恢复快，管理较容易。犊牛去势的方法有手术法、去势钳钳夹法、扎结法、提睾去势法、锤砸法、注射法等，目前应用较多的方法是去势钳钳夹法和扎结法。扎结法的操作方法是将睾丸推至阴囊下部，用橡胶皮筋尽可能紧地扎结精索即可。

（6）犊牛的卫生管理

① 牛体刷拭。犊牛基本上在舍内饲养，其皮肤易被粪及尘土所黏附而形成皮垢，不仅降低皮毛的保温与散热力，也会使皮肤血液循环受阻，易患病，所以每日至少刷拭 1 次。刷拭牛体不仅能保持牛体清洁，防止体表寄生虫滋生，而且还能对皮肤起到按摩作用，促进皮肤血液循环、加强代谢、驯良犊牛性格。

② 清扫牛舍。犊牛舍要做到每日清扫 2 次，每周消毒 1 次，保持地面干燥，垫草勤换勤晒。

③ 清洁水料。犊牛舍要设置饮水池并定期更换清水，保持饮水和饲料卫生。不可给犊牛饲喂放置时间过长的饲料，并且饲草和饲料应来自非疫区。

第二节　断奶犊牛的营养需要

犊牛生长发育速度很快，其增重部分主要是蛋白质，但其中水分含量较大，所以每单位增重所需营养物质较少。断奶犊牛的蛋白质需要量应该用精料补充料或优质豆科牧草来满足，能量需要量可以用粗饲料满足。无机食盐和维生素对犊牛的发育非常重要，应注意钙磷平衡。秋季断奶犊牛的维生素 A 储存量很少，可以瘤胃内或肌内注射 50 万～100 万国际单位的维生素 A。一般而言，大型肉牛平均日增重 700～800 克，小型肉牛平均日增重 600～700 克。若增重达不到上述水平的需求，则必须加强对犊牛的营养。正常生长发育母犊的营养需要见表 3-2。

表3-2　母犊生长发育的每日营养需要

体重 /千克	日增重 /千克	干物质 /千克	粗蛋白 质/克	增重净 能/兆焦	钙 /克	磷 /克	维生素A /千国际单位	每千克干物质含 代谢能/兆焦
50	0.8	1.3	280	7.8	10	9	3	3.6~3.7
75	0.7	1.9	320	9.8	12	9	4	2.8~3.0
	0.8	2.0	330	10.3	12	10	4	
100	0.7	2.7	350	12.0	17	9	6	2.6~2.7
	0.8	2.9	380	12.8	18	10	6	
125	0.7	3.7	460	13.0	19	9	7	2.6~2.7
	0.8	3.9	510	14.8	21	11	8	
150	0.6	3.9	490	13.8	20	9	8	2.3~2.4
	0.8	4.3	560	16.2	25	12	10	

第三节　断奶犊牛的饲料配方

断奶犊牛全价饲料配方 1

原 料 名 称	含量/%	原 料 名 称	含量/%
小麦麸(GB1)	20.00	细石粉	1.26
荞麦	20.00	牛预混料(1%)	1.00
玉米(GB2)	15.42	食盐	0.40
苜蓿草粉(GB1)	11.65	**营养素名称**	**营养含量**
粉浆蛋白粉	11.52	粗蛋白/%	19.00
甘薯干(GB)	10.00	钙/%	1.00
DDGS——玉米溶浆蛋白	7.44	总磷/%	0.70
磷酸氢钙	1.31		

断奶犊牛全价饲料配方 2

原 料 名 称	含量/%	原 料 名 称	含量/%
玉米(GB2)	40.00	麦饭石	0.93
苜蓿草粉(GB1)	20.00	细石粉	0.60
粉浆蛋白粉	14.02	食盐	0.40
甘薯干(GB)	10.00	玉米(GB1)	0.33
DDGS——玉米溶浆蛋白	8.79	**营养素名称**	**营养含量**
米糠	2.00	粗蛋白/%	20.00
磷酸氢钙	1.92	钙/%	1.00
牛预混料(1%)	1.00	总磷/%	0.70

断奶犊牛全价饲料配方 3

原 料 名 称	含量/%	原 料 名 称	含量/%
玉米(GB1)	20.00	磷酸氢钙	1.83
葵粕(GB2)	20.00	细石粉	1.31
玉米蛋白粉(50%CP)	16.79	牛预混料(1%)	1.00
麦饭石	12.78	食盐	0.40
甘薯干(GB)	10.00	营养素名称	营养含量
DDGS——玉米溶浆蛋白	8.29	粗蛋白/%	20.00
玉米(GB2)	5.60	钙/%	1.00
米糠	2.00	总磷/%	0.70

断奶犊牛全价饲料配方 4

原 料 名 称	含量/%	原 料 名 称	含量/%
玉米(GB1)	20.00	细石粉	1.09
DDGS——玉米溶浆蛋白	20.00	牛预混料(1%)	1.00
麦饭石	20.00	食盐	0.40
玉米(GB2)	17.71	营养素名称	营养含量
玉米蛋白粉(60%CP)	14.33	粗蛋白/%	19.00
磷酸氢钙	2.24	钙/%	1.00
米糠	2.00	总磷/%	0.70
燕麦秸秆粉	1.23		

断奶犊牛全价饲料配方 5

原 料 名 称	含量/%	原 料 名 称	含量/%
玉米(GB1)	20.00	细石粉	1.08
DDGS——玉米溶浆蛋白	20.00	牛预混料(1%)	1.00
麦饭石	20.00	食盐	0.40
玉米蛋白粉(60%CP)	16.24	营养素名称	营养含量
玉米(GB2)	14.33	粗蛋白/%	20.00
燕麦秸秆粉	2.71	钙/%	1.00
磷酸氢钙	2.24	总磷/%	0.70
米糠	2.00		

断奶犊牛全价饲料配方 6

原 料 名 称	含量/%	原 料 名 称	含量/%
玉米(GB2)	37.90	牛预混料(1%)	1.00
玉米(GB1)	20.00	细石粉	0.91
小麦(GB2)	20.00	食盐	0.40
马铃薯浓缩蛋白	10.34	营养素名称	营养含量
菜粕(GB2)	5.00	粗蛋白/%	19.00
棉粕(GB2)	2.30	钙/%	0.90
磷酸氢钙	2.14	总磷/%	0.70

断奶犊牛全价饲料配方 7

原 料 名 称	含量/%	原 料 名 称	含量/%
玉米(GB2)	40.00	牛预混料(1%)	1.00
小麦(GB2)	20.00	细石粉	0.61
槐叶粉	15.95	食盐	0.40
高蛋白啤酒酵母	7.85	豆粕(GB2)	0.12
棉粕(GB2)	5.00	营养素名称	营养含量
菜粕(GB2)	5.00	粗蛋白/%	19.00
磷酸氢钙	2.08	钙/%	1.00
米糠	2.00	总磷/%	0.70

断奶犊牛全价饲料配方 8

原 料 名 称	含量/%	原 料 名 称	含量/%
玉米(GB2)	39.78	牛预混料(1%)	1.00
小麦(GB2)	20.00	细石粉	0.83
棉粕(去皮)	20.00	食盐	0.40
棉粕(GB2)	5.00	豆粕(GB2)	0.35
菜粕(GB2)	5.00	营养素名称	营养含量
菜粕	3.39	粗蛋白/%	20.00
磷酸氢钙	2.26	钙/%	0.90
米糠	2.00	总磷/%	0.70

断奶犊牛全价饲料配方 9

原 料 名 称	含量/%	原 料 名 称	含量/%
玉米(GB2)	26.43	米糠	2.00
菜粕(GB2)	20.00	牛预混料(1%)	1.00
干蒸大麦酒糟	14.92	食盐	0.70
棉粕(GB2)	12.33	磷酸氢钙	0.59
麦饭石	10.00	营养素名称	营养含量
高粱	5.00	粗蛋白/%	20.00
小麦麸	5.00	钙/%	1.00
细石粉	2.03	总磷/%	0.50

断奶犊牛全价饲料配方 10

原 料 名 称	含量/%	原 料 名 称	含量/%
玉米(GB2)	36.02	牛预混料(1%)	1.00
菜粕(GB2)	20.00	食盐	0.70
棉粕(GB2)	17.90	磷酸氢钙	0.09
麦饭石	10.00	营养素名称	营养含量
高粱	5.00	粗蛋白/%	20.00
小麦麸	5.00	钙/%	1.00
细石粉	2.29	总磷/%	0.50
米糠	2.00		

断奶犊牛全价饲料配方 11

原 料 名 称	含量/%	原 料 名 称	含量/%
玉米(GB2)	34.12	棉粕(GB2)	2.03
燕麦秸秆粉	17.51	磷酸氢钙	1.80
米糠(GB2)	10.00	牛预混料(1%)	1.00
DDGS——玉米溶浆蛋白	10.00	食盐	0.20
花生粕(GB2)	10.00	营养素名称	营养含量
小麦麸(GB1)	5.40	粗蛋白/%	15.00
米糠粕(GB1)	5.02	钙/%	1.50
细石粉	2.93	总磷/%	0.80

断奶犊牛全价饲料配方 12

原 料 名 称	含量/%	原 料 名 称	含量/%
玉米(GB2)	25.88	牛预混料(1%)	1.00
燕麦秸秆粉	20.00	玉米蛋白粉(60%CP)	0.50
米糠(GB2)	10.00	米糠粕(GB1)	0.31
DDGS——玉米溶浆蛋白	10.00	食盐	0.20
小麦麸(GB1)	10.00	营养素名称	营养含量
花生粕(GB2)	10.00	粗蛋白/%	17.00
棉粕(GB2)	7.42	钙/%	1.50
细石粉	2.93	总磷/%	0.78
磷酸氢钙	1.76		

断奶犊牛全价饲料配方 13

原 料 名 称	含量/%	原 料 名 称	含量/%
玉米(GB2)	23.08	米糠粕(GB1)	2.46
燕麦秸秆粉	20.00	磷酸氢钙	1.76
米糠(GB2)	10.00	牛预混料(1%)	1.00
DDGS——玉米溶浆蛋白	10.00	食盐	0.30
小麦麸(GB1)	10.00	营养素名称	营养含量
花生粕(GB2)	10.00	粗蛋白/%	18.00
棉粕(GB2)	5.04	钙/%	1.50
玉米蛋白粉(60%CP)	3.44	总磷/%	0.80
细石粉	2.93		

断奶犊牛全价饲料配方 14

原 料 名 称	含量/%	原 料 名 称	含量/%
玉米（GB2）	20.39	棉粕（GB2）	1.91
燕麦秸秆粉	20.00	磷酸氢钙	1.77
米糠（GB2）	10.00	牛预混料（1%）	1.00
DDGS——玉米溶浆蛋白	10.00	食盐	0.30
小麦麸（GB1）	10.00	营养素名称	营养含量
花生粕（GB2）	10.00	粗蛋白/%	20.00
玉米蛋白粉（60%CP）	8.82	钙/%	1.50
细石粉	2.93	总磷/%	0.80
米糠粕（GB1）	2.88		

断奶犊牛全价饲料配方 15

原 料 名 称	含量/%	原 料 名 称	含量/%
玉米（GB2）	37.57	牛预混料（1%）	1.00
DDGS——玉米溶浆蛋白	20.00	食盐	0.30
玉米蛋白粉（60%CP）	17.82	营养素名称	营养含量
米糠（GB2）	10.00	粗蛋白/%	23.00
米糠粕（GB1）	8.47	钙/%	1.56
细石粉	3.00	总磷/%	0.90
磷酸氢钙	1.84		

断奶犊牛全价饲料配方 16

原 料 名 称	含量/%	原 料 名 称	含量/%
DDGS——玉米溶浆蛋白	20.00	贝壳粉	1.00
小麦（GB2）	20.00	牛预混料（1%）	1.00
高粱（GB1）	19.14	食盐	0.30
葵粕（GB2）	14.57	营养素名称	营养含量
米糠（GB2）	10.00	粗蛋白/%	22.00
玉米蛋白粉（60%CP）	9.25	钙/%	1.93
细石粉	3.00	总磷/%	0.87
磷酸氢钙	1.74		

断奶犊牛全价饲料配方 17

原 料 名 称	含量/%	原 料 名 称	含量/%
DDGS——玉米溶浆蛋白	20.00	磷酸氢钙	1.72
小麦（GB2）	20.00	贝壳粉	1.00
高粱（GB1）	17.29	牛预混料（1%）	1.00
葵粕（GB2）	15.00	食盐	0.30
米糠（GB2）	10.00	营养素名称	营养含量
米糠粕（GB1）	5.95	粗蛋白/%	20.00
玉米蛋白粉（60%CP）	4.75	钙/%	1.92
细石粉	3.00	总磷/%	0.95

断奶犊牛全价饲料配方 18

原 料 名 称	含量/%	原 料 名 称	含量/%
小麦(GB2)	20.00	磷酸氢钙	1.58
DDGS——玉米溶浆蛋白	17.18	贝壳粉	1.00
大麦(裸 GB2)	15.00	牛预混料(1%)	1.00
米糠(GB2)	10.00	食盐	0.30
米糠粕(GB1)	10.00	营养素名称	营养含量
葵粕(GB2)	8.92	粗蛋白/%	17.00
小麦麸(GB1)	8.28	钙/%	1.87
高粱(GB1)	3.74	总磷/%	1.00
细石粉	3.00		

断奶犊牛全价饲料配方 19

原 料 名 称	含量/%	原 料 名 称	含量/%
豆粕(GB1)	26.40	贝壳粉	1.78
玉米(GB2)	20.00	赖氨酸(Lys)	0.50
米糠(GB2)	10.00	蛋氨酸(DL-Met)	0.48
稻谷(GB2)	10.00	食盐	0.40
米糠粕(GB1)	10.00	营养素名称	营养含量
麦饭石	10.00	粗蛋白/%	18.00
玉米(GB2)	5.45	钙/%	1.10
牛预混料(1%)	3.00	总磷/%	0.91
磷酸氢钙	2.00		

断奶犊牛全价饲料配方 20

原 料 名 称	含量/%	原 料 名 称	含量/%
豆粕(GB1)	21.17	贝壳粉	1.82
玉米(GB2)	20.00	赖氨酸(Lys)	0.50
玉米(GB2)	10.61	蛋氨酸(DL-Met)	0.50
米糠(GB2)	10.00	食盐	0.40
稻谷(GB2)	10.00	营养素名称	营养含量
米糠粕(GB1)	10.00	粗蛋白/%	16.00
麦饭石	10.00	钙/%	1.10
牛预混料(1%)	3.00	总磷/%	0.89
磷酸氢钙	2.00		

断奶犊牛全价饲料配方 21

原 料 名 称	含量/%	原 料 名 称	含量/%
麦芽根	20.00	马铃薯浓缩蛋白	2.07
槐叶粉	20.00	牛预混料(1%)	1.00
米糠	14.40	食盐	0.30
米糠(GB2)	10.00	细石粉	0.29
麦饭石	10.00	营养素名称	营养含量
燕麦秸秆粉	10.00	粗蛋白/%	17.00
苜蓿草粉(GB1)	6.85	钙/%	1.10
DDGS——玉米溶浆蛋白	2.64	总磷/%	0.82
磷酸氢钙	2.45		

断奶犊牛全价饲料配方 22

原 料 名 称	含量/%	原 料 名 称	含量/%
麦芽根	20.00	磷酸氢钙	2.51
槐叶粉	20.00	牛预混料(1%)	1.00
DDGS——玉米溶浆蛋白	18.89	细石粉	0.14
米糠(GB2)	10.00	营养素名称	营养含量
麦饭石	10.00	粗蛋白/%	20.00
燕麦秸秆粉	10.00	钙/%	1.10
苜蓿草粉(GB1)	4.81	总磷/%	0.93
马铃薯浓缩蛋白	2.66		

断奶犊牛全价饲料配方 23

原 料 名 称	含量/%	原 料 名 称	含量/%
葵粕(GB2)	20.00	牛预混料(1%)	1.00
苜蓿草粉(GB1)	20.00	细石粉	0.97
花生粕(GB2)	17.69	食盐	0.30
米糠(GB2)	10.00	乳清粉	0.13
米糠粕(GB1)	10.00	马铃薯浓缩蛋白	0.02
麦饭石	10.00	营养素名称	营养含量
米糠	7.06	粗蛋白/%	22.00
磷酸氢钙	1.57	钙/%	1.10
玉米蛋白粉(50%CP)	1.26	总磷/%	0.98

断奶犊牛全价饲料配方 24

原料名称	含量/%	原料名称	含量/%
苜蓿草粉(GB1)	20.00	磷酸氢钙	1.74
米糠	20.00	细石粉	1.04
小麦麸(GB1)	19.35	牛预混料(1%)	1.00
米糠(GB2)	10.00	食盐	0.30
米糠粕(GB1)	10.00	营养素名称	营养含量
麦饭石	10.00	粗蛋白/%	16.00
葵粕(GB2)	3.33	钙/%	1.10
马铃薯浓缩蛋白	3.23	总磷/%	0.95

断奶犊牛全价饲料配方 25

原料名称	含量/%	原料名称	含量/%
小麦麸(GB1)	20.00	小麦麸	1.11
小麦麸(GB2)	20.00	牛预混料(1%)	1.00
葵粕(GB2)	20.00	花生粕(GB2)	0.74
米糠	20.00	食盐	0.30
麦饭石	10.00	营养素名称	营养含量
马铃薯浓缩蛋白	3.28	粗蛋白/%	18.00
磷酸氢钙	2.09	钙/%	1.10
细石粉	1.49	总磷/%	0.92

断奶犊牛全价饲料配方 26

原料名称	含量/%	原料名称	含量/%
小麦麸(GB1)	20.00	细石粉	1.49
葵粕(GB2)	20.00	牛预混料(1%)	1.00
米糠	20.00	食盐	0.30
小麦麸(GB2)	17.03	营养素名称	营养含量
麦饭石	10.00	粗蛋白/%	19.00
花生粕(GB2)	5.45	钙/%	1.10
马铃薯浓缩蛋白	2.68	总磷/%	0.91
磷酸氢钙	2.05		

断奶犊牛全价饲料配方 27

原料名称	含量/%	原料名称	含量/%
小麦麸(GB1)	20.00	牛预混料(1%)	1.00
花生粕(GB2)	20.00	食盐	0.30
米糠	20.00	高蛋白啤酒酵母	0.06
葵粕(GB2)	17.79	乳清粉	0.02
麦饭石	10.00	营养素名称	营养含量
小麦麸(GB2)	6.23	粗蛋白/%	22.00
磷酸氢钙	1.95	钙/%	1.10
细石粉	1.50	总磷/%	0.85
马铃薯浓缩蛋白	1.13		

断奶犊牛全价饲料配方 28

原 料 名 称	含量/%	原 料 名 称	含量/%
次粉（NY/T1）	20.00	马铃薯浓缩蛋白	1.87
米糠	20.00	牛预混料（1%）	1.00
高蛋白啤酒酵母	10.20	细石粉	0.86
大麦（裸 GB2）	10.00	乳清粉	0.33
次粉（NY/T2）	10.00	食盐	0.30
麦饭石	10.00	营养素名称	营养含量
小麦麸	8.36	粗蛋白/%	20.00
玉米蛋白粉（50%CP）	3.78	钙/%	1.10
磷酸氢钙	3.30	总磷/%	0.80

断奶犊牛全价饲料配方 29

原 料 名 称	含量/%	原 料 名 称	含量/%
次粉（NY/T1）	20.00	玉米蛋白粉（50%CP）	0.95
米糠	20.00	细石粉	0.84
小麦麸	15.00	高蛋白啤酒酵母	0.53
大麦（裸 GB2）	10.00	食盐	0.30
次粉（NY/T2）	10.00	乳清粉	0.29
麦饭石	10.00	营养素名称	营养含量
马铃薯浓缩蛋白	5.41	粗蛋白/%	16.00
磷酸氢钙	3.32	钙/%	1.10
小麦（GB2）	2.36	总磷/%	0.80
牛预混料（1%）	1.00		

断奶犊牛全价饲料配方 30

原 料 名 称	含量/%	原 料 名 称	含量/%
高粱（GB1）	19.64	玉米蛋白粉（50%CP）	1.89
小麦（GB2）	10.00	牛预混料（1%）	1.00
大麦（裸 GB2）	10.00	细石粉	0.74
大麦（皮 GB1）	10.00	乳清粉	0.49
麦饭石	10.00	食盐	0.30
干蒸大麦酒糟（酒精副产品）	10.00	营养素名称	营养含量
高粱	10.00	粗蛋白/%	19.00
马铃薯浓缩蛋白	6.37	钙/%	1.10
高蛋白啤酒酵母	6.22	总磷/%	0.80
磷酸氢钙	3.36		

断奶犊牛全价饲料配方 31

原 料 名 称	含量/%	原 料 名 称	含量/%
高粱(GB1)	15.55	玉米蛋白粉(50%CP)	3.08
高蛋白啤酒酵母	11.08	牛预混料(1%)	1.00
小麦(GB2)	10.00	细石粉	0.72
大麦(裸 GB2)	10.00	乳清粉	0.53
大麦皮(GB1)	10.00	食盐	0.30
麦饭石	10.00	营养素名称	营养含量
干蒸大麦酒糟(酒精副产品)	10.00	粗蛋白/%	21.00
高粱	10.00	钙/%	1.10
马铃薯浓缩蛋白	4.33	总磷/%	0.80
磷酸氢钙	3.41		

断奶犊牛全价饲料配方 32

原 料 名 称	含量/%	原 料 名 称	含量/%
玉米(GB2)	16.81	马铃薯浓缩蛋白	2.71
高蛋白啤酒酵母	13.41	牛预混料(1%)	1.00
菜粕(GB2)	11.13	细石粉	0.71
稻谷(GB2)	10.00	乳清粉	0.61
麦饭石	10.00	食盐	0.30
玉米淀粉	10.00	营养素名称	营养含量
干蒸大麦酒糟(酒精副产品)	10.00	粗蛋白/%	21.00
高粱	10.00	钙/%	1.10
磷酸氢钙	3.30	总磷/%	0.80

断奶犊牛全价饲料配方 33

原 料 名 称	含量/%	原 料 名 称	含量/%
玉米(GB2)	20.00	菜粕(GB2)	1.10
稻谷(GB2)	10.00	牛预混料(1%)	1.00
麦饭石	10.00	乳清粉	0.83
玉米淀粉	10.00	细石粉	0.81
干蒸大麦酒糟	10.00	食盐	0.30
高粱	10.00	营养素名称	营养含量
马铃薯浓缩蛋白	7.94	粗蛋白/%	16.00
玉米(GB1)	7.54	钙/%	1.10
棉粕(GB2)	7.13	总磷/%	0.80
磷酸氢钙	3.34		

断奶犊牛全价饲料配方 34

原 料 名 称	含量/%	原 料 名 称	含量/%
玉米（GB2）	40.45	乳清粉	0.93
稻谷（GB2）	10.00	棉粕（GB2）	0.88
麦饭石	10.00	细石粉	0.73
干蒸大麦酒糟	10.00	食盐	0.30
高粱	10.00	营养素名称	营养含量
马铃薯浓缩蛋白	7.31	粗蛋白/%	17.00
高蛋白啤酒酵母	4.85	钙/%	1.10
磷酸氢钙	3.55	总磷/%	0.80
牛预混料（1%）	1.00		

断奶犊牛全价饲料配方 35

原 料 名 称	含量/%	原 料 名 称	含量/%
玉米（GB2）	32.13	牛预混料（1%）	1.00
高蛋白啤酒酵母	10.15	细石粉	0.85
稻谷（GB2）	10.00	乳清粉	0.85
麦饭石	10.00	食盐	0.30
干蒸大麦酒糟	10.00	营养素名称	营养含量
高粱	10.00	粗蛋白/%	20.00
棉粕（GB2）	7.69	钙/%	1.10
马铃薯浓缩蛋白	3.73	总磷/%	0.80
磷酸氢钙	3.31		

断奶犊牛浓缩饲料配方 1

原 料 名 称	用量/千克	原 料 名 称	用量/千克
棉粕（GB2）	200.00	小麦麸（GB1）	33.58
葵花饼（GB2）	200.00	磷酸氢钙	21.98
玉米蛋白粉（50%CP）	200.00	牛预混料（1%）	10.00
菜粕（GB2）	100.00	食盐	4.00
豆粕	100.00	营养素名称	营养含量
DDGS——玉米溶浆蛋白	50.00	粗蛋白/%	35.00
豆粕（GB1）	40.44	钙/%	2.07
细石粉	40.00	总磷/%	1.00

断奶犊牛浓缩饲料配方 2

原 料 名 称	含量/%	原 料 名 称	含量/%
玉米蛋白粉(50%CP)	20.00	磷酸氢钙	1.46
棉粕(GB1)	20.00	大豆油	1.00
玉米蛋白粉(60%CP)	20.00	食盐	0.40
豆粕(GB1)	15.00	营养素名称	营养含量
棉粕(GB2)	14.36	粗蛋白/%	43.00
细石粉	2.97	钙/%	1.50
葵粕(GB2)	2.81	总磷/%	0.83
牛预混料(1%)	2.00		

断奶犊牛浓缩饲料配方 3

原 料 名 称	含量/%	原 料 名 称	含量/%
玉米蛋白粉(50%CP)	20.00	磷酸氢钙	1.51
棉粕(GB1)	20.00	大豆油	1.00
玉米蛋白粉(60%CP)	20.00	食盐	0.40
豆粕(GB1)	15.00	营养素名称	营养含量
棉粕(GB2)	10.70	粗蛋白/%	42.50
葵粕(GB2)	6.46	钙/%	1.50
细石粉	2.94	总磷/%	0.83
牛预混料(1%)	2.00		

断奶犊牛浓缩饲料配方 4

原 料 名 称	含量/%	原 料 名 称	含量/%
玉米蛋白粉(50%CP)	20.00	磷酸氢钙	1.55
棉粕(GB1)	20.00	大豆油	1.00
玉米蛋白粉(60%CP)	20.00	食盐	0.40
豆粕(GB1)	15.00	营养素名称	营养含量
葵粕(GB2)	10.10	粗蛋白/%	42.00
棉粕(GB2)	7.04	钙/%	1.50
细石粉	2.91	总磷/%	0.83
牛预混料(1%)	2.00		

断奶犊牛浓缩饲料配方 5

原 料 名 称	含量/%	原 料 名 称	含量/%
玉米蛋白粉(50%CP)	20.00	磷酸氢钙	1.60
棉粕(GB1)	20.00	大豆油	1.00
玉米蛋白粉(60%CP)	20.00	食盐	0.40
豆粕(GB1)	15.00	营养素名称	营养含量
葵粕(GB2)	13.75	粗蛋白/%	41.50
棉粕(GB2)	3.37	钙/%	1.50
细石粉	2.88	总磷/%	0.84
牛预混料(1%)	2.00		

断奶犊牛浓缩饲料配方 6

原 料 名 称	含量/%	原 料 名 称	含量/%
玉米蛋白粉（50%CP）	20.00	磷酸氢钙	1.64
棉粕（GB2）	20.00	大豆油	1.00
玉米蛋白粉（60%CP）	19.88	食盐	0.40
葵粕（GB2）	17.22	营养素名称	营养含量
豆粕（GB1）	15.00	粗蛋白/%	41.00
细石粉	2.86	钙/%	1.50
牛预混料（1%）	2.00	总磷/%	0.84

断奶犊牛浓缩饲料配方 7

原 料 名 称	含量/%	原 料 名 称	含量/%
玉米蛋白粉（50%CP）	20.00	磷酸氢钙	1.64
棉粕（GB2）	20.00	大豆油	1.00
葵粕（GB2）	18.68	食盐	0.40
玉米蛋白粉（60%CP）	18.43	营养素名称	营养含量
豆粕（GB1）	15.00	粗蛋白/%	40.50
细石粉	2.85	钙/%	1.50
牛预混料（1%）	2.00	总磷/%	0.85

断奶犊牛浓缩饲料配方 8

原 料 名 称	含量/%	原 料 名 称	含量/%
玉米蛋白粉（50%CP）	20.00	大豆油	1.00
棉粕（GB2）	20.00	食盐	0.40
葵粕（GB2）	20.00	葵粕（GB2）	0.18
玉米蛋白粉（60%CP）	16.94	营养素名称	营养含量
豆粕（GB1）	15.00	粗蛋白/%	40.00
细石粉	2.84	钙/%	1.50
牛预混料（1%）	2.00	总磷/%	0.86
磷酸氢钙	1.65		

断奶犊牛浓缩饲料配方 9

原 料 名 称	含量/%	原 料 名 称	含量/%
玉米蛋白粉（50%CP）	20.00	磷酸氢钙	1.65
棉粕（GB2）	20.00	大豆油	1.00
葵粕（GB2）	20.00	食盐	0.40
玉米蛋白粉（60%CP）	15.07	营养素名称	营养含量
豆粕（GB1）	15.00	粗蛋白/%	39.50
细石粉	2.83	钙/%	1.50
葵粕（GB2）	2.06	总磷/%	0.87
牛预混料（1%）	2.00		

断奶犊牛浓缩饲料配方 10

原 料 名 称	含量/%	原 料 名 称	含量/%
玉米蛋白粉(50%CP)	20.00	磷酸氢钙	1.65
棉粕(GB2)	20.00	大豆油	1.00
葵粕(GB2)	20.00	食盐	0.40
豆粕(GB1)	15.00	营养素名称	营养含量
玉米蛋白粉(60%CP)	11.34	粗蛋白/%	38.50
葵粕(GB2)	5.81	钙/%	1.50
细石粉	2.81	总磷/%	0.90
牛预混料(1%)	2.00		

断奶犊牛浓缩饲料配方 11

原 料 名 称	含量/%	原 料 名 称	含量/%
玉米蛋白粉(50%CP)	20.00	磷酸氢钙	1.65
棉粕(GB2)	20.00	大豆油	1.00
葵粕(GB2)	20.00	食盐	0.40
豆粕(GB1)	15.00	营养素名称	营养含量
玉米蛋白粉(60%CP)	9.47	粗蛋白/%	38.00
葵粕(GB2)	7.69	钙/%	1.50
细石粉	2.80	总磷/%	0.91
牛预混料(1%)	2.00		

断奶犊牛浓缩饲料配方 12

原 料 名 称	含量/%	原 料 名 称	含量/%
玉米蛋白粉(50%CP)	20.00	磷酸氢钙	1.65
棉粕(GB2)	20.00	大豆油	1.00
葵粕(GB2)	20.00	食盐	0.40
豆粕(GB1)	15.00	营养素名称	营养含量
葵粕(GB2)	9.56	粗蛋白/%	37.50
玉米蛋白粉(60%CP)	7.60	钙/%	1.50
细石粉	2.79	总磷/%	0.92
牛预混料(1%)	2.00		

断奶犊牛浓缩饲料配方 13

原 料 名 称	用量/千克	原 料 名 称	用量/千克
棉粕(GB1)	200.00	大豆油	10.00
葵粕(GB2)	200.00	磷酸氢钙	9.88
棉粕(GB2)	200.00	食盐	4.00
豆粕(GB1)	195.04	营养素名称	营养含量
菜粕(GB1)	100.00	粗蛋白/%	38.00
菜粕(GB2)	32.42	钙/%	1.50
细石粉	28.65	总磷/%	1.00
牛预混料(1%)	20.00		

断奶犊牛浓缩饲料配方 14

原 料 名 称	用量/千克	原 料 名 称	用量/千克
豆粕(GB1)	225.06	磷酸氢钙	8.23
棉粕(GB1)	200.00	DDGS——玉米溶浆蛋白	4.81
棉粕(GB2)	200.00	食盐	4.00
菜粕(GB1)	200.00	营养素名称	营养含量
菜粕(GB2)	100.00	粗蛋白/%	38.00
细石粉	27.90	钙/%	1.50
牛预混料(1%)	20.00	总磷/%	0.93
大豆油	10.00		

断奶犊牛浓缩饲料配方 15

原 料 名 称	用量/千克	原 料 名 称	用量/千克
豆粕(GB1)	264.89	磷酸氢钙	8.54
棉粕(GB1)	200.00	食盐	4.00
棉粕(GB2)	200.00	营养素名称	营养含量
菜粕(GB1)	164.53	粗蛋白/%	38.50
菜粕(GB2)	100.00	钙/%	1.50
细石粉	28.04	总磷/%	0.92
牛预混料(1%)	20.00		
大豆油	10.00		

断奶犊牛浓缩饲料配方 16

原 料 名 称	用量/千克	原 料 名 称	用量/千克
豆粕(GB1)	306.39	磷酸氢钙	8.97
棉粕(GB1)	200.00	食盐	4.00
棉粕(GB2)	200.00	营养素名称	营养含量
菜粕(GB1)	122.48	粗蛋白/%	39.00
菜粕(GB2)	100.00	钙/%	1.50
细石粉	28.16	总磷/%	0.92
牛预混料(1%)	20.00		
大豆油	10.00		

断奶犊牛浓缩饲料配方 17

原 料 名 称	用量/千克	原 料 名 称	用量/千克
豆粕(GB1)	347.89	大豆油	10.00
棉粕(GB1)	200.00	磷酸氢钙	9.40
棉粕(GB2)	200.00	食盐	4.00
菜粕(GB1)	100.00	营养素名称	营养含量
菜粕(GB2)	80.43	粗蛋白/%	39.50
细石粉	28.29	钙/%	1.50
牛预混料(1%)	20.00	总磷/%	0.91

断奶犊牛浓缩饲料配方 18

原 料 名 称	用量/千克	原 料 名 称	用量/千克
豆粕(GB1)	389.39	大豆油	10.00
棉粕(GB1)	200.00	磷酸氢钙	9.82
棉粕(GB2)	200.00	食盐	4.00
菜粕(GB1)	100.00	营养素名称	营养含量
菜粕(GB2)	38.38	粗蛋白/%	40.00
细石粉	28.41	钙/%	1.50
牛预混料(1%)	20.00	总磷/%	0.90

断奶犊牛浓缩饲料配方 19

原 料 名 称	用量/千克	原 料 名 称	用量/千克
豆粕(GB1)	433.05	大豆油	10.00
棉粕(GB1)	200.00	食盐	4.00
棉粕(GB2)	200.00	营养素名称	营养含量
菜粕(GB2)	94.13	粗蛋白/%	40.50
细石粉	28.52	钙/%	1.50
牛预混料(1%)	20.00	总磷/%	0.89
磷酸氢钙	10.30		

断奶犊牛浓缩饲料配方 20

原 料 名 称	用量/千克	原 料 名 称	用量/千克
豆粕(GB1)	499.14	大豆油	10.00
棉粕(GB1)	200.00	食盐	4.00
棉粕(GB2)	200.00	营养素名称	营养含量
细石粉	28.55	粗蛋白/%	41.00
菜粕(GB2)	26.95	钙/%	1.50
牛预混料(1%)	20.00	总磷/%	0.88
磷酸氢钙	11.36		

断奶犊牛浓缩饲料配方 21

原 料 名 称	用量/千克	原 料 名 称	用量/千克
棉粕(GB2)	200.00	小麦麸(GB1)	33.58
葵粕(GB2)	200.00	磷酸氢钙	21.98
玉米蛋白粉(50%CP)	200.00	牛预混料(1%)	10.00
菜粕(GB2)	100.00	食盐	4.00
豆粕	100.00	营养素名称	营养含量
DDGS——玉米溶浆蛋白	50.00	粗蛋白/%	35.00
豆粕(GB1)	40.44	钙/%	2.07
细石粉	40.00	总磷/%	1.00

断奶犊牛浓缩饲料配方 22

原 料 名 称	用量/千克	原 料 名 称	用量/千克
棉粕（GB2）	200.00	磷酸氢钙	22.71
玉米蛋白粉（50%CP）	200.00	牛预混料（1%）	10.00
葵粕（GB2）	196.47	食盐	4.00
菜粕（GB2）	100.00	营养素名称	营养含量
豆粕	100.00	粗蛋白/%	36.00
豆粕（GB1）	76.82	钙/%	2.09
DDGS——玉米溶浆蛋白	50.00	总磷/%	1.00
细石粉	40.00		

断奶犊牛浓缩饲料配方 23

原 料 名 称	用量/千克	原 料 名 称	用量/千克
棉粕（GB2）	200.00	细石粉	37.49
玉米蛋白粉（50%CP）	200.00	磷酸氢钙	22.17
葵粕（GB2）	190.34	营养素名称	营养含量
豆粕（GB1）	100.00	粗蛋白/%	36.90
菜粕（GB2）	100.00	钙/%	2.00
豆粕	100.00	总磷/%	1.00
DDGS——玉米溶浆蛋白	50.00		

断奶犊牛浓缩饲料配方 24

原 料 名 称	用量/千克	原 料 名 称	用量/千克
棉粕（GB2）	200.00	磷酸氢钙	22.70
菜粕（GB2）	200.00	牛预混料（1%）	10.00
玉米蛋白粉（50%CP）	200.00	食盐	4.00
DDGS——玉米溶浆蛋白	154.55	营养素名称	营养含量
豆粕	100.00	粗蛋白/%	37.00
豆粕（GB1）	68.74	钙/%	2.15
细石粉	40.00	总磷/%	1.00

断奶犊牛浓缩饲料配方 25

原 料 名 称	用量/千克	原 料 名 称	用量/千克
棉粕（GB2）	200.00	磷酸氢钙	22.12
菜粕（GB2）	200.00	牛预混料（1%）	10.00
玉米蛋白粉（50%CP）	200.00	食盐	4.00
DDGS——玉米溶浆蛋白	197.87	营养素名称	营养含量
豆粕	100.00	粗蛋白/%	36.00
细石粉	40.00	钙/%	2.14
葵粕（GB2）	26.01	总磷/%	1.00

断奶犊牛浓缩饲料配方 26

原 料 名 称	用量/千克	原 料 名 称	用量/千克
棉粕(GB2)	200.00	磷酸氢钙	21.21
菜粕(GB2)	200.00	牛预混料(1%)	10.00
玉米蛋白粉(50%CP)	200.00	食盐	4.00
DDGS——玉米溶浆蛋白	200.00	营养素名称	营养含量
葵粕(GB2)	81.66	粗蛋白/%	35.00
豆粕	43.13	钙/%	2.14
细石粉	40.00	总磷/%	1.04

断奶犊牛浓缩饲料配方 27

原 料 名 称	用量/千克	原 料 名 称	用量/千克
葵粕(GB2)	671.09	磷酸氢钙	19.73
花生粕(GB1)	175.66	营养素名称	营养含量
细石粉	38.57	粗蛋白/%	36.00
玉米蛋白粉(60%CP)	34.95	钙/%	2.00
花生粕(GB2)	30.00	总磷/%	1.20
牛预混料(1%)	30.00		

断奶犊牛浓缩饲料配方 28

原 料 名 称	用量/千克	原 料 名 称	用量/千克
葵粕(GB2)	200.00	磷酸氢钙	18.91
棉粕(GB1)	200.00	花生粕(GB2)	4.99
玉米蛋白粉(60%CP)	200.00	赖氨酸(Lys)	4.00
棉粕(GB2)	120.54	营养素名称	营养含量
米糠粕(GB1)	100.00	粗蛋白/%	36.00
米糠(GB2)	80.36	钙/%	2.00
细石粉	41.20	总磷/%	1.20
牛预混料(1%)	30.00		

断奶犊牛浓缩饲料配方 29

原 料 名 称	用量/千克	原 料 名 称	用量/千克
葵粕(GB2)	200.00	牛预混料(1%)	30.00
棉粕(GB1)	200.00	磷酸氢钙	19.78
玉米蛋白粉(60%CP)	200.00	棉粕(GB2)	9.93
米糠(GB2)	100.00	赖氨酸(Lys)	4.00
米糠粕(GB1)	100.00	营养素名称	营养含量
花生粕(GB2)	48.78	粗蛋白/%	35.00
葵粕(GB2)	46.77	钙/%	2.00
细石粉	40.74	总磷/%	1.20

断奶犊牛浓缩饲料配方 30

原 料 名 称	用量/千克	原 料 名 称	用量/千克
棉粕(GB1)	200.00	牛预混料(1%)	30.00
葵粕(GB2)	200.00	磷酸氢钙	17.86
玉米蛋白粉(60%CP)	131.88	赖氨酸(Lys)	3.00
菜粕(GB2)	96.31	贝壳粉	0.04
葵粕(GB2)	94.15	营养素名称	营养含量
棉粕(GB2)	66.76	粗蛋白/%	35.00
米糠(GB2)	60.00	钙/%	2.00
米糠粕(GB1)	60.00	总磷/%	1.20
细石粉	40.00		

断奶犊牛浓缩饲料配方 31

原 料 名 称	用量/千克	原 料 名 称	用量/千克
棉粕(GB1)	200.00	细石粉	40.00
葵粕(GB2)	200.00	牛预混料(1%)	19.90
玉米蛋白粉(60%CP)	130.59	磷酸氢钙	17.18
棉粕(GB2)	120.66	贝壳粉	0.38
菜粕(GB2)	99.94	营养素名称	营养含量
米糠(GB2)	60.00	粗蛋白/%	36.00
米糠粕(GB1)	60.00	钙/%	2.00
葵粕(GB2)	51.34	总磷/%	1.20

断奶犊牛浓缩饲料配方 32

原 料 名 称	用量/千克	原 料 名 称	用量/千克
花生粕(GB1)	200.00	磷酸氢钙	18.82
葵粕(GB2)	200.00	花生粕(GB2)	14.24
玉米蛋白粉(60%CP)	178.42	贝壳粉	1.18
米糠粕(GB1)	150.00	营养素名称	营养含量
米糠(GB2)	103.57	粗蛋白/%	35.00
棉粕(GB2)	63.78	钙/%	2.00
细石粉	40.00	总磷/%	1.20
牛预混料(1%)	30.00		

断奶犊牛浓缩饲料配方 33

原 料 名 称	用量/千克	原 料 名 称	用量/千克
葵粕(GB2)	200.00	牛预混料(1%)	30.00
玉米蛋白粉(60%CP)	189.94	磷酸氢钙	18.33
花生粕(GB2)	174.03	贝壳粉	1.39
米糠粕(GB1)	150.00	营养素名称	营养含量
棉粕(GB2)	119.27	粗蛋白/%	36.00
米糠(GB2)	77.05	钙/%	2.00
细石粉	40.00	总磷/%	1.20

断奶犊牛浓缩饲料配方 34

原 料 名 称	用量/千克	原 料 名 称	用量/千克
花生粕(GB1)	200.00	磷酸氢钙	18.18
葵粕(GB2)	200.00	贝壳粉	1.29
玉米蛋白粉(60%CP)	167.53	营养素名称	营养含量
米糠粕(GB1)	150.00	粗蛋白/%	36.00
米糠(GB2)	116.96	钙/%	2.00
花生粕(GB2)	106.03	总磷/%	1.20
细石粉	40.00		

断奶犊牛浓缩饲料配方 35

原 料 名 称	用量/千克	原 料 名 称	用量/千克
花生粕(GB1)	200.00	磷酸氢钙	17.76
葵粕(GB2)	200.00	贝壳粉	1.29
花生粕(GB2)	154.74	营养素名称	营养含量
米糠粕(GB1)	150.00	粗蛋白/%	35.00
米糠(GB2)	119.15	钙/%	2.00
玉米蛋白粉(60%CP)	117.06	总磷/%	1.20
细石粉	40.00		

断奶犊牛浓缩饲料配方 36

原 料 名 称	含量/%	原 料 名 称	含量/%
花生粕(GB1)	20.00	磷酸氢钙	1.25
花生粕(GB2)	20.00	贝壳粉	0.50
葵粕(GB2)	20.00	棉粕(GB2)	0.47
米糠(GB2)	15.00	营养素名称	营养含量
玉米蛋白粉(60%CP)	12.82	粗蛋白/%	35.00
细石粉	4.00	钙/%	2.00
牛预混料(1%)	3.00	总磷/%	0.92
米糠粕(GB1)	2.95		

断奶犊牛浓缩饲料配方 37

原 料 名 称	含量/%	原 料 名 称	含量/%
花生粕(GB1)	20.00	磷酸氢钙	1.27
葵粕(GB2)	20.00	米糠粕(GB1)	1.20
花生粕(GB2)	19.66	贝壳粉	0.50
玉米蛋白粉(60%CP)	15.37	营养素名称	营养含量
米糠(GB2)	15.00	粗蛋白/%	36.00
细石粉	4.00	钙/%	2.00
牛预混料(1%)	3.00	总磷/%	0.90

断奶犊牛浓缩饲料配方 38

原 料 名 称	含量/%	原 料 名 称	含量/%
花生粕（GB1）	20.00	食盐	0.40
花生粕（GB2）	20.00	棉粕（GB2）	0.38
葵粕（GB2）	20.00	麦饭石	0.33
玉米蛋白粉（60%CP）	15.16	营养素名称	营养含量
米糠（GB2）	15.00	粗蛋白/%	36.00
细石粉	4.45	钙/%	2.00
牛预混料（1%）	3.00	总磷/%	0.88
磷酸氢钙	1.28		

断奶犊牛浓缩饲料配方 39

原 料 名 称	含量/%	原 料 名 称	含量/%
花生粕（GB1）	20.00	食盐	0.40
花生粕（GB2）	20.00	棉粕（GB2）	0.38
葵粕（GB2）	20.00	麦饭石	0.33
玉米蛋白粉（60%CP）	15.16	营养素名称	营养含量
米糠（GB2）	15.00	粗蛋白/%	36.00
细石粉	4.45	钙/%	2.00
牛预混料（1%）	3.00	总磷/%	0.88
磷酸氢钙	1.28		

断奶犊牛浓缩饲料配方 40

原 料 名 称	含量/%	原 料 名 称	含量/%
花生粕（GB1）	20.00	麦饭石	1.32
花生粕（GB2）	20.00	磷酸氢钙	1.28
葵粕（GB2）	20.00	食盐	0.40
米糠（GB2）	15.00	营养素名称	营养含量
玉米蛋白粉（60%CP）	12.55	粗蛋白/%	35.00
细石粉	4.45	钙/%	2.00
牛预混料（1%）	3.00	总磷/%	0.88
棉粕（GB2）	2.01		

第四章 育成牛的饲料配制及配方实例

第一节 育成牛的饲养管理要点

育成牛正处于快速的生长发育阶段，这一时期饲养管理的好坏与育成牛的繁育以及未来的生产潜力关系极大。因此，对这个阶段的牛，必须按不同年龄发育特点和所需营养物质进行正确饲养，以实现健康发育、正常繁殖、尽早投产的目标。

一、育成公牛的饲养管理

1. 育成公牛的饲养

育成公牛的培育直接影响着牛的生长发育、体型结构及其种用性能甚至于整个牛群的质量。实际生产中，由于育成牛不产生直接的经济效益，而体质又不像犊牛那么脆弱，也不易患病，因而人们往往对育成牛的饲养较为粗放，但育成公牛的培育方向是种用，对它培育的好坏会直接影响到以后整个牛群的质量和养牛的经济效益，故育成公牛的培育应给予足够的重视，虽然可以比犊牛的培育粗放一些，但决不能太过于粗心大意。

育成公牛的生长比育成母牛快，因而所需的营养物质较多，特别需要以精料的形式提供能量，以促进其迅速的生长和性欲的发展。饲养粗放，营养水平较低，不能满足其营养需要会延迟性成熟的到来，并导致生产品质低劣的精液和生长速度减慢。育成公牛的饲料应与成年公牛一样，尽可能地选用优质干草、青干草，而不要用酒糟、秸秆、菜粕、棉粕等粗饲料。冬春季节没有青草时，可采用每天每头牛喂 0.5～1.0 千克胡萝卜来补充维生素的不足，日粮中的矿物质也要补足。

育成公牛的饲养，应保证青粗饲料的品质，增加精饲料的饲喂量，以获得较高的日增重并防止形成"草腹"。10 月龄时让其自由采食牧草、青贮料、青刈饲料或干草，作为日粮的主要部分，精料也要同时供给，具体喂量依粗饲料的质量和数量而定。以青草为主时，精粗料的干物质比例为（50～55）：（45～50）；以干草为主时，其比例为 60：40。在饲喂豆科或禾本科优质粗料的情况下，对于周岁公牛乃至成年公牛，精料中粗蛋白的含量以 12％左右为宜。

2. 育成公牛的管理

在管理上，犊牛断奶后即进入育成期时就应与母亲隔离，单槽饲喂。

（1）穿鼻带环与牵引 为了便于管理和调教，育成公牛在10～12 月龄时应进行穿鼻带环，用皮带栓最好，沿公牛额部固定在角基下面。鼻环以不锈钢的最好。牵引公牛时应注意左右两侧双绳牵导。对性烈的公牛，需用引棒牵引。由一人在牵住缰绳的同时，另一人握住勾棒，勾搭在鼻环上以控制其行动。鼻环要经常检查，发现损坏要及时更换。

（2）适量运动 肉用公牛可不考虑其人为运动，以免体内消耗较大而影响育肥。而对于种用公牛来讲，必须坚持运动，要求上下午各进行 1 次，每次 1.5～2.0 小时，行走距离约为 4 千米。运动的方式有旋转架运动、套爬犁或拉车运动等，运动可加强育成公牛的器官运动，促进新陈代谢，强壮肌肉，防止过肥，还可提高性欲和精液质量。实践表明，运动量不足或长期的栓系会使公牛性情变暴躁，精液品质下降，易患肢蹄病和消化道疾病等。但运动过度或使役过重，同样对于公牛的健康和精液品质不利。

（3）刷拭牛体 应经常刷拭牛体，最好每天刷拭 1 次，以保证牛体的清洁卫生和健康。同时也利于做到人牛亲和，防止发生恶癖。

（4）按摩睾丸 每日按摩睾丸 1 次，每次 5～10 分钟，增加按摩次数和延长按摩时间，可改善精液品质。

二、育成母牛的饲养管理

母牛进入育成期后应根据不同的年龄阶段，不同的生长发育特点以及消化能力的不同进行正确的饲养。尤其12月龄以后母牛已配种受胎，进入妊娠期，应加强饲养管理，提高其生产性能。

1. 育成母牛的饲养

育成期是生长发育的最快时期，性器官和第二性征发育很快，体躯向高度和长度两方面急剧增长，为母牛的性成熟期。同时，前胃虽然经过了犊牛期粗饲料的锻炼已较为发达，容积扩大了1倍左右，但是不能保证采食足够的青饲料来满足此时的强烈生长发育所需的营养物质，另外消化器官本身还处于强烈的生长发育阶段，需增加青粗饲料的喂给量继续进行锻炼。因此，在饲养上要求供给足够的营养物质，所喂饲料必须具有一定的容积，精粗料比例适当以刺激其前胃的生长。此期饲喂的饲料应选用优质干草、青干草、青贮料以及加工作物的秸秆等，作为辅助粗饲料应少量添加，同时还必须适当补充一些混合精饲料。一般而言，日粮中干物质的75%应来源于饲料中的青粗饲料，25%来源于精料。从9~10月龄开始，便可掺喂秸秆和谷糠类粗饲料，其比例应占粗饲料总量的30%~40%。日粮配方可参考该配比：混合精料1.8~2.0千克，优质青干草2.0千克，青贮料6.0千克，精料应占日粮总量的40%~50%。混合精料配方为玉米40%、麸皮20%、豆粕20%、棉粕10%、尿素2%、食食盐2%、贝壳粉2%、碳酸钙3%、微量元素添加剂1%。在放牧条件下，牧草良好时日粮中的粗饲料和大约一半的精饲料可由牧草代替，牧草较差时则必须补饲青饲料和精料，如以农作物秸秆为主要粗饲料时每天每头牛应补饲1.5千克混合精料，以期获得0.6~1.0千克的较为理想的日增重。

2. 育成母牛的管理

育成母牛在管理上应首先与其他母牛分开，可以采用系留饲养，也可以圈养，但是要加强运动，促进其肌肉组织和内脏器官，尤其是呼吸和循环系统的发育，使其具备高产母牛的特征，提高生产性能。育成母牛的管理可考虑做到以下几点。

（1）分群　性成熟之前分群，最好不要超过 7 月龄，以免早配，影响生长发育。并按年龄、体重大小分群，月龄差异最好不要超过 1.5～2 个月，活重不要超过 25～30 千克。

（2）制订生长计划　根据不同品种、年龄的生长发育特点，以及饲草、饲料的储备状况，确定不同日龄的日增重幅度。

（3）转群　根据年龄、发育情况，按时转群。一般在 12 月龄、18 月龄、初配定胎后进行 3 次转群。同时进行称重和体尺测量，对于达不到正常生长发育要求的进行淘汰。

（4）加强运动　在舍饲条件下，每天至少要运动 2 小时左右。这对保证育成母牛的健康和提高繁殖性能有重要意义。

（5）刷拭　为了保持牛体清洁，促进皮肤代谢和养成温驯的气质，每天刷拭 1～2 次，每次约 5 分钟。

（6）按摩乳房　从开始配种起，每天上槽后用热毛巾按摩乳房 1～2 分钟，促进乳房的生长发育。按摩进行到该牛乳房开始出现妊娠性生理水肿为止，到产前 1～2 月停止按摩。

（7）初配　在 12 月龄左右根据生长发育情况决定是否参加配种，生长发育较快、体重已达到成年牛体重 70% 的育成母牛可参加初次配种，否则可推迟到 18 月龄左右进行初配。初配前 1 个月应注意观察育成母牛的发情日期，以便在以后的 1～2 个发情期内进行配种。

（8）防寒、防暑　炎热地区夏天做好防暑工作，冬季气温低于 −13℃ 的地区做好防寒工作。受到热应激后牛的繁殖力大幅下降。持续高温时胎儿的生长受到抑制，配种后 32℃ 温度持续 72 小时则牛无法妊娠。还能影响处女牛的初情期。

第二节　育成牛的营养需要

一、育成牛的营养需要的确定

1. 能量需要的确定

我国将肉牛的维持和增重所需能量统一起来采用综合净能表

示，并以肉牛能量单位表示能量价值，缩写为 RND。其计算公式如下。

饲料综合净能值（NE_{mf}，兆焦/kg）＝DE×1.5$K_m K_f$/
$$(K_f + K_m \times 0.5) \qquad (4\text{-}1)$$

式中，DE 为饲料消化能，兆焦/ kg；K_m 为消化能转化为维持净能的效率；K_f 为消化能转化为增重净能的效率。

肉牛能量单位（RND）是以 1 千克中等玉米〔二级饲料玉米，干物质 88.4%、粗蛋白 8.6%、粗纤维 2.0%、粗灰分 1.4%、消化能 16.40 兆焦/千克（以干物质计），$K_m = 0.6214$，$K_f = 0.4619$，K_{mf}（肉牛饲料消化能对维持和增重的综合效率）＝0.5573，NE_{mf}＝9.14 兆焦/千克〕所含的综合净能值 8.08 兆焦为一个肉牛能量单位。即我国肉牛饲养标准把维持净能与增重净能结合起来称为综合净能，并用肉牛能量单位（RND）表示，一个肉牛能量单位等于 1 千克标准玉米的综合净能 8.08 兆焦。
$$RND = NE_{mf}(MJ/kg)/8.08 \qquad (4\text{-}2)$$

NE_g（肉牛增重净能）＝DE×K_f；NE_m（维持净能）＝DE×K_m；NE_{mf}（肉牛综合净能）＝DE×K_{mf}。

（1）维持需要　我国肉牛饲养标准（2000，2004）推荐的计算公式为：
$$NE_m（千焦/天）=322W^{0.75} \qquad (4\text{-}3)$$

式中，W 表示牛的体重，千克。此数值适合于在中立温度、舍饲、有轻微活动和无应激环境条件下使用，当气温低于 12℃时，每降低 1℃，维持能量消耗需增加 1%。

（2）增重需要　肉牛的能量沉积就是增重净能 NE_g，其计算公式（Van Es，1978）如下。
$$NE_g（千焦/天）=\Delta W \times (2092+25.1 \times W)/(1-0.3 \times \Delta W)$$
$$(4\text{-}4)$$

式中，ΔW 表示日增重，千克/天；W 表示体重，千克。

肉牛的综合净能需要为：
$$NE_{mf}=(NE_m+NE_g) \times F \qquad (4\text{-}5)$$

式中，F 为不同体重和日增重的肉牛综合净能需要量的校正系数（表 4-1）。由于不同日增重的肉牛其 APL（总净能需要量与维持净能需要量的比值）不同，为了与饲料综合净能值（APL＝1.5）相吻合，必须对综合净能的需要进行校正。APL 为 1.5 时代表了中上增重水平。所以，对高于或低于 1.5APL 的进行校正，可以缩小误差。另外，为了使肉牛能达到预期的膘度，对不同体重肉牛的综合净能需要也进行了校正。

表 4-1　不同体重和日增重的肉牛综合净能需要量的校正系数（F）

体重	日 增 重											
	0	0.3	0.4	0.5	0.6	0.7	0.8	0.9	1.0	1.1	1.2	1.3
150～200	0.850	0.960	0.965	0.970	0.975	0.978	0.988	1.000	1.020	1.040	1.060	1.080
225	0.864	0.974	0.979	0.984	0.989	0.992	1.002	1.014	1.034	1.054	1.074	1.094
250	0.877	0.987	0.992	0.997	1.002	1.005	1.015	1.027	1.047	1.067	1.087	1.107
275	0.891	1.001	1.006	1.011	1.016	1.019	1.029	1.041	1.061	1.081	1.101	1.121
300	0.904	1.014	1.019	1.024	1.029	1.032	1.042	1.054	1.074	1.094	1.114	1.134
325	0.910	1.020	1.025	1.030	1.035	1.038	1.048	1.060	1.080	1.100	1.120	1.140
350	0.915	1.025	1.030	1.035	1.040	1.043	1.053	1.065	1.085	1.105	1.125	1.145
375	0.921	1.031	1.036	1.041	1.046	1.049	1.059	1.071	1.091	1.111	1.131	1.151
400	0.927	1.037	1.042	1.047	1.052	1.055	1.065	1.077	1.097	1.117	1.137	1.157
425	0.930	1.040	1.045	1.050	1.055	1.058	1.068	1.080	1.100	1.120	1.140	1.160
450	0.932	1.042	1.047	1.052	1.057	1.060	1.070	1.082	1.102	1.122	1.142	1.162
475	0.935	1.045	1.051	1.055	1.060	1.063	1.073	1.085	1.105	1.125	1.145	1.165
500	0.937	1.047	1.052	1.057	1.062	1.065	1.075	1.087	1.107	1.127	1.147	1.167

生长母牛的增重净能需要在式（4-5）计算的基础上增加 10%。

2. 蛋白质需要的确定

（1）维持需要　根据国内的氮平衡试验结果，我国肉牛饲养标准（2000，2004）建议，肉牛维持的粗蛋白质需要（克）＝$5.43W^{0.75}$。维持的小肠可消化粗蛋白的需要量计算公式为：

$$\text{IDCP}_m = 3.69 \times W^{0.75} \tag{4-6}$$

式中，IDCP_m 为维持的小肠可消化粗蛋白的需要量，克/天；W 为体重，千克。

（2）增重需要　肉牛增重的净蛋白质需要量（NP_g）为动物体

组织中每天蛋白质的沉积量，它是由日增重和肉中的蛋白质含量推算而成。增重蛋白质沉积也随着动物活重、生长阶段、性别以及增重率变化而变化。

$$生长牛增重的蛋白质沉积(克/天) = \Delta W \times (168.07 - 0.16869$$
$$W + 0.0001633 W^2) \times$$
$$(1.12 - 0.1233 \times \Delta W) \quad (4\text{-}7)$$

式中，ΔW 为日增重，千克；W 为体重，千克。生长公牛在此基础上增加 10%。

$$增重的粗蛋白需要(克) = 增重的蛋白质沉积(克/天)/0.34$$
$$(4\text{-}8)$$

3. 矿物质需要的确定

(1) 钙

$$肉牛的钙需要量(克/天) = [0.0154 \times W + 0.071 \times$$
$$日蛋白质沉积(克) + 1.23 \times$$
$$日产奶量(千克) + 0.0137 \times$$
$$日胎儿增重(克)] \div 0.5 \quad (4\text{-}9)$$

式中，W 表示体重，千克。

(2) 磷

$$肉牛的磷需要量(克/天) = [0.0280 \times W + 0.039 \times$$
$$日蛋白质沉积(克) + 0.95 \times$$
$$日产奶量(千克) + 0.0076 \times$$
$$日胎儿增重(克)] \div 0.85 \quad (4\text{-}10)$$

式中，W 表示体重，千克。

$$日蛋白质沉积(克) = (268 - 29.4 NE_g / \Delta W) \times \Delta W \quad (4\text{-}11)$$

式中，NE_g 为增重净能，千焦/天；ΔW 为日增重，千克/天。

(3) 食盐　肉牛的食盐给量应占日粮干物质的 0.3%。牛饲喂青贮饲料时，需食盐量比饲喂干草时多；饲喂高粗料日粮时要比饲喂高精料日粮时多；饲喂青绿多汁的饲料时要比饲喂枯老饲料时多。

4. 维生素需要的确定

(1) 维生素 A 和胡萝卜素　肉牛维生素 A 需要量为生长育肥牛每千克饲料干物质含维生素 A2200 国际单位，相当于 5.5 毫克胡萝卜素。

（2）维生素 D　肉牛的维生素 D 需要量为每千克饲料干物质 275 国际单位。

（3）维生素 E　正常饲料中不缺乏维生素 E。犊牛日粮中需要量为每千克饲料干物质含 25 国际单位，成年牛为 15～16 国际单位。

5. 干物质需要的确定

干物质进食量受体重、增重水平、饲料能量浓度、日粮类型、饲料加工、饲养方式和气候等因素的影响。根据国内饲养试验结果，参考计算公式如下。

对于生长育肥牛：

$$干物质进食量（千克/天）=0.062W^{0.75}+(1.5296+$$
$$0.00371\times W)\times \Delta W \qquad (4\text{-}12)$$

式中，W 表示体重，千克；ΔW 表示日增重，千克。

二、育成牛的营养需要量

1. 育成公牛的营养需要量

育成公牛 6～12 月龄时正处于激烈的生长发育阶段，体重增加变化大，精心的饲养管理不仅可以获得较大的增重速度（1.0 千克/天以上），而且可使幼牛得到良好的发育。因而应根据不同的体重阶段进行育成公牛的饲料配合，以满足其营养需要，促进其健康的生长发育。小型牛可参照营养需要的 80%～90% 进行日粮配制。育成公牛按不同体重的营养需要量见表 4-2。

表 4-2　育成公牛的营养需要

体重 /千克	日增重 /千克	日粮干物质/千克	粗蛋白质/克	增重净能/兆焦	钙/克	磷/克	胡萝卜素/毫克	每千克干物质含代谢能/兆焦
250	1.2	7.7	990	28.79	40	20	38	10.04～10.46
300	1.2	8.8	1060	32.51	42	22	40	10.04～10.46
350	1.2	10.0	1130	37.15	43	26	45	10.04～10.46
400	1.2	11.0	1200	41.13	32	30	50	10.04～10.46
450	1.0	10.3	1080	37.36	38	30	58	10.04～10.46
500	0.9～1.0	10.3	1090	37.36	36	32	63	10.04～10.46

体重/千克	日增重/千克	日粮干物质/千克	粗蛋白质/克	增重净能/兆焦	钙/克	磷/克	胡萝卜素/毫克	每千克干物质含代谢能/兆焦
550	0.8～0.9	10.5	1090	37.78	35	35	70	10.04～10.46
600	0.6～0.8	10.3	1080	37.36	34	34	78	10.04～10.46
650	0.5～0.7	10.0	1080	36.57	33	33	85	10.04～10.46
700	0.4～0.5	9.7	1070	35.40	32	32	90	10.04～10.46

2. 育成母牛的营养需要量

育成母牛即将承担配种和妊娠的任务，对其培育的好坏直接关系到以后犊牛的生长和发育状况，因此这一阶段应根据不同体重阶段进行饲料配合，以满足其营养需要，并精心加强饲养管理，培育出符合要求和标准的健康母牛。育成母牛的营养标准按不同体重营养需要量见表4-3。

表 4-3　育成母牛的营养需要量

体重/千克	日增重/千克	干物质/千克	肉牛能量单位/(单位/千克)	综合净能/兆焦	粗蛋白质/克	钙/克	磷/克
	0	2.66	1.46	11.76	236	5	5
	0.3	3.29	1.90	15.31	377	13	8
	0.4	3.49	2.00	16.15	421	16	9
	0.5	3.70	2.11	17.07	465	19	10
150	0.6	3.91	2.24	18.07	507	22	11
	0.7	4.12	2.36	19.08	548	25	11
	0.8	4.33	2.52	20.33	589	28	12
	0.9	4.54	2.69	21.76	627	31	13
	1.0	4.75	2.91	23.47	665	34	14
	0	2.98	1.63	13.18	265	6	6
	0.3	3.63	2.12	17.15	403	14	8
	0.4	3.85	2.24	18.07	447	17	9
	0.5	4.07	2.37	19.12	489	19	10
175	0.6	4.29	2.50	20.21	530	22	11
	0.7	4.51	2.64	21.34	571	25	12
	0.8	4.72	2.81	22.72	609	28	13
	0.9	4.94	3.01	24.31	650	30	14
	1.0	5.16	3.24	26.19	686	33	15

续表

体重 /千克	日增重 /千克	干物质 /千克	肉牛能量单位 /（单位/千克）	综合净 能/兆焦	粗蛋白 质/克	钙 /克	磷 /克
	0	3.30	1.80	14.56	293	7	7
	0.3	3.89	2.34	18.91	428	14	9
	0.4	4.21	2.47	19.46	472	17	10
	0.5	4.44	2.61	21.09	514	20	11
200	0.6	4.66	2.76	22.30	555	22	12
	0.7	4.89	2.92	23.43	593	25	13
	0.8	5.12	3.10	25.06	631	28	14
	0.9	5.34	3.32	26.78	669	30	14
	1.0	5.57	3.58	28.87	708	33	15
	0	3.60	1.87	15.10	320	7	7
	0.3	4.31	2.60	20.71	452	15	10
	0.4	4.55	2.74	21.76	494	17	11
	0.5	4.78	2.89	22.89	535	20	12
225	0.6	5.02	3.06	24.10	576	23	12
	0.7	5.26	3.22	25.36	614	25	13
	0.8	5.49	3.44	26.90	652	28	14
	0.9	5.73	3.67	29.62	691	30	15
	1.0	5.96	3.95	31.92	726	33	16

第三节　育成牛饲料配方

根据育成牛的生理特点和各地饲料资源的实际情况，这里列举了 100 例关于育成牛的不同饲料配方，可供不同地方对育成牛饲养时日粮配合的参考。

育成牛全价饲料配方 1

原 料 名 称	含量/%	原 料 名 称	含量/%
玉米（GB2）	46.49	细石粉	1.51
豆粕（GB1）	10.34	牛预混料（1%）	1.00
DDGS——玉米溶浆蛋白	10.00	食盐	0.26
麦饭石	10.00	营养素名称	营养含量
苜蓿草粉（GB1）	10.00	粗蛋白/%	19.00
玉米蛋白粉（60%CP）	8.77	钙/%	1.10
磷酸氢钙	1.63	总磷/%	0.61

育成牛全价饲料配方 2

原 料 名 称	含量/%	原 料 名 称	含量/%
玉米(GB2)	22.12	磷酸氢钙	1.72
棉粕(部分去皮)	20.00	细石粉	1.50
高粱(GB1)	10.00	牛预混料(1%)	1.00
DDGS——玉米溶浆蛋白	10.00	食盐	0.26
麦饭石	10.00	赖氨酸(Lys)	0.02
苜蓿草粉(GB1)	10.00	营养素名称	营养含量
稻谷(GB2)	5.00	粗蛋白/%	19.00
玉米蛋白粉(60%CP)	4.79	钙/%	1.10
花生粕(GB2)	3.59	总磷/%	0.55

育成牛全价饲料配方 3

原 料 名 称	含量/%	原 料 名 称	含量/%
甘薯干(GB)	51.95	细石粉	0.76
麦芽根	24.65	食盐	0.45
花生粕(GB2)	17.20	营养素名称	营养含量
大豆浓缩蛋白	2.00	粗蛋白/%	18.00
磷酸氢钙	1.99	钙/%	1.00
牛预混料(1%)	1.00	总磷/%	0.70

育成牛全价饲料配方 4

原 料 名 称	含量/%	原 料 名 称	含量/%
次粉(NY/T2)	20.00	磷酸氢钙	1.68
花生粕(GB2)	20.00	细石粉	1.23
DDGS——玉米溶浆蛋白	20.00	牛预混料(1%)	1.00
麦饭石	15.36	营养素名称	营养含量
甘薯干(GB)	10.00	粗蛋白/%	20.00
碎米	6.79	钙/%	1.00
麦芽根	3.93	总磷/%	0.70

育成牛全价饲料配方 5

原 料 名 称	含量/%	原 料 名 称	含量/%
碎米	20.00	细石粉	1.36
麦芽根	20.00	牛预混料(1%)	1.00
花生粕(GB2)	19.88	食盐	0.47
次粉(NY/T2)	14.52	营养素名称	营养含量
麦饭石	11.10	粗蛋白/%	19.00
甘薯干(GB)	10.00	钙/%	1.00
磷酸氢钙	1.67	总磷/%	0.70

育成牛全价饲料配方 6

原 料 名 称	含量/%	原 料 名 称	含量/%
大麦（皮 GB1）	20.00	细石粉	1.30
麦芽根	20.00	磷酸氢钙	1.30
荞麦	20.00	牛预混料（1%）	1.00
小麦麸（GB1）	10.75	食盐	0.40
甘薯干（GB）	10.00	营养素名称	营养含量
DDGS——玉米溶浆蛋白	7.92	粗蛋白/%	19.00
粉浆蛋白粉	5.92	钙/%	0.90
玉米蛋白粉（50%CP）	1.41	总磷/%	0.70

育成牛全价饲料配方 7

原 料 名 称	含量/%	原 料 名 称	含量/%
玉米（GB2）	40.00	牛预混料（1%）	1.00
苜蓿草粉（GB1）	20.00	麦饭石	0.86
粉浆蛋白粉	12.25	细石粉	0.58
甘薯干（GB）	10.00	食盐	0.40
DDGS——玉米溶浆蛋白	8.80	营养素名称	营养含量
玉米（GB1）	2.17	粗蛋白/%	19.00
米糠	2.00	钙/%	1.00
磷酸氢钙	1.95	总磷/%	0.70

育成牛全价饲料配方 8

原 料 名 称	含量/%	原 料 名 称	含量/%
玉米（GB1）	20.00	磷酸氢钙	1.82
葵粕（GB2）	20.00	细石粉	1.32
玉米蛋白粉（50%CP）	14.02	牛预混料（1%）	1.00
麦饭石	10.75	食盐	0.40
玉米（GB2）	10.38	营养素名称	营养含量
甘薯干（GB）	10.00	粗蛋白/%	19.00
DDGS——玉米溶浆蛋白	8.31	钙/%	1.00
米糠	2.00	总磷/%	0.70

育成牛全价饲料配方 9

原 料 名 称	含量/%	原 料 名 称	含量/%
玉米（GB2）	34.73	细石粉	0.97
玉米（GB1）	20.00	豆粕（GB2）	0.83
小麦（GB2）	20.00	食盐	0.40
马铃薯浓缩蛋白	10.05	营养素名称	营养含量
棉粕（GB2）	5.00	粗蛋白/%	20.00
菜粕（GB2）	5.00	钙/%	0.90
磷酸氢钙	2.02	总磷/%	0.70
牛预混料（1%）	1.00		

育成牛全价饲料配方 10

原 料 名 称	含量/%	原 料 名 称	含量/%
玉米(GB2)	40.00	牛预混料(1%)	1.00
小麦(GB2)	20.00	细石粉	0.67
槐叶粉	13.85	食盐	0.40
高蛋白啤酒酵母	9.86	豆粕(GB2)	0.12
棉粕(GB2)	5.00	营养素名称	营养含量
菜粕(GB2)	5.00	粗蛋白/%	20.00
磷酸氢钙	2.10	钙/%	1.00
米糠	2.00	总磷/%	0.70

育成牛全价饲料配方 11

原 料 名 称	含量/%	原 料 名 称	含量/%
玉米(GB2)	50.00	牛预混料(1%)	1.00
小麦麸(GB1)	11.30	食盐	0.40
米糠(GB2)	10.00	营养素名称	营养含量
DDGS——玉米溶浆蛋白	10.00	粗蛋白/%	14.90
花生粕(GB2)	10.00	钙/%	0.90
燕麦秸秆粉	5.00	总磷/%	0.50
细石粉	2.30		

育成牛全价饲料配方 12

原 料 名 称	含量/%	原 料 名 称	含量/%
玉米(GB2)	50.00	牛预混料(1%)	1.00
小麦麸(GB1)	11.30	食盐	0.40
米糠(GB2)	10.00	营养素名称	营养含量
DDGS——玉米溶浆蛋白	10.00	粗蛋白/%	14.90
花生粕(GB2)	10.00	钙/%	0.90
燕麦秸秆粉	5.00	总磷/%	0.50
细石粉	2.30		

育成牛全价饲料配方 13

原 料 名 称	含量/%	原 料 名 称	含量/%
玉米(GB2)	50.00	牛预混料(1%)	1.00
米糠(GB2)	10.00	燕麦秸秆粉	0.73
DDGS——玉米溶浆蛋白	10.00	食盐	0.40
花生粕(GB2)	10.00	营养素名称	营养含量
米糠粕(GB1)	8.29	粗蛋白/%	15.00
小麦麸(GB1)	5.58	钙/%	1.50
细石粉	4.00	总磷/%	0.60

育成牛全价饲料配方 14

原 料 名 称	含量/%	原 料 名 称	含量/%
玉米(GB2)	45.00	燕麦秸秆粉	1.42
米糠(GB2)	10.00	牛预混料(1%)	1.00
DDGS——玉米溶浆蛋白	10.00	食盐	0.40
小麦麸(GB1)	10.00	营养素名称	营养含量
花生粕(GB2)	10.00	粗蛋白/%	16.00
米糠粕(GB1)	5.62	钙/%	1.50
细石粉	3.98	总磷/%	0.60
棉粕(GB2)	2.58		

育成牛全价饲料配方 15

原 料 名 称	含量/%	原 料 名 称	含量/%
玉米(GB2)	28.88	米糠粕(GB1)	2.66
燕麦秸秆粉	18.01	磷酸氢钙	1.76
米糠(GB2)	10.00	牛预混料(1%)	1.00
DDGS——玉米溶浆蛋白	10.00	食盐	0.20
小麦麸(GB1)	10.00	营养素名称	营养含量
花生粕(GB2)	10.00	粗蛋白/%	16.00
棉粕(GB2)	4.56	钙/%	1.50
细石粉	2.94	总磷/%	0.80

育成牛全价饲料配方 16

原 料 名 称	含量/%	原 料 名 称	含量/%
豆粕(GB1)	23.79	贝壳粉	1.80
玉米(GB2)	20.00	赖氨酸(Lys)	0.50
米糠(GB2)	10.00	蛋氨酸(DL-Met)	0.50
稻谷(GB2)	10.00	食盐	0.40
米糠粕(GB1)	10.00	营养素名称	营养含量
麦饭石	10.00	粗蛋白/%	17.00
玉米(GB2)	8.02	钙/%	1.10
牛预混料(1%)	3.00	总磷/%	0.90
磷酸氢钙	2.00		

育成牛全价饲料配方 17

原 料 名 称	含量/%	原 料 名 称	含量/%
小麦（GB1）	20.00	磷酸氢钙	1.60
大麦（GB2）	15.00	贝壳粉	1.00
DDGS——玉米溶浆蛋白	12.59	牛预混料（1%）	1.00
米糠	10.00	高粱	0.94
小麦麸	10.00	食盐	0.30
米糠粕	10.00	营养素名称	营养含量
次粉	8.13	粗蛋白/%	16.00
葵粕	6.44	钙/%	1.85
细石粉	3.00	总磷/%	1.00

育成牛全价饲料配方 18

原 料 名 称	含量/%	原 料 名 称	含量/%
麦芽根	20.00	牛预混料（1%）	1.00
槐叶粉	20.00	马铃薯浓缩蛋白	0.92
米糠	20.00	细石粉	0.38
米糠（GB2）	10.00	食盐	0.30
麦饭石	10.00	营养素名称	营养含量
燕麦秸秆粉	10.00	粗蛋白/%	16.00
DDGS——玉米溶浆蛋白	2.64	钙/%	1.10
磷酸氢钙	2.58	总磷/%	0.82
苜蓿草粉（GB1）	2.17		

育成牛全价饲料配方 19

原 料 名 称	含量/%	原 料 名 称	含量/%
葵粕（GB2）	20.00	牛预混料（1%）	1.00
苜蓿草粉（GB1）	20.00	细石粉	0.93
米糠	17.67	乳清粉	0.31
米糠（GB2）	10.00	食盐	0.30
米糠粕（GB1）	10.00	玉米蛋白粉（50%CP）	0.02
麦饭石	10.00	营养素名称	营养含量
花生粕（GB2）	6.70	粗蛋白/%	19.00
磷酸氢钙	1.75	钙/%	1.10
马铃薯浓缩蛋白	1.32	总磷/%	0.95

育成牛全价饲料配方 20

原 料 名 称	含量/%	原 料 名 称	含量/%
苜蓿草粉（GB1）	20.00	牛预混料（1%）	1.00
米糠	20.00	细石粉	0.96
葵粕（GB2）	13.85	食盐	0.30
米糠（GB2）	10.00	乳清粉	0.20
米糠粕（GB1）	10.00	营养素名称	营养含量
麦饭石	10.00	粗蛋白/%	17.00
小麦麸（GB1）	9.29	钙/%	1.10
马铃薯浓缩蛋白	2.61	总磷/%	0.96
磷酸氢钙	1.79		

育成牛全价饲料配方 21

原 料 名 称	含量/%	原 料 名 称	含量/%
次粉（NY/T2）	20.00	马铃薯浓缩蛋白	1.13
小麦麸（GB1）	20.00	牛预混料（1%）	1.00
葵粕（GB2）	20.00	小麦麸（GB1）	0.83
米糠	20.00	食盐	0.30
麦饭石	10.00	营养素名称	营养含量
小麦麸	3.10	粗蛋白/%	16.00
磷酸氢钙	2.20	钙/%	1.10
细石粉	1.44	总磷/%	0.86

育成牛全价饲料配方 22

原 料 名 称	含量/%	原 料 名 称	含量/%
小麦麸（GB1）	20.00	小麦麸	1.80
葵粕（GB2）	20.00	细石粉	1.44
米糠	20.00	牛预混料（1%）	1.00
次粉（NY/T2）	18.58	食盐	0.30
麦饭石	10.00	营养素名称	营养含量
马铃薯浓缩蛋白	2.67	粗蛋白/%	17.00
磷酸氢钙	2.20	钙/%	1.10
小麦麸（GB2）	2.02	总磷/%	0.86

育成牛全价饲料配方 23

原 料 名 称	含量/%	原 料 名 称	含量/%
次粉(NY/T1)	20.00	玉米蛋白粉(50%CP)	2.47
米糠	20.00	牛预混料(1%)	1.00
小麦麸	12.80	细石粉	0.84
大麦(裸 GB2)	10.00	乳清粉	0.34
次粉(NY/T2)	10.00	食盐	0.30
麦饭石	10.00	营养素名称	营养含量
高蛋白啤酒酵母	5.36	粗蛋白/%	18.00
马铃薯浓缩蛋白	3.56	钙/%	1.10
磷酸氢钙	3.33	总磷/%	0.80

育成牛全价饲料配方 24

原 料 名 称	含量/%	原 料 名 称	含量/%
次粉(NY/T1)	20.00	牛预混料(1%)	1.00
米糠	20.00	细石粉	0.83
小麦麸	15.00	乳清粉	0.34
大麦(裸 GB2)	10.00	食盐	0.30
次粉(NY/T2)	10.00	小麦(GB2)	0.02
麦饭石	10.00	营养素名称	营养含量
马铃薯浓缩蛋白	4.41	粗蛋白/%	17.00
磷酸氢钙	3.35	钙/%	1.10
高蛋白啤酒酵母	2.94	总磷/%	0.80
玉米蛋白粉(50%CP)	1.81		

育成牛全价饲料配方 25

原 料 名 称	含量/%	原 料 名 称	含量/%
高粱(GB1)	20.00	菜粕(GB2)	2.10
小麦(GB2)	10.00	高蛋白啤酒酵母	1.51
大麦(裸 GB2)	10.00	牛预混料(1%)	1.00
大麦(皮 GB1)	10.00	细石粉	0.76
麦饭石	10.00	乳清粉	0.42
干蒸大麦酒糟(酒精副产品)	10.00	食盐	0.30
高粱	10.00	营养素名称	营养含量
马铃薯浓缩蛋白	8.11	粗蛋白/%	17.00
磷酸氢钙	3.27	钙/%	1.10
玉米淀粉	2.51	总磷/%	0.80

育成牛全价饲料配方 26

原料名称	含量/%	原料名称	含量/%
高粱（GB1）	20.00	菜粕（GB2）	2.63
小麦（GB2）	10.00	牛预混料（1%）	1.00
大麦（裸 GB2）	10.00	细石粉	0.78
大麦（皮 GB1）	10.00	玉米淀粉	0.71
麦饭石	10.00	乳清粉	0.40
干蒸大麦酒糟（酒精副产品）	10.00	食盐	0.30
高粱	10.00	营养素名称	营养含量
马铃薯浓缩蛋白	7.03	粗蛋白/%	18.00
高蛋白啤酒酵母	3.91	钙/%	1.10
磷酸氢钙	3.24	总磷/%	0.80

育成牛全价饲料配方 27

原料名称	含量/%	原料名称	含量/%
玉米（GB2）	20.00	玉米（GB1）	1.43
棉粕（GB2）	14.03	牛预混料（1%）	1.00
稻谷（GB2）	10.00	细石粉	0.93
麦饭石	10.00	乳清粉	0.78
玉米淀粉	10.00	食盐	0.30
干蒸大麦酒糟（酒精副产品）	10.00	营养素名称	营养含量
高粱	10.00	粗蛋白/%	18.00
马铃薯浓缩蛋白	5.46	钙/%	1.10
磷酸氢钙	3.13	总磷/%	0.80
高蛋白啤酒酵母	2.94		

育成牛全价饲料配方 28

原料名称	含量/%	原料名称	含量/%
玉米（GB2）	20.00	高蛋白啤酒酵母	1.22
棉粕（GB2）	11.60	牛预混料（1%）	1.00
稻谷（GB2）	10.00	细石粉	0.89
麦饭石	10.00	乳清粉	0.81
玉米淀粉	10.00	食盐	0.30
干蒸大麦酒糟	10.00	营养素名称	营养含量
高粱	10.00	粗蛋白/%	17.00
马铃薯浓缩蛋白	6.66	钙/%	1.10
玉米（GB1）	4.31	总磷/%	0.80
磷酸氢钙	3.22		

育成牛全价饲料配方 29

原 料 名 称	含量/%	原 料 名 称	含量/%
玉米(GB2)	20.00	菜粕(GB2)	2.56
玉米(GB1)	11.71	牛预混料(1%)	1.00
稻谷(GB2)	10.00	乳清粉	0.88
麦饭石	10.00	细石粉	0.68
玉米淀粉	10.00	食盐	0.30
干蒸大麦酒糟	10.00	营养素名称	营养含量
高粱	10.00	粗蛋白/%	15.00
马铃薯浓缩蛋白	9.31	钙/%	1.10
磷酸氢钙	3.58	总磷/%	0.80

育成牛全价饲料配方 30

原 料 名 称	含量/%	原 料 名 称	含量/%
玉米(GB2)	42.61	牛预混料(1%)	1.00
稻谷(GB2)	10.00	乳清粉	0.94
麦饭石	10.00	细石粉	0.72
干蒸大麦酒糟(酒精副产品)	10.00	食盐	0.30
高粱	10.00	营养素名称	营养含量
马铃薯浓缩蛋白	8.14	粗蛋白/%	16.00
磷酸氢钙	3.56	钙/%	1.10
高蛋白啤酒酵母	2.73	总磷/%	0.80

育成牛全价饲料配方 31

原 料 名 称	含量/%	原 料 名 称	含量/%
玉米(GB2)	28.63	菜粕(GB2)	4.39
小麦麸(GB1)	10.00	磷酸氢钙	2.62
干蒸大麦酒糟(酒精副产品)	10.00	牛预混料(1%)	1.00
高粱	10.00	细石粉	0.86
马铃薯浓缩蛋白	6.66	乳清粉	0.55
米糠(GB2)	5.00	食盐	0.30
苜蓿草粉(GB1)	5.00	营养素名称	营养含量
玉米淀粉	5.00	粗蛋白/%	17.00
燕麦秸秆粉	5.00	钙/%	1.10
槐叶粉	5.00	总磷/%	0.80

育成牛全价饲料配方 32

原 料 名 称	含量/%	原 料 名 称	含量/%
玉米(GB2)	24.59	磷酸氢钙	2.40
小麦麸(GB1)	10.00	菜粕(GB2)	1.46
干蒸大麦酒糟(酒精副产品)	10.00	细石粉	1.00
高粱	10.00	牛预混料(1%)	1.00
棉粕(GB2)	8.48	乳清粉	0.54
马铃薯浓缩蛋白	5.23	食盐	0.30
米糠(GB2)	5.00	营养素名称	营养含量
苜蓿草粉(GB1)	5.00	粗蛋白/%	18.00
玉米淀粉	5.00	钙/%	1.10
燕麦秸秆粉	5.00	总磷/%	0.80
槐叶粉	5.00		

育成牛全价饲料配方 33

原 料 名 称	含量/%	原 料 名 称	含量/%
玉米(GB2)	49.17	细石粉	1.70
棉粕(GB2)	14.19	牛预混料(1%)	1.00
小麦麸(GB1)	10.00	食盐	0.30
高粱	10.00	营养素名称	营养含量
米糠(GB2)	5.00	粗蛋白/%	17.00
菜粕(GB2)	4.27	钙/%	1.10
马铃薯浓缩蛋白	2.37	总磷/%	0.80
磷酸氢钙	2.00		

育成牛全价饲料配方 34

原 料 名 称	含量/%	原 料 名 称	含量/%
玉米(GB2)	55.00	豆粕(GB1)	1.18
向日葵粕(部分去皮)	20.00	牛预混料(1%)	1.00
豌豆	10.00	食盐	0.30
麦饭石	5.00	营养素名称	营养含量
高蛋白啤酒酵母	2.29	粗蛋白/%	16.00
磷酸氢钙	2.00	钙/%	1.10
细石粉	1.86	总磷/%	0.52
黑小麦	1.37		

育成牛全价饲料配方 35

原 料 名 称	含量/%	原 料 名 称	含量/%
玉米(GB2)	55.00	豆粕(GB1)	1.18
向日葵粕(部分去皮)	16.64	牛预混料(1%)	1.00
豌豆	10.00	食盐	0.30
高蛋白啤酒酵母	7.02	营养素名称	营养含量
麦饭石	5.00	粗蛋白/%	18.00
磷酸氢钙	2.00	钙/%	1.10
细石粉	1.86	总磷/%	0.52

育成牛全价饲料配方 36

原 料 名 称	含量/%	原 料 名 称	含量/%
玉米(GB2)	44.33	牛预混料(1%)	1.00
麦芽根	20.00	食盐	0.27
玉米蛋白粉(50%CP)	10.57	赖氨酸(Lys)	0.11
DDGS——玉米溶浆蛋白	10.00	营养素名称	营养含量
麦饭石	10.00	粗蛋白%	18.00
磷酸氢钙	2.17	钙/%	1.10
细石粉	1.56	总磷/%	0.72

育成牛全价饲料配方 37

原 料 名 称	含量/%	原 料 名 称	含量/%
玉米(GB2)	50.46	牛预混料(1%)	1.00
豆粕(GB1)	15.16	食盐	0.26
DDGS——玉米溶浆蛋白	10.00	营养素名称	营养含量
麦饭石	10.00	粗蛋白/%	16.00
苜蓿草粉(GB1)	10.00	钙/%	1.10
磷酸氢钙	1.64	总磷/%	0.61
细石粉	1.48		

育成牛全价饲料配方 38

原 料 名 称	含量/%	原 料 名 称	含量/%
玉米(GB2)	47.93	牛预混料(1%)	1.00
豆粕(GB1)	17.72	食盐	0.26
DDGS——玉米溶浆蛋白	10.00	营养素名称	营养含量
麦饭石	10.00	粗蛋白%	17.00
苜蓿草粉(GB1)	10.00	钙/%	1.10
磷酸氢钙	1.63	总磷/%	0.62
细石粉	1.46		

育成牛全价饲料配方 39

原 料 名 称	含量/%	原 料 名 称	含量/%
玉米(GB2)	24.82	细石粉	1.50
棉粕(部分去皮)	20.00	牛预混料(1%)	1.00
高粱(GB1)	10.00	食盐	0.26
DDGS——玉米溶浆蛋白	10.00	赖氨酸(Lys)	0.07
麦饭石	10.00	营养素名称	营养含量
苜蓿草粉(GB1)	10.00	粗蛋白%	18.00
玉米蛋白粉(60%CP)	5.59	钙/%	1.10
稻谷(GB2)	5.00	总磷/%	0.55
磷酸氢钙	1.77		

育成牛全价饲料配方 40

原 料 名 称	含量/%	原 料 名 称	含量/%
玉米(GB2)	26.59	细石粉	1.50
棉粕(部分去皮)	20.00	牛预混料(1%)	1.00
高粱(GB1)	10.00	食盐	0.26
DDGS——玉米溶浆蛋白	10.00	赖氨酸(Lys)	0.08
麦饭石	10.00	营养素名称	营养含量
苜蓿草粉(GB1)	10.00	粗蛋白/%	17.00
稻谷(GB2)	5.00	钙/%	1.10
玉米蛋白粉(60%CP)	3.80	总磷/%	0.54
磷酸氢钙	1.77		

育成牛全价饲料配方 41

原 料 名 称	含量/%	原 料 名 称	含量/%
甘薯干(GB)	55.43	细石粉	0.67
麦芽根	22.00	食盐	0.45
花生粕(GB2)	16.33	营养素名称	营养含量
磷酸氢钙	2.11	粗蛋白/%	17.00
大豆浓缩蛋白	2.00	钙/%	1.00
牛预混料(1%)	1.00	总磷/%	0.70

育成牛全价饲料配方 42

原 料 名 称	含量/%	原 料 名 称	含量/%
甘薯干(GB)	58.90	细石粉	0.59
麦芽根	19.35	食盐	0.45
花生粕(GB2)	15.46	营养素名称	营养含量
磷酸氢钙	2.24	粗蛋白/%	16.00
大豆浓缩蛋白	2.00	钙/%	1.00
牛预混料(1%)	1.00	总磷/%	0.70

育成牛全价饲料配方 43

原 料 名 称	含量/%	原 料 名 称	含量/%
次粉（NY/T2）	20.00	磷酸氢钙	1.70
DDGS——玉米溶浆蛋白	20.00	细石粉	1.27
麦饭石	14.79	牛预混料（1%）	1.00
碎米	14.57	营养素名称	营养含量
花生粕（GB2）	12.51	粗蛋白/%	17.00
甘薯干（GB）	10.00	钙/%	1.00
小麦麸（GB1）	4.16	总磷/%	0.70

育成牛全价饲料配方 44

原 料 名 称	含量/%	原 料 名 称	含量/%
碎米	20.00	细石粉	1.40
麦芽根	20.00	牛预混料（1%）	1.00
次粉（NY/T2）	19.52	食盐	0.47
花生粕（GB2）	16.12	营养素名称	营养含量
甘薯干（GB）	10.00	粗蛋白/%	18.00
麦饭石	9.86	钙/%	1.00
磷酸氢钙	1.64	总磷/%	0.70

育成牛全价饲料配方 45

原 料 名 称	含量/%	原 料 名 称	含量/%
大麦（皮 GB1）	20.00	磷酸氢钙	1.67
碎米	20.00	细石粉	1.37
麦芽根	20.00	牛预混料（1%）	1.00
甘薯干（GB）	10.00	食盐	0.40
DDGS——玉米溶浆蛋白	8.78	营养素名称	营养含量
粉浆蛋白粉	8.11	粗蛋白/%	19.00
麦饭石	3.51	钙/%	1.00
荞麦	3.16	总磷/%	0.70
米糠	2.00		

育成牛全价饲料配方 46

原 料 名 称	含量/%	原 料 名 称	含量/%
大麦（皮 GB1）	20.00	磷酸氢钙	1.69
碎米	20.00	细石粉	1.35
麦芽根	20.00	牛预混料（1%）	1.00
甘薯干（GB）	10.00	食盐	0.40
DDGS——玉米溶浆蛋白	8.81	营养素名称	营养含量
粉浆蛋白粉	6.29	粗蛋白/%	18.00
荞麦	5.16	钙/%	1.00
麦饭石	3.30	总磷/%	0.70
米糠	2.00		

育成牛全价饲料配方 47

原 料 名 称	含量/%	原 料 名 称	含量/%
大麦（皮 GB1）	20.00	磷酸氢钙	1.72
碎米	20.00	细石粉	1.33
麦芽根	20.00	牛预混料（1%）	1.00
甘薯干（GB）	10.00	食盐	0.40
DDGS——玉米溶浆蛋白	8.83	营养素名称	营养含量
荞麦	7.16	粗蛋白/%	17.0
粉浆蛋白粉	4.47	钙/%	1.00
麦饭石	3.09	总磷/%	0.70
米糠	2.00		

育成牛全价饲料配方 48

原 料 名 称	含量/%	原 料 名 称	含量/%
大麦（皮 GB1）	20.00	磷酸氢钙	1.24
麦芽根	20.00	粉浆蛋白粉	1.05
荞麦	20.00	牛预混料（1%）	1.00
小麦麸（GB1）	14.52	食盐	0.40
甘薯干（GB）	10.00	营养素名称	营养含量
DDGS——玉米溶浆蛋白	7.65	粗蛋白/%	17.00
玉米蛋白粉（50%CP）	2.81	钙/%	0.90
细石粉	1.32	总磷/%	0.70

育成牛全价饲料配方 49

原 料 名 称	含量/%	原 料 名 称	含量/%
大麦（皮 GB1）	20.00	细石粉	1.31
麦芽根	20.00	磷酸氢钙	1.27
荞麦	20.00	牛预混料（1%）	1.00
小麦麸（GB1）	12.64	食盐	0.40
甘薯干（GB）	10.00	营养素名称	营养含量
DDGS——玉米溶浆蛋白	7.78	粗蛋白/%	18.00
粉浆蛋白粉	3.49	钙/%	0.90
玉米蛋白粉（50%CP）	2.11	总磷/%	0.70

育成牛全价饲料配方 50

原 料 名 称	含量/%	原 料 名 称	含量/%
小麦麸(GB1)	20.00	细石粉	1.24
荞麦	20.00	牛预混料(1%)	1.00
玉米(GB2)	17.27	食盐	0.40
苜蓿草粉(GB1)	11.49	营养素名称	营养含量
甘薯干(GB)	10.00	粗蛋白/%	18.00
粉浆蛋白粉	9.81	钙/%	1.00
DDGS——玉米溶浆蛋白	7.45	总磷/%	0.70
磷酸氢钙	1.34		

育成牛浓缩饲料配方 1

原 料 名 称	含量/%	原 料 名 称	含量/%
玉米蛋白粉(60%CP)	24.14	牛预混料(1%)	3.00
棉粕(GB1)	20.00	磷酸氢钙	1.29
棉粕(GB2)	20.00	食盐	0.40
膨润土	14.26	营养素名称	营养含量
葵粕(GB2)	7.51	粗蛋白/%	36.00
菜粕(GB2)	4.90	钙/%	2.00
细石粉	4.49	总磷/%	0.79

育成牛浓缩饲料配方 2

原 料 名 称	含量/%	原 料 名 称	含量/%
玉米蛋白粉(60%CP)	27.50	菜粕(GB2)	1.30
棉粕(GB1)	20.00	磷酸氢钙	1.19
棉粕(GB2)	20.00	食盐	0.40
小麦麸(GB1)	14.89	营养素名称	营养含量
膨润土	7.11	粗蛋白/%	36.90
细石粉	4.62	钙/%	2.00
牛预混料(1%)	3.00	总磷/%	0.82

育成牛浓缩饲料配方 3

原 料 名 称	含量/%	原 料 名 称	含量/%
玉米蛋白粉(60%CP)	24.14	牛预混料(1%)	3.00
棉粕(GB1)	20.00	磷酸氢钙	1.29
棉粕(GB2)	20.00	食盐	0.40
膨润土	14.26	营养素名称	营养含量
葵粕(GB2)	7.51	粗蛋白/%	36.00
菜粕(GB2)	4.90	钙/%	2.00
细石粉	4.49	总磷/%	0.79

育成牛浓缩饲料配方 4

原料名称	含量/%	原料名称	含量/%
玉米蛋白粉（60%CP）	24.79	磷酸氢钙	1.24
棉粕（GB1）	20.00	麦饭石	0.43
棉粕（GB2）	20.00	食盐	0.40
膨润土	15.00	营养素名称	营养含量
菜粕（GB2）	8.06	粗蛋白/%	36.20
细石粉	4.50	钙/%	2.00
牛预混料（1%）	3.00	总磷/%	0.78
葵粕（GB2）	2.59		

育成牛浓缩饲料配方 5

原料名称	含量/%	原料名称	含量/%
玉米蛋白粉（60%CP）	26.30	牛预混料（1%）	3.00
棉粕（GB1）	20.00	磷酸氢钙	1.20
棉粕（GB2）	20.00	食盐	0.40
膨润土	11.62	营养素名称	营养含量
小麦麸（GB1）	7.38	粗蛋白/%	36.60
菜粕（GB2）	5.54	钙/%	2.00
细石粉	4.56	总磷/%	0.80

青年牛全价饲料配方 6

原料名称	原料价格/（元/吨）	含量/%	原料名称	原料价格/（元/吨）	含量/%
葵粕（GB2）	1400.00	24.87	磷酸氢钙	4500.00	1.41
玉米蛋白粉（60%CP）	3200.00	20.44	食盐	700.00	0.40
棉粕（GB1）	2000.00	20.00	配方成本	1956.55	
棉粕（GB2）	2300.00	15.79	营养素名称	营养含量	
膨润土	300.00	9.67	粗蛋白/%	35.00	
细石粉	140.00	4.43	钙/%	2.00	
牛预混料（1%）	3000.00	3.00	总磷/%	0.85	

育成牛浓缩饲料配方 7

原料名称	含量/%	原料名称	含量/%
玉米蛋白粉（60%CP）	24.31	牛预混料（1%）	3.00
棉粕（GB1）	20.00	磷酸氢钙	1.25
米糠（GB2）	15.00	食盐	0.40
棉粕（GB2）	12.51	营养素名称	营养含量
菜粕（GB2）	10.94	粗蛋白/%	35.00
膨润土	8.11	钙/%	2.00
细石粉	4.47	总磷/%	0.93

育成牛浓缩饲料配方 8

原 料 名 称	含量/%	原 料 名 称	含量/%
玉米蛋白粉(60%CP)	25.80	牛预混料(1%)	3.00
棉粕(GB1)	20.00	磷酸氢钙	1.27
棉粕(GB2)	20.00	食盐	0.40
膨润土	13.27	营养素名称	营养含量
菜粕(GB2)	5.88	粗蛋白/%	36.00
米糠(GB2)	5.86	钙/%	2.00
细石粉	4.52	总磷/%	0.82

育成牛浓缩饲料配方 9

原 料 名 称	含量/%	原 料 名 称	含量/%
玉米蛋白粉(60%CP)	27.50	菜粕(GB2)	1.30
棉粕(GB1)	20.00	磷酸氢钙	1.19
棉粕(GB2)	20.00	食盐	0.40
小麦麸(GB1)	14.89	营养素名称	营养含量
膨润土	7.11	粗蛋白/%	36.90
细石粉	4.62	钙/%	2.00
牛预混料(1%)	3.00	总磷/%	0.82

育成牛浓缩饲料配方 10

原 料 名 称	含量/%	原 料 名 称	含量/%
玉米蛋白粉(50%CP)	20.00	磷酸氢钙	1.58
花生粕(GB1)	20.00	大豆油	1.00
葵粕(GB2)	20.00	食盐	0.40
豆粕(GB1)	15.00	营养素名称	营养含量
花生粕(GB2)	10.42	粗蛋白/%	35.00
细石粉	4.81	钙/%	2.20
麦饭石	3.79	总磷/%	0.77
牛预混料(1%)	3.00		

育成牛浓缩饲料配方 11

原 料 名 称	含量/%	原 料 名 称	含量/%
玉米蛋白粉(50%CP)	20.00	磷酸氢钙	1.55
花生粕(GB1)	20.00	大豆油	1.00
葵粕(GB2)	20.00	食盐	0.40
豆粕(GB1)	15.00	营养素名称	营养含量
花生粕(GB2)	11.46	粗蛋白/%	35.50
细石粉	4.82	钙/%	2.20
牛预混料(1%)	3.00	总磷/%	0.77
麦饭石	2.76		

育成牛浓缩饲料配方 12

原 料 名 称	含量/%	原 料 名 称	含量/%
玉米蛋白粉(50%CP)	20.00	磷酸氢钙	1.53
花生粕(GB1)	20.00	大豆油	1.00
葵粕(GB2)	20.00	食盐	0.40
豆粕(GB1)	15.00	营养素名称	营养含量
花生粕(GB2)	12.51	粗蛋白/%	36.00
细石粉	4.82	钙/%	2.20
牛预混料(1%)	3.00	总磷/%	0.77
麦饭石	1.73		

育成牛浓缩饲料配方 13

原 料 名 称	含量/%	原 料 名 称	含量/%
玉米蛋白粉(50%CP)	20.00	大豆油	1.00
花生粕(GB1)	20.00	麦饭石	0.71
葵粕(GB2)	20.00	食盐	0.40
豆粕(GB1)	15.00	营养素名称	营养含量
花生粕(GB2)	13.56	粗蛋白/%	36.50
细石粉	4.83	钙/%	2.20
牛预混料(1%)	3.00	总磷/%	0.77
磷酸氢钙	1.51		

育成牛浓缩饲料配方 14

原 料 名 称	含量/%	原 料 名 称	含量/%
玉米蛋白粉(50%CP)	20.00	磷酸氢钙	1.65
棉粕(GB2)	20.00	大豆油	1.00
葵粕(GB2)	20.00	食盐	0.40
玉米蛋白粉(60%CP)	15.07	营养素名称	营养含量
豆粕(GB1)	15.00	粗蛋白/%	39.50
细石粉	2.83	钙/%	1.50
葵粕(GB2)	2.06	总磷/%	0.87
牛预混料(1%)	2.00		

育成牛浓缩饲料配方 15

原 料 名 称	含量/%	原 料 名 称	含量/%
玉米蛋白粉(50%CP)	20.00	磷酸氢钙	1.65
棉粕(GB2)	20.00	大豆油	1.00
葵粕(GB2)	20.00	食盐	0.40
豆粕(GB1)	15.00	营养素名称	营养含量
葵粕(GB2)	11.44	粗蛋白/%	37.00
玉米蛋白粉(60%CP)	5.74	钙/%	1.50
细石粉	2.77	总磷/%	0.93
牛预混料(1%)	2.00		

育成牛浓缩饲料配方 16

原 料 名 称	含量/%	原 料 名 称	含量/%
玉米蛋白粉(50%CP)	20.00	磷酸氢钙	1.65
棉粕(GB2)	20.00	大豆油	1.00
葵粕(GB2)	20.00	食盐	0.40
豆粕(GB1)	15.00	营养素名称	营养含量
葵粕(GB2)	13.32	粗蛋白/%	36.50
玉米蛋白粉(60%CP)	3.87	钙/%	1.50
细石粉	2.76	总磷/%	0.95
牛预混料(1%)	2.00		

育成牛浓缩饲料配方 17

原 料 名 称	含量/%	原 料 名 称	含量/%
玉米蛋白粉(50%CP)	20.00	磷酸氢钙	1.65
棉粕(GB2)	20.00	大豆油	1.00
葵粕(GB2)	20.00	食盐	0.40
葵粕(GB2)	15.20	营养素名称	营养含量
豆粕(GB1)	15.00	粗蛋白/%	36.00
细石粉	2.75	钙/%	1.50
玉米蛋白粉(60%CP)	2.01	总磷/%	0.96
牛预混料(1%)	2.00		

育成牛浓缩饲料配方 18

原 料 名 称	含量/%	原 料 名 称	含量/%
玉米蛋白粉(50%CP)	20.00	大豆油	1.00
棉粕(GB2)	20.00	食盐	0.40
葵粕(GB2)	20.00	玉米蛋白粉(60%CP)	0.14
葵粕(GB2)	17.07	营养素名称	营养含量
豆粕(GB1)	15.00	粗蛋白/%	35.50
细石粉	2.74	钙/%	1.50
牛预混料(1%)	2.00	总磷/%	0.97
磷酸氢钙	1.65		

育成牛浓缩饲料配方 19

原 料 名 称	含量/%	原 料 名 称	含量/%
葵粕(GB2)	20.00	牛预混料(1%)	2.00
棉粕(GB2)	20.00	磷酸氢钙	1.20
葵粕(GB2)	20.00	大豆油	1.00
豆粕(GB1)	15.00	食盐	0.40
菜粕(GB1)	10.00	营养素名称	营养含量
菜粕(GB2)	4.11	粗蛋白/%	35.00
棉粕(GB1)	3.55	钙/%	1.50
细石粉	2.74	总磷/%	1.03

育成牛浓缩饲料配 20

原 料 名 称	含量/%	原 料 名 称	含量/%
棉粕(GB1)	20.00	磷酸氢钙	1.17
葵粕(GB2)	20.00	大豆油	1.00
葵粕(GB2)	17.03	食盐	0.40
豆粕(GB1)	15.00	营养素名称	营养含量
棉粕(GB2)	10.60	粗蛋白/%	35.50
菜粕(GB2)	10.00	钙/%	1.50
细石粉	2.81	总磷/%	1.02
牛预混料(1%)	2.00		

育成牛浓缩饲料配方 21

原 料 名 称	含量/%	原 料 名 称	含量/%
棉粕(GB1)	20.00	磷酸氢钙	1.08
葵粕(GB2)	20.00	大豆油	1.00
棉粕(GB2)	18.77	食盐	0.40
豆粕(GB1)	15.00	营养素名称	营养含量
菜粕(GB2)	10.00	粗蛋白/%	36.00
葵粕(GB2)	8.88	钙/%	1.50
细石粉	2.86	总磷/%	1.00
牛预混料(1%)	2.00		

育成牛浓缩饲料配方 22

原 料 名 称	含量/%	原 料 名 称	含量/%
棉粕(GB1)	20.00	磷酸氢钙	1.06
棉粕(GB2)	20.00	大豆油	1.00
豆粕(GB1)	15.00	食盐	0.40
葵粕(GB2)	14.38	营养素名称	营养含量
葵粕(GB2)	13.28	粗蛋白/%	36.50
菜粕(GB2)	10.00	钙/%	1.50
细石粉	2.87	总磷/%	1.00
牛预混料(1%)	2.00		

育成牛浓缩饲料配方 23

原 料 名 称	用量/千克	原 料 名 称	用量/千克
棉粕(GB1)	200.00	磷酸氢钙	10.41
棉粕(GB2)	200.00	大豆油	10.00
葵粕(GB2)	199.02	食盐	4.00
豆粕(GB1)	150.00	营养素名称	营养含量
菜粕(GB2)	100.00	粗蛋白/%	37.00
葵粕(GB2)	77.78	钙/%	1.50
细石粉	28.79	总磷/%	1.02
牛预混料(1%)	20.00		

育成牛浓缩饲料配方 24

原 料 名 称	用量/千克	原 料 名 称	用量/千克
棉粕(GB1)	200.00	大豆油	10.00
葵粕(GB2)	200.00	磷酸氢钙	9.46
棉粕(GB2)	200.00	食盐	4.00
豆粕(GB1)	153.54	营养素名称	营养含量
菜粕(GB1)	100.00	粗蛋白/%	37.50
菜粕(GB2)	74.47	钙/%	1.50
细石粉	28.53	总磷/%	1.01
牛预混料(1%)	20.00		

育成牛浓缩饲料配方 25

原 料 名 称	用量/千克	原 料 名 称	用量/千克
棉粕(GB1)	200.00	牛预混料(1%)	20.00
棉粕(GB2)	200.00	大豆油	10.00
菜粕(GB1)	200.00	磷酸氢钙	9.03
豆粕(GB1)	150.00	食盐	4.00
菜粕(GB2)	100.00	营养素名称	营养含量
细石粉	47.69	粗蛋白/%	35.50
DDGS——玉米溶浆蛋白	37.91	钙/%	2.20
麦饭石	21.37	总磷/%	0.92

育成牛浓缩饲料配方 26

原 料 名 称	用量/千克	原 料 名 称	用量/千克
棉粕(GB1)	200.00	大豆油	10.00
棉粕(GB2)	200.00	磷酸氢钙	9.03
菜粕(GB1)	200.00	麦饭石	5.22
豆粕(GB1)	150.00	食盐	4.00
菜粕(GB2)	100.00	营养素名称	营养含量
DDGS——玉米溶浆蛋白	54.25	粗蛋白/%	36.00
细石粉	47.50	钙/%	2.20
牛预混料(1%)	20.00	总磷/%	0.93

育成牛浓缩饲料配方 27

原 料 名 称	用量/千克	原 料 名 称	用量/千克
棉粕（GB1）	200.00	牛预混料（1%）	20.00
棉粕（GB2）	200.00	大豆油	10.00
菜粕（GB1）	200.00	磷酸氢钙	9.03
豆粕（GB1）	150.00	食盐	4.00
菜粕（GB2）	100.00	营养素名称	营养含量
细石粉	47.89	粗蛋白/%	35.00
麦饭石	37.51	钙/%	2.20
DDGS——玉米溶浆蛋白	21.57	总磷/%	0.91

育成牛浓缩饲料配方 28

原 料 名 称	用量/千克	原 料 名 称	用量/千克
小麦麸（GB1）	200.00	细石粉	40.00
棉粕（GB2）	200.00	磷酸氢钙	20.00
棉粕（去皮）	106.98	食盐	4.00
菜粕（GB2）	100.00	营养素名称	营养含量
葵粕（GB2）	100.00	粗蛋白/%	31.00
玉米蛋白粉（50%CP）	100.00	钙/%	2.01
豆粕（GB1）	80.80	总磷/%	1.00
大麦（皮 GB1）	48.22		

育成牛浓缩饲料配方 29

原 料 名 称	用量/千克	原 料 名 称	用量/千克
小麦麸（GB1）	200.00	磷酸氢钙	20.00
棉粕（GB2）	200.00	大麦（皮 GB1）	16.75
棉粕（去皮）	121.43	食盐	4.00
菜粕（GB2）	100.00	营养素名称	营养含量
葵粕（GB2）	100.00	粗蛋白/%	32.00
玉米蛋白粉（50%CP）	100.00	钙/%	2.02
豆粕（GB1）	97.83	总磷/%	1.00
细石粉	40.00		

育成牛浓缩饲料配方 30

原 料 名 称	用量/千克	原 料 名 称	用量/千克
小麦麸(GB1)	200.00	磷酸氢钙	20.00
棉粕(GB2)	200.00	大麦(皮 GB1)	16.75
棉粕(去皮)	121.43	食盐	4.00
菜粕(GB2)	100.00	营养素名称	营养含量
葵粕(GB2)	100.00	粗蛋白/%	32.00
玉米蛋白粉(50%CP)	100.00	钙/%	2.02
豆粕(GB1)	97.83	总磷/%	1.00
细石粉	40.00		

育成牛浓缩饲料配方 31

原 料 名 称	用量/千克	原 料 名 称	用量/千克
棉粕(GB1)	191.81	磷酸氢钙	30.00
棉粕(GB2)	162.91	大豆油	10.00
小麦麸(GB1)	100.00	食盐	5.00
菜粕(GB2)	100.00	赖氨酸(Lys)	1.58
葵粕(GB2)	100.00	营养素名称	营养含量
玉米蛋白粉(50%CP)	100.00	粗蛋白/%	32.00
向日葵粕(部分去皮)	100.00	钙/%	2.50
DDGS——玉米溶浆蛋白	50.00	总磷/%	1.00
细石粉	48.70		

育成牛浓缩饲料配方 32

原 料 名 称	用量/千克	原 料 名 称	用量/千克
棉粕(GB2)	200.00	磷酸氢钙	21.38
葵粕(GB2)	200.00	牛预混料(1%)	10.00
玉米蛋白粉(50%CP)	200.00	食盐	4.00
小麦麸(GB1)	100.00	营养素名称	营养含量
菜粕(GB2)	100.00	粗蛋白/%	33.00
豆粕	73.87	钙/%	2.08
DDGS——玉米溶浆蛋白	50.00	总磷/%	1.03
细石粉	40.76		

育成牛浓缩饲料配方 33

原 料 名 称	用量/千克	原 料 名 称	用量/千克
棉粕（GB2）	200.00	磷酸氢钙	21.79
葵粕（GB2）	200.00	牛预混料（1%）	10.00
玉米蛋白粉（50%CP）	200.00	豆粕（GB1）	5.98
菜粕（GB2）	100.00	食盐	4.00
豆粕	100.00	营养素名称	营养含量
小麦麸（GB1）	68.24	粗蛋白/%	34.00
DDGS——玉米溶浆蛋白	50.00	钙/%	2.06
细石粉	40.00	总磷/%	1.01

育成牛浓缩饲料配方 34

原 料 名 称	用量/千克	原 料 名 称	用量/千克
菜粕（GB2）	200.00	牛预混料（1%）	10.00
葵粕（GB2）	200.00	食盐	4.00
玉米蛋白粉（50%CP）	200.00	营养素名称	营养含量
棉粕（GB2）	189.79	粗蛋白/%	34.00
DDGS——玉米溶浆蛋白	135.75	钙/%	2.12
细石粉	40.00	总磷/%	1.07
磷酸氢钙	20.46		

育成牛浓缩饲料配方 35

原 料 名 称	用量/千克	原 料 名 称	用量/千克
菜粕（GB2）	200.00	牛预混料（1%）	10.00
葵粕（GB2）	200.00	食盐	5.00
玉米蛋白粉（50%CP）	200.00	赖氨酸（Lys）	0.69
DDGS——玉米溶浆蛋白	173.90	营养素名称	营养含量
棉粕（GB2）	138.80	粗蛋白/%	33.00
细石粉	50.10	钙/%	2.50
磷酸氢钙	21.51	总磷/%	1.07

育成牛浓缩饲料配方 36

原 料 名 称	用量/千克	原 料 名 称	用量/千克
棉粕（GB2）	200.00	细石粉	35.86
菜粕（GB2）	200.00	磷酸氢钙	17.52
葵粕（GB2）	200.00	营养素名称	营养含量
豆粕（GB1）	100.00	粗蛋白/%	32.00
DDGS——玉米溶浆蛋白	100.00	钙/%	2.00
小麦麸（GB1）	96.63	总磷/%	1.09
槐叶粉	50.00		

育成牛浓缩饲料配方 37

原 料 名 称	用量/千克	原 料 名 称	用量/千克
棉粕(GB2)	200.00	牛预混料(1%)	30.00
菜粕(GB2)	200.00	小麦麸(GB1)	27.97
葵粕(GB2)	200.00	磷酸氢钙	20.00
DDGS——玉米溶浆蛋白	100.00	食盐	4.00
豆粕(GB1)	78.03	营养素名称	营养含量
玉米蛋白粉(50%CP)	50.00	粗蛋白/%	32.00
槐叶粉	50.00	钙/%	2.19
细石粉	40.00	总磷/%	1.07

育成牛浓缩饲料配方 38

原 料 名 称	用量/千克	原 料 名 称	用量/千克
葵粕(GB2)	200.00	牛预混料(1%)	30.00
棉粕(GB2)	200.00	磷酸氢钙	19.38
玉米蛋白粉(60%CP)	145.91	赖氨酸(Lys)	4.00
花生粕(GB2)	101.26	营养素名称	营养含量
米糠(GB2)	100.00	粗蛋白/%	34.00
米糠粕(GB1)	100.00	钙/%	2.00
葵粕(GB2)	58.79	总磷/%	1.20
细石粉	40.66		

育成牛浓缩饲料配方 39

原 料 名 称	用量/千克	原 料 名 称	用量/千克
葵粕(GB2)	200.00	牛预混料(1%)	30.00
棉粕(GB2)	200.00	磷酸氢钙	18.83
花生粕(GB2)	157.45	赖氨酸(Lys)	4.00
米糠(GB2)	100.00	营养素名称	营养含量
米糠粕(GB1)	100.00	粗蛋白/%	33.00
玉米蛋白粉(60%CP)	85.83	钙/%	2.00
葵粕(GB2)	63.25	总磷/%	1.20
细石粉	40.66		

育成牛浓缩饲料配方 40

原料名称	用量/千克	原料名称	用量/千克
葵粕(GB2)	200.00	花生粕(GB2)	20.40
棉粕(GB2)	200.00	磷酸氢钙	19.50
葵粕(GB2)	200.00	大豆油	10.00
玉米蛋白粉(60%CP)	84.24	赖氨酸(Lys)	4.00
菜粕(GB2)	72.58	营养素名称	营养含量
米糠(GB2)	60.00	粗蛋白/%	32.00
米糠粕(GB1)	60.00	钙/%	2.00
细石粉	39.28	总磷/%	1.20
牛预混料(1%)	30.00		

育成牛浓缩饲料配方 41

原料名称	用量/千克	原料名称	用量/千克
葵粕(GB2)	200.00	牛预混料(1%)	30.00
葵粕(GB2)	194.75	磷酸氢钙	20.00
棉粕(GB1)	137.74	大豆油	10.00
棉粕(GB2)	126.95	赖氨酸(Lys)	4.00
玉米蛋白粉(60%CP)	116.61	营养素名称	营养含量
米糠(GB2)	60.00	粗蛋白/%	33.00
米糠粕(GB1)	60.00	钙/%	2.00
细石粉	39.96	总磷/%	1.20

育成牛浓缩饲料配方 42

原料名称	用量/千克	原料名称	用量/千克
棉粕(GB1)	200.00	棉粕(GB2)	27.13
葵粕(GB2)	200.00	磷酸氢钙	18.95
葵粕(GB2)	152.81	大豆油	10.00
玉米蛋白粉(60%CP)	135.82	赖氨酸(Lys)	4.00
菜粕(GB2)	61.44	营养素名称	营养含量
米糠(GB2)	60.00	粗蛋白/%	34.00
米糠粕(GB1)	60.00	钙/%	2.00
细石粉	39.86	总磷/%	1.20
牛预混料(1%)	30.00		

育成牛浓缩饲料配方 43

原 料 名 称	用量/千克	原 料 名 称	用量/千克
花生粕(GB1)	200.00	牛预混料(1%)	30.00
葵粕(GB2)	200.00	磷酸氢钙	17.83
花生粕(GB2)	188.47	贝壳粉	1.12
米糠粕(GB1)	150.00	营养素名称	营养含量
米糠(GB2)	128.37	粗蛋白/%	32.00
玉米蛋白粉(60%CP)	44.21	钙/%	2.00
细石粉	40.00	总磷/%	1.20

育成牛浓缩饲料配方 44

原 料 名 称	用量/千克	原 料 名 称	用量/千克
花生粕(GB1)	200.00	牛预混料(1%)	30.00
葵粕(GB2)	200.00	磷酸氢钙	18.25
米糠粕(GB1)	150.00	贝壳粉	1.12
花生粕(GB2)	139.77	营养素名称	营养含量
米糠(GB2)	126.18	粗蛋白/%	33.00
玉米蛋白粉(60%CP)	94.68	钙/%	2.00
细石粉	40.00	总磷/%	1.20

育成牛浓缩饲料配方 45

原 料 名 称	用量/千克	原 料 名 称	用量/千克
花生粕(GB1)	200.00	牛预混料(1%)	30.00
葵粕(GB2)	200.00	磷酸氢钙	18.54
米糠粕(GB1)	150.00	贝壳粉	1.15
玉米蛋白粉(60%CP)	137.01	营养素名称	营养含量
米糠(GB2)	115.36	粗蛋白/%	34.00
花生粕(GB2)	77.75	钙/%	2.00
细石粉	40.00	总磷/%	1.20
棉粕(GB2)	30.20		

育成牛浓缩饲料配方 46

原 料 名 称	用量/千克	原 料 名 称	用量/千克
花生粕(GB1)	200.00	磷酸氢钙	17.31
葵粕(GB2)	200.00	棉粕(GB2)	7.80
花生粕(GB2)	200.00	贝壳粉	1.30
米糠粕(GB1)	150.00	营养素名称	营养含量
米糠(GB2)	119.12	粗蛋白/%	34.00
玉米蛋白粉(60%CP)	64.48	钙/%	2.00
细石粉	40.00	总磷/%	1.20

育成牛浓缩饲料配方 47

原料名称	用量/千克	原料名称	用量/千克
花生粕(GB1)	200.00	磷酸氢钙	16.80
葵粕(GB2)	200.00	贝壳粉	1.31
花生粕(GB2)	200.00	营养素名称	营养含量
米糠粕(GB1)	133.18	粗蛋白/%	33.00
米糠(GB2)	117.82	钙/%	2.00
棉粕(GB2)	90.88	总磷/%	1.20
细石粉	40.00		

育成牛浓缩饲料配方 48

原料名称	用量/千克	原料名称	用量/千克
葵粕(GB2)	200.00	磷酸氢钙	18.04
花生粕(GB1)	200.00	贝壳粉	0.47
花生粕(GB2)	198.41	营养素名称	营养含量
米糠(GB2)	150.00	粗蛋白/%	32.00
葵粕(GB2)	103.62	钙/%	2.00
米糠粕(GB1)	89.47	总磷/%	1.20
细石粉	40.00		

育成牛浓缩饲料配方 49

原料名称	用量/千克	原料名称	用量/千克
花生粕(GB1)	200.00	牛预混料(1%)	30.00
葵粕(GB2)	200.00	磷酸氢钙	17.83
花生粕(GB2)	188.47	贝壳粉	1.12
米糠粕(GB1)	150.00	营养素名称	营养含量
米糠(GB2)	128.37	粗蛋白/%	32.00
玉米蛋白粉(60%CP)	44.21	钙/%	2.00
细石粉	40.00	总磷/%	1.20

育成牛浓缩饲料配方 50

原料名称	含量/%	原料名称	含量/%
花生粕(GB1)	20.00	牛预混料(1%)	3.00
葵粕(GB2)	20.00	磷酸氢钙	1.28
米糠(GB2)	15.00	贝壳粉	0.43
花生粕(GB2)	14.04	营养素名称	营养含量
米糠粕(GB1)	11.64	粗蛋白/%	29.00
葵粕(GB2)	10.60	钙/%	2.00
细石粉	4.00	总磷/%	1.11

第五章　青年牛的饲料配制及配方实例

第一节　青年牛的饲养管理要点

正在生长发育的青年公牛，习惯上也称之为后备种公牛。青年公牛处于生长发育较快的阶段，体重增加快，机体组成变化明显，此阶段生长发育是否正常直接关系到今后的种用价值，因此应给予科学合理的饲养管理。

一、青年公牛的饲养管理

1. 青年公牛的饲养

青年公牛饲养的好坏直接影响其正常的生长发育、体型结构和种用价值以及整个牛群的质量。但在实际生产中，由于青年公牛不产生直接的经济效益，而且体质健康，不像犊牛易患病，因而往往对青年公牛的饲养重视程度不够，较为粗放。青年公牛的培育虽然可以比犊牛的培育粗放一些，但决不能太过于粗心大意，应引起足够的重视。在青年期进行精心饲养，不仅可以获得较快的增重速度，而且可使青年牛得到良好的生长发育。

青年公牛的生长比青年母牛快，因此所需的营养物质较多，特别需要以精料的形式提供能量，以促进其迅速的生长和性欲的发展。青年公牛的日粮搭配要完善，喂给的精、粗饲料品质要优良，保证蛋白质、矿物质及脂溶性维生素，特别是维生素 A 的供应，不允许使用抗生素和激素类药物，以免影响性器官的正常发育。如饲养过于粗放、营养水平过低会延迟青年公牛性成熟的到来，并导致生产品质低劣的精液。因此对青年公牛除给予充足的精料外，还应喂给优质的青粗饲料，并控制喂给量，防止形成草腹或垂腹。最好选用优质青干草饲喂。青贮饲料不宜多喂，周岁内青贮饲料的日喂量是其月龄数乘以 0.5 千克，周岁以上的日喂量上限为 8 千克。青年公牛日粮中精、粗饲料的比例要根据粗饲料的品种和质量来确定。以青草为主时，精、粗料的比例为 55∶45；以干草为主时，精、粗料的比例为 60∶40。在饲喂豆科或禾本科优质粗饲料的情况下，对于周岁公牛而言日粮中粗蛋白的含量应以不低于 12% 为宜，干物质摄入量应为其体重的 2%～3%。如果营养不足，会使性成熟期延迟，影响生长，降低精液品质。

2. 青年公牛的管理

（1）分群　青年公牛和青年母牛应分群单槽饲喂与管理。青年公牛和青年母牛的生长发育特点有所不同，对饲养管理的条件和需求也不同。并且性成熟的青年公牛和母牛混养，会互相干扰影响生长发育。

（2）穿鼻带环　为了便于管理，青年公牛年龄达到 10～12 月龄时应进行穿鼻带环。穿鼻时将牛保定之后，用碘酒消毒穿鼻部位和穿鼻钳，然后从鼻中隔正直穿过，之后塞进皮管或木棍，以免伤口长闭。伤口愈合后先带小鼻环，以后随着年龄的增加，可更换较大的鼻环。

（3）刷拭　青年公牛上槽后每天进行 1～2 次刷拭牛体，以保证牛体的清洁卫生和健康。同时也利于做到人和牛的亲和，防止发生恶癖。

（4）按摩睾丸　每日按摩睾丸 1 次，每次 5～10 分钟，可促进睾丸的发育和改善精液品质。

（5）试采精　青年公牛月龄达到 12～14 月龄后应试采精。开始时从每月 1～2 次采精，逐渐增加到 18 月龄后每周采精 1～2 次，检查采精量和精子品质，并试配一些母牛，观察后代有无遗传缺陷之后决定是否留作种用。

（6）加强运动　青年公牛每天上下午各进行 1 次舍外运动，每次 1.5～2.0 小时，行走距离约为 4 千米。通过运动不仅促进新陈代谢，强壮肌肉，防止过肥，并能提高性欲和精液品质。

（7）防疫注射　定期对青年公牛进行防疫注射，防止传染病的发生。

（8）防暑和防寒　炎热的南方地区要注意夏季防暑工作，寒冷的北方地区要注意冬季防寒工作。

二、青年母牛的饲养管理

青年期是母牛的骨骼、肌肉发育最快时期，体型变化大。此外，消化器官中瘤胃的发育迅速，随着年龄的增长，瘤胃功能日趋完善，12月龄左右接近成年水平。一般在18月龄左右，体重为成年体重的70％时可配种。

1. 青年母牛的饲养

在不同的年龄阶段，其生长发育特点和消化能力都有所不同。因此，在饲养方法上也有所区别。

（1）13月龄至初次妊娠　此阶段青年母牛消化器官容积增大，已接近成熟，消化能力增强，生殖器官和卵巢的内分泌功能更趋健全，若正常发育，在16～18月龄时体重可达成年母牛的70％～75％，生长强度渐渐进入递减阶段，无妊娠负担，更无产奶负担。

此阶段饲喂优质青粗饲料基本上就能满足营养的需要。因此，日粮应以青粗料为主，这样不仅能满足营养需要，而且还能促进消化器官的进一步生长发育。一般优质青贮料的日喂量为每100千克体重5千克。

（2）初次妊娠到第1次分娩　此阶段生长缓慢下来，体躯显著地向宽深发展，在丰富的饲养条件下容易在体内沉积过多的脂肪，导致牛体过肥，造成不孕或难产。

此阶段的前期日粮仍以优质青贮料为主，但要多样化、全价性，从而保证胎儿的正常发育。到妊娠最后2～3个月，由于体内胎儿生长迅速，一方面营养需要增多；另一方面，也要求日粮体积要小，以免压迫胎儿。因此，要提高营养浓度，即减少粗料、增加精料，可每日补充2～3千克精料。精料与粗料比以（25％～30％）∶（70％～75％）为宜。如有放牧条件，则应以放牧为主，在良好的放牧地上放牧，精料可减少30％～50％，放牧回来后，如未吃饱，仍应补喂一些精料和干草或青绿多汁饲料。

2. 青年母牛的管理

（1）分群 性成熟之前分群，最好不要超过 7 月龄，以免早配，影响生长发育。并按年龄、体重大小分群，月龄差异最好不要超过 1.5～2 个月，活重不要超过 25～30 千克。

（2）制订生长计划 根据不同品种、年龄的生长发育特点，以及饲草、饲料的储备状况，确定不同日龄的日增重幅度。

（3）转群 根据年龄、发育情况，按时转群。一般在 12 月龄、18 月龄、初配定胎后进行 3 次转群。同时进行称重和体尺测量，对于达不到正常生长发育要求的进行淘汰。

（4）加强运动 在舍饲条件下，每天至少要运动 2 小时左右。这对保持青年母牛的健康和提高繁殖性能有重要意义。

（5）刷拭 为了保持牛体清洁，促进皮肤代谢和养成温驯的气质，每天刷拭 1～2 次，每次约 5 分钟。

（6）按摩乳房 从开始配种起，每天上槽后用热毛巾按摩乳房 1～2 分钟，以促进乳房的生长发育。按摩进行到该牛乳房开始出现妊娠性生理水肿为止，到产前 1～2 月停止按摩。

（7）初配 在 18 月龄左右根据生长发育情况决定是否参加配种。初配前 1 个月应注意观察青年母牛的发情日期，以便在以后的 1～2 个发情期内进行配种。

（8）防寒、防暑 炎热地区夏天做好防暑工作，冬季气温低于 −13℃ 的地区做好防寒工作。受到热应激后牛的繁殖力大幅下降。持续高温时胎儿的生长受到抑制，配种后 32℃ 温度持续 72 小时则牛无法妊娠。还能影响处女牛的初情期。

三、妊娠母牛的饲养管理

1. 妊娠母牛的饲养

犊牛初生重的大小对生后的生长和育肥影响甚大，提高犊牛初生重必须从母牛抓起。妊娠母牛的营养需要和胎儿的生长有着直接关系。胎儿的增重主要在妊娠后期，此时需要从母体供给大量的营养。若胚胎期胎儿生长发育不良，出生后则难以补偿，造成增重速度减慢，饲养成本增加。

妊娠后，前 6 个月胚胎生长发育较慢，胎儿各组织器官处于分化形成阶段，不必额外增加过多营养，但要保证日粮的全价性。应以优质青干草及青贮料为主，添加适当的精料和青绿多汁料，尤其是满足矿物元素和维生素 A、维生素 D、维生素 E 的需要量。

妊娠最后 2～3 个月胎儿增重加快，胎儿的骨骼、肌肉、皮肤等生长最快，需要大量的营养物质，其中蛋白质和矿物质的供给尤为重要。如营养不足，就会使犊牛体高增长受阻，身体虚弱，这样的犊牛初生重小，食欲差，发育慢，而且常易患病。在怀孕最后 3 个月，胎儿的增重占犊牛初生重的 75％以上。同时，母体也需要储存一定的营养物质，以供分娩后泌乳所需。因此，饲养上应增加精料量，多供给蛋白质含量高的饲料。对于放牧的妊娠母牛，应选择优质草场，延长放牧时间，放牧后对妊娠后期的母牛每天补饲1～2 千克的精料。

分娩前母牛饲养应采取以优质干草为主，逐渐增加精料的方法，对体弱的临产牛可适当增加喂量，对过肥的临产母牛可适当减少喂量。分娩前 2 周，通常给混合精料 2～3 千克。临产前 7 天，可酌情多喂些精料，其喂量应逐渐增加，但最大喂量不宜超过母牛体重的 1％。这有助于母牛适应产后泌乳和采食的变化。分娩前 2～8 天，精料中要适当增加麸皮含量，以防止母牛发生便秘。

2. 妊娠母牛的管理

妊娠母牛应保持中上等膘情。一般母牛在妊娠期间，至少要增重 45～70 千克，才足以保证产犊后的正常泌乳与发情。妊娠母牛最好禁喂棉粕、菜粕、酒糟等饲料和冰冻、发霉的饲料。此外，妊娠母牛舍应保持清洁、干燥、通风良好、阳光充足、冬暖夏凉。母牛妊娠期禁止防疫注射，避免使用对胎牛不利的刺激性较强的药物。在妊娠母牛管理上要特别做好保胎工作，严防受惊吓、滑跌、挤撞、鞭打等，防止流产。另外每天保持适当的运动，夏季可在良好的草地上自由放牧，但必须与其他牛群分开，以免出现挤撞而流产。雨天不要进行放牧和进行驱赶运动，防止滑倒。冬季可在舍外运动场逍遥运动 2～4 小时，临产前停止运动。

产房要经过严格的消毒，而且要求宽敞、清洁、保暖性能好、环境安静。产前要在产房的地面上铺些干燥、经过日光照射的柔软垫草。为了减少环境改变对母牛的应激，一般在预产期前 10 天左右就将母牛转入产房。母牛在产房内可以取掉缰绳，让其自由活动，在此期间要饲喂青干草或少量的精饲料等容易消化的饲料；要给母牛饮用清洁的水，冬季最好是喂给温水。为减少病菌感染，产房必须事先用 2%氢氧化钠（火碱）水喷洒消毒，然后铺上清洁干燥的垫草。分娩前母牛后躯和外阴部用 2%～3%煤酚皂溶液（来苏尔溶液）洗刷，然后用毛巾擦干。发现母牛有临产症状，即表现腹痛、不安、频频起卧，则用 0.1%高锰酸钾液擦洗生殖道外部，做好接产准备。

第二节　青年牛的营养需要

青年牛的能量需要、蛋白质需要、维生素和矿物质需要及干物质的需要确定请参照第四章相关内容。以下介绍青年牛的营养需要量。

我国肉牛饲养标准见表 5-1 和表 5-2。

表 5-1　生长公牛的营养需要量（NRC，1996）

成熟体重	890 千克					
体重范围	300～800 千克					
ADG 范围	0.50～2.50 千克					
品种代码	1 安格斯（Angus）					
体重/千克	300	400	500	600	700	800
维持需要量						
NE_m/（兆焦/天）	26.67	33.12	39.12	44.85	50.37	55.68
MP/（克/天）	274	340	402	461	517	572
Ca/（克/天）	9	12	15	19	22	23
P/（克/天）	7	10	12	14	17	19
生长需要量						
ADG（平均日增重）	增重所需的 NE_g/（兆焦/天）					
0.5 千克/天	7.19	8.90	10.53	12.08	13.59	15.01
1.0 千克/天	7.67	19.06	22.53	25.83	29.01	32.06
1.5 千克/天	11.97	29.76	35.20	40.34	45.27	50.03
2.0 千克/天	16.41	40.80	48.24	55.30	62.07	68.59
2.5 千克/天	20.97	52.12	61.61	70.64	79.29	87.65

续表

ADG(平均日增重)	增重所需的 MP[①]/(克/天)					
0.5 千克/天	158	145	122	100	78	58
1.0 千克/天	303	272	222	175	130	86
1.5 千克/天	442	392	314	241	170	102
2.0 千克/天	577	506	400	299	202	109
2.5 千克/天	710	609	481	352	228	109
ADG(平均日增重)	增重所需的 Ca/(克/天)					
0.5 千克/天	12	10	9	7	6	4
1.0 千克/天	23	19	16	12	9	6
1.5 千克/天	33	27	22	17	12	7
2.0 千克/天	43	35	28	21	14	8
2.5 千克/天	53	43	34	25	16	8
ADG(平均日增重)	增重所需的 P/(克/天)					
0.5 千克/天	5	4	3	3	2	2
1.0 千克/天	9	8	6	5	4	2
1.5 千克/天	13	11	9	7	5	3
2.0 千克/天	18	14	11	8	6	3
2.5 千克/天	22	17	14	10	6	3

① MP 表示日粮中的代谢蛋白质。

表 5-2 生长肥育牛的营养需要（NY/T 815—2004）

体重/千克	日增重/千克	干物质/千克	肉牛能量单位/(个/千克)	综合净能/兆焦	粗蛋白质/克	钙/克	磷/克
	0	2.66	1.46	11.76	236	5	5
	0.3	3.29	1.87	15.10	377	14	8
	0.4	3.49	1.97	15.90	421	17	9
	0.5	3.70	2.07	16.74	465	19	10
	0.6	3.91	2.19	17.66	507	22	11
150	0.7	4.12	2.30	18.58	548	25	12
	0.8	4.33	2.45	19.75	589	28	13
	0.9	4.54	2.61	21.05	627	31	14
	1.0	4.75	2.80	22.64	665	34	15
	1.1	4.95	3.02	24.35	704	37	16
	1.2	5.16	3.25	26.28	739	40	16

续表

体重 /千克	日增重 /千克	干物质 /千克	肉牛能量单位 /（个/千克）	综合净能 /兆焦	粗蛋白质 /克	钙 /克	磷 /克
175	0	2.98	1.63	13.18	265	6	6
	0.3	3.63	2.09	16.90	403	14	9
	0.4	3.85	2.20	17.78	447	17	9
	0.5	4.07	2.32	18.70	489	20	10
	0.6	4.29	2.44	19.71	530	23	11
	0.7	4.51	2.57	20.75	571	26	12
	0.8	4.72	2.79	22.05	609	28	13
	0.9	4.94	2.91	23.47	650	31	14
	1.0	5.16	3.12	25.23	686	34	15
	1.1	5.38	3.37	27.20	724	37	16
	1.2	5.59	3.63	29.29	759	40	17
200	0	3.30	1.80	14.56	293	7	7
	0.3	3.98	2.32	18.70	428	15	9
	0.4	4.21	2.43	19.62	472	17	10
	0.5	4.44	2.56	20.67	514	20	11
	0.6	4.66	2.69	21.76	555	23	12
	0.7	4.89	2.83	22.89	593	26	13
	0.8	5.12	3.01	24.31	631	29	14
	0.9	5.34	3.21	25.90	669	31	15
	1.0	5.57	3.45	27.82	708	34	16
	1.1	5.80	3.71	29.96	743	37	17
	1.2	6.03	4.00	32.30	778	40	17
225	0	3.60	1.87	15.10	320	7	7
	0.3	4.31	2.56	20.71	452	15	10
	0.4	4.55	2.69	21.76	494	18	11
	0.5	4.78	2.83	22.89	535	20	12
	0.6	5.02	2.98	24.10	576	23	13
	0.7	5.26	3.14	25.36	614	26	14
	0.8	5.49	3.33	26.90	652	29	14
	0.9	5.73	3.55	28.66	691	31	15
	1.0	5.96	3.81	30.79	726	34	16
	1.1	6.20	4.10	33.10	761	37	17
	1.2	6.44	4.42	35.69	796	39	18

续表

体重 /千克	日增重 /千克	干物质 /千克	肉牛能量单位 /(个/千克)	综合净能 /兆焦	粗蛋白质 /克	钙 /克	磷 /克
	0	3.90	2.20	17.78	346	8	8
	0.3	4.64	2.81	22.72	475	16	11
	0.4	4.88	2.95	23.85	517	18	12
	0.5	5.13	3.11	25.10	558	21	12
	0.6	5.37	3.27	26.44	599	23	13
250	0.7	5.62	3.45	27.82	637	26	14
	0.8	5.87	3.65	29.50	672	29	15
	0.9	6.11	3.89	31.38	711	31	16
	1.0	6.36	4.18	33.72	746	34	17
	1.1	6.60	4.49	36.28	781	36	18
	1.2	6.85	4.84	39.08	814	39	18
	0	4.19	2.40	19.37	372	9	9
	0.3	4.96	3.07	24.77	501	16	12
	0.4	5.21	3.22	25.98	543	19	12
	0.5	5.47	3.39	27.36	581	21	13
	0.6	5.72	3.57	28.79	619	24	14
275	0.7	5.98	3.75	30.29	657	26	15
	0.8	6.23	3.98	32.13	696	29	16
	0.9	6.49	4.23	34.18	731	31	16
	1.0	6.74	4.55	36.74	766	34	17
	1.1	7.00	4.89	39.50	798	36	18
	1.2	7.25	5.26	42.51	834	39	19
	0	4.47	2.60	21.00	397	10	10
	0.3	5.26	3.32	26.78	523	17	12
	0.4	5.53	3.48	28.12	565	19	13
	0.5	5.79	3.66	29.58	603	21	14
	0.6	6.06	3.86	31.13	641	24	15
300	0.7	6.32	4.06	32.76	679	26	15
	0.8	6.58	4.31	34.77	715	29	16
	0.9	6.85	4.58	36.99	750	31	17
	1.0	7.11	4.92	39.71	785	34	18
	1.1	7.38	5.29	42.68	818	36	19
	1.2	7.64	5.60	45.98	850	38	19

体重 /千克	日增重 /千克	干物质 /千克	肉牛能量单位 /(个/千克)	综合净能 /兆焦	粗蛋白质 /克	钙 /克	磷 /克
	0	4.75	2.78	22.43	421	11	11
	0.3	5.57	3.54	28.58	547	17	13
	0.4	5.84	3.72	30.04	586	19	14
	0.5	6.12	3.91	31.59	624	22	14
	0.6	6.39	4.12	33.26	662	24	15
325	0.7	6.66	4.36	35.02	700	26	16
	0.8	6.94	4.60	37.15	736	29	17
	0.9	7.21	4.90	39.54	771	31	18
	1.0	7.49	5.25	42.43	803	33	18
	1.1	7.76	5.65	45.61	839	36	19
	1.2	8.03	6.08	49.12	868	38	20
	0	5.02	2.95	23.85	445	10	12
	0.3	5.87	3.76	30.38	569	18	14
	0.4	6.15	3.95	31.92	607	20	14
	0.5	6.43	4.16	33.60	645	22	15
	0.6	6.72	4.38	35.40	683	24	16
350	0.7	7.00	4.61	37.24	719	27	17
	0.8	7.28	4.89	39.50	757	29	17
	0.9	7.57	5.21	42.05	789	31	18
	1.0	7.85	5.59	45.15	824	33	19
	1.1	8.13	6.01	48.53	857	36	20
	1.2	8.41	6.47	52.26	889	38	20
	0	5.28	3.13	25.27	469	12	12
	0.3	6.16	3.99	32.22	593	18	14
	0.4	6.45	4.19	33.85	631	20	15
	0.5	6.74	4.41	35.61	669	22	16
	0.6	7.03	4.65	37.53	704	25	17
375	0.7	7.32	4.89	39.50	743	27	17
	0.8	7.62	5.19	41.88	778	29	18
	0.9	7.91	5.52	44.60	810	31	19
	1.0	8.20	5.93	47.87	845	33	19
	1.1	8.49	6.26	50.54	878	35	20
	1.2	8.79	6.75	54.48	907	38	21

续表

体重 /千克	日增重 /千克	干物质 /千克	肉牛能量单位 /(个/千克)	综合净能 /兆焦	粗蛋白质 /克	钙 /克	磷 /克
	0	5.55	3.31	26.74	492	13	13
	0.3	6.45	4.22	34.06	613	19	15
	0.4	6.76	4.43	35.77	651	21	16
	0.5	7.06	4.66	37.66	689	23	17
	0.6	7.36	4.91	39.66	727	25	17
400	0.7	7.66	5.17	41.76	763	27	18
	0.8	7.96	5.49	44.31	798	29	19
	0.9	8.26	5.64	47.15	830	31	19
	1.0	8.56	6.27	50.63	866	33	20
	1.1	8.87	6.74	54.43	895	35	21
	1.2	9.17	7.26	58.66	927	37	21
	0	5.80	3.48	28.08	515	14	14
	0.3	6.73	4.43	35.77	636	19	16
	0.4	7.04	4.65	37.57	674	21	17
	0.5	7.35	4.90	39.54	712	23	17
	0.6	7.66	5.16	41.67	747	25	18
425	0.7	7.97	5.44	43.89	783	27	18
	0.8	8.29	5.77	46.57	818	29	19
	0.9	8.60	6.14	49.58	850	31	20
	1.0	8.91	6.59	53.22	886	33	20
	1.1	9.22	7.09	57.24	918	35	21
	1.2	9.35	7.64	61.67	947	37	22
	0	6.06	3.63	29.33	538	15	15
	0.3	7.02	4.63	37.41	659	20	17
	0.4	7.34	4.87	39.33	697	21	17
	0.5	7.66	5.12	41.38	732	23	18
	0.6	7.98	5.40	43.60	770	25	19
450	0.7	8.30	5.69	45.94	806	27	19
	0.8	8.62	6.03	48.74	841	29	20
	0.9	8.94	6.43	51.92	873	31	20
	1.0	9.26	6.90	55.77	906	33	21
	1.1	9.58	7.42	59.96	938	35	22
	1.2	9.90	8.00	64.60	967	37	22

体重 /千克	日增重 /千克	干物质 /千克	肉牛能量单位 /（个/千克）	综合净能 /兆焦	粗蛋白质 /克	钙 /克	磷 /克
	0	6.31	3.79	30.63	560	16	16
	0.3	7.30	4.84	39.08	681	20	17
	0.4	7.63	5.09	41.09	719	22	18
	0.5	7.96	5.35	43.26	754	24	19
	0.6	8.29	5.64	45.61	789	25	19
475	0.7	8.61	5.94	48.03	825	27	20
	0.8	8.94	6.31	51.00	860	29	20
	0.9	9.27	6.72	54.31	892	31	21
	1.0	9.60	7.22	58.32	928	33	21
	1.1	9.93	7.77	62.76	957	35	22
	1.2	10.26	8.37	67.61	989	36	23
	0	6.56	3.59	31.92	582	16	16
	0.3	7.58	5.04	40.71	700	21	18
	0.4	7.91	5.30	42.84	738	22	19
	0.5	8.25	5.58	45.10	776	24	19
	0.6	8.59	5.88	47.53	811	26	20
500	0.7	8.93	6.20	50.08	847	27	20
	0.8	9.27	6.58	53.18	882	29	21
	0.9	9.61	7.01	56.65	912	31	21
	1.0	9.94	7.53	60.88	947	33	22
	1.1	10.28	8.10	65.48	979	34	23
	1.2	10.62	8.73	70.54	1011	36	23

第三节　青年牛的饲料配方

一、日粮配合原则

　　根据青年牛饲养标准和饲料营养成分价值，选用若干饲料按一定比例相互搭配而成日粮。青年牛日粮是指 1 头牛一昼夜所采食的各种饲料的总量。具体配合时应掌握以下原则。

　　（1）饲料要搭配合理　青年牛能消化较多的粗纤维，在配合日粮时应根据这一生理特点，以青、粗饲料为主，适当搭配精料。

　　（2）注意原料质量　选用优质干草、青贮饲料、多汁饲料，严禁饲喂有毒和霉烂的饲料。所用饲料要干净卫生，同时注意各类饲料的用量范围，防止含有有害因子的饲料含量超标。

（3）因地制宜，多种搭配 应充分利用当地饲料资源，特别是廉价的农副产品，以降低饲料成本；同时要多种搭配，既提高适口性又能达到营养互补的效果。

（4）日粮的体积要适当 日粮配合要从牛的体重、体况和饲料适口性及体积等方面考虑。日粮体积过大，牛吃不进去，体积过小，可能难以满足营养需要，即使能满足需要，也难免有饥饿感觉。青年牛对饲料在满足一定体重阶段日增重的营养基础上，喂量可高出饲养标准的 $1\%\sim2\%$，但也不要过剩。饲料的采食量大致为 10 千克体重 0.3~0.5 千克青干草或 1~1.5 千克青草。

（5）日粮要相对稳定 日粮的改变会影响瘤胃微生物。突然变换日粮组成，瘤胃中的微生物不能马上适应各种变化，会影响胃发酵，降低各种营养物质的消化吸收，甚至会引起消化系统疾病。

二、饲料配方示例

青年牛全价饲料配方 1

原 料 名 称	含量/%	原 料 名 称	含量/%
玉米（GB2）	50.00	牛预混料（1%）	1.00
小麦麸（GB1）	11.30	食盐	0.40
米糠（GB2）	10.00	营养素名称	营养含量
DDGS——玉米溶浆蛋白	10.00	粗蛋白/%	14.90
花生粕（GB2）	10.00	钙/%	0.90
燕麦秸秆粉	5.00	总磷/%	0.50
细石粉	2.30		

青年牛全价饲料配方 2

原 料 名 称	含量/%	原 料 名 称	含量/%
玉米（GB2）	40.00	牛预混料（1%）	1.00
苜蓿草粉（GB1）	20.00	麦饭石	0.78
粉浆蛋白粉	10.48	细石粉	0.56
甘薯干（GB）	10.00	食盐	0.40
DDGS——玉米溶浆蛋白	8.80	营养素名称	营养含量
玉米（GB1）	4.00	粗蛋白/%	18.00
米糠	2.00	钙/%	1.00
磷酸氢钙	1.98	总磷/%	0.70

青年牛全价饲料配方 3

原 料 名 称	含量/%	原 料 名 称	含量/%
玉米（GB1）	20.00	磷酸氢钙	1.81
葵粕（GB2）	20.00	细石粉	1.33
玉米（GB2）	15.17	牛预混料（1%）	1.00
玉米蛋白粉（50%CP）	11.24	食盐	0.40
甘薯干（GB）	10.00	营养素名称	营养含量
麦饭石	8.72	粗蛋白/%	18.00
DDGS——玉米溶浆蛋白	8.33	钙/%	1.00
米糠	2.00	总磷/%	0.70

青年牛全价饲料配方 4

原 料 名 称	含量/%	原 料 名 称	含量/%
玉米（GB2）	24.55	细石粉	1.05
玉米（GB1）	20.00	牛预混料（1%）	1.00
麦饭石	20.00	食盐	0.40
玉米蛋白粉（60%CP）	17.13	营养素名称	营养含量
DDGS——玉米溶浆蛋白	8.71	粗蛋白/%	18.00
燕麦秸秆粉	2.68	钙/%	1.00
磷酸氢钙	2.48	总磷/%	0.70
米糠	2.00		

青年牛全价饲料配方 5

原 料 名 称	含量/%	原 料 名 称	含量/%
玉米（GB2）	40.00	牛预混料（1%）	1.00
玉米（GB1）	20.00	细石粉	0.84
小麦（GB2）	20.00	食盐	0.40
马铃薯浓缩蛋白	10.86	营养素名称	营养含量
菜粕（GB2）	3.12	粗蛋白/%	18.00
磷酸氢钙	2.33	钙/%	0.90
玉米（GB2）	1.45	总磷/%	0.70

青年牛全价饲料配方 6

原 料 名 称	含量/%	原 料 名 称	含量/%
玉米（GB2）	40.00	细石粉	0.48
小麦（GB2）	20.00	食盐	0.40
槐叶粉	20.00	豆粕（GB2）	0.12
棉粕（GB2）	5.00	燕麦秸秆粉	0.11
菜粕（GB2）	5.00	营养素名称	营养含量
高蛋白啤酒酵母	3.86	粗蛋白/%	17.00
磷酸氢钙	2.03	钙/%	1.00
米糠	2.00	总磷/%	0.70
牛预混料（1%）	1.00		

青年牛全价饲料配方 7

原料名称	含量/%	原料名称	含量/%
玉米（GB2）	40.00	牛预混料（1%）	1.00
小麦（GB2）	20.00	细石粉	0.54
槐叶粉	18.05	食盐	0.40
高蛋白啤酒酵母	5.84	豆粕（GB2）	0.12
棉粕（GB2）	5.00	营养素名称	营养含量
菜粕（GB2）	5.00	粗蛋白/%	18.00
磷酸氢钙	2.05	钙/%	1.00
米糠	2.00	总磷/%	0.70

青年牛全价饲料配方 8

原料名称	含量/%	原料名称	含量/%
玉米（GB2）	40.00	细石粉	0.82
小麦（GB2）	20.00	食盐	0.40
棉粕（GB1）	20.00	菜粕（GB1）	0.25
棉粕（GB2）	5.00	豆粕（GB2）	0.12
菜粕（GB2）	5.00	营养素名称	营养含量
燕麦秸秆粉	3.15	粗蛋白/%	19.00
磷酸氢钙	2.26	钙/%	0.90
米糠	2.00	总磷/%	0.70
牛预混料（1%）	1.00		

青年牛全价饲料配方 9

原料名称	含量/%	原料名称	含量/%
玉米（GB2）	31.79	细石粉	1.90
菜粕（GB2）	20.00	牛预混料（1%）	1.00
干蒸大麦酒糟	15.51	磷酸氢钙	0.87
麦饭石	10.00	食盐	0.70
棉粕（GB2）	6.22	营养素名称	营养含量
高粱	5.00	粗蛋白/%	18.00
小麦麸	5.00	钙/%	1.00
米糠	2.00	总磷/%	0.50

青年牛全价饲料配方 10

原 料 名 称	含量/%	原 料 名 称	含量/%
玉米(GB2)	29.11	细石粉	1.97
菜粕(GB2)	20.00	牛预混料(1%)	1.00
干蒸大麦酒糟	15.22	磷酸氢钙	0.73
麦饭石	10.00	食盐	0.70
棉粕(GB2)	9.27	营养素名称	营养含量
高粱	5.00	粗蛋白/%	19.00
小麦麸	5.00	钙/%	1.00
米糠	2.00	总磷/%	0.50

青年牛全价饲料配方 11

原 料 名 称	含量/%	原 料 名 称	含量/%
玉米(GB2)	38.89	牛预混料(1%)	1.00
菜粕(GB2)	20.00	食盐	0.70
棉粕(GB2)	14.96	磷酸氢钙	0.22
麦饭石	10.00	营养素名称	营养含量
高粱	5.00	粗蛋白/%	19.00
小麦麸	5.00	钙/%	1.00
细石粉	2.23	总磷/%	0.50
米糠	2.00		

青年牛全价饲料配方 12

原 料 名 称	含量/%	原 料 名 称	含量/%
玉米(GB2)	40.00	玉米淀粉	1.41
菜粕(GB2)	20.00	牛预混料(1%)	1.00
棉粕(GB2)	12.37	食盐	0.70
麦饭石	10.00	磷酸氢钙	0.36
高粱	5.00	营养素名称	营养含量
小麦麸	5.00	粗蛋白/%	18.00
细石粉	2.16	钙/%	1.00
米糠	2.00	总磷/%	0.50

青年牛全价饲料配方 13

原 料 名 称	含量/%	原 料 名 称	含量/%
玉米(GB2)	50.00	牛预混料(1%)	1.00
米糠(GB2)	10.00	燕麦秸秆粉	0.73
DDGS——玉米溶浆蛋白	10.00	食盐	0.40
花生粕(GB2)	10.00	营养素名称	营养含量
米糠粕(GB1)	8.29	粗蛋白/%	15.00
小麦麸(GB1)	5.58	钙/%	1.50
细石粉	4.00	总磷/%	0.60

青年牛全价饲料配方 14

原 料 名 称	含量/%	原 料 名 称	含量/%
玉米(GB2)	50.00	牛预混料(1%)	1.00
米糠(GB2)	10.00	燕麦秸秆粉	0.73
DDGS——玉米溶浆蛋白	10.00	食盐	0.40
花生粕(GB2)	10.00	营养素名称	营养含量
米糠粕(GB1)	8.29	粗蛋白/%	15.00
小麦麸(GB1)	5.58	钙/%	1.50
细石粉	4.00	总磷/%	0.60

青年牛全价饲料配方 15

原 料 名 称	含量/%	原 料 名 称	含量/%
玉米(GB2)	50.00	牛预混料(1%)	1.00
米糠(GB2)	10.00	燕麦秸秆粉	0.73
DDGS——玉米溶浆蛋白	10.00	食盐	0.40
花生粕(GB2)	10.00	营养素名称	营养含量
米糠粕(GB1)	8.29	粗蛋白/%	15.00
小麦麸(GB1)	5.58	钙/%	1.50
细石粉	4.00	总磷/%	0.60

青年牛全价饲料配方 16

原 料 名 称	含量/%	原 料 名 称	含量/%
玉米(GB2)	39.69	牛预混料(1%)	1.00
燕麦秸秆粉	17.16	食盐	0.20
米糠(GB2)	10.00	玉米蛋白粉(60%CP)	0.18
DDGS——玉米溶浆蛋白	10.00	营养素名称	营养含量
花生粕(GB2)	9.43	粗蛋白/%	14.00
米糠粕(GB1)	7.57	钙/%	1.50
细石粉	2.92	总磷/%	0.80
磷酸氢钙	1.84		

青年牛全价饲料配方 17

原 料 名 称	含量/%	原 料 名 称	含量/%
玉米(GB2)	20.00	贝壳粉	1.85
豆粕(GB1)	18.55	赖氨酸(Lys)	0.50
玉米(GB2)	13.20	蛋氨酸(DL-Met)	0.50
米糠(GB2)	10.00	食盐	0.40
稻谷(GB2)	10.00	营养素名称	营养含量
米糠粕(GB1)	10.00	粗蛋白/%	15.00
麦饭石	10.00	钙/%	1.10
牛预混料(1%)	3.00	总磷/%	0.88
磷酸氢钙	2.00		

青年牛全价饲料配方 18

原 料 名 称	含量/%	原 料 名 称	含量/%
玉米(GB2)	20.00	贝壳粉	1.87
豆粕(GB1)	15.93	赖氨酸(Lys)	0.50
玉米(GB2)	15.80	蛋氨酸(DL-Met)	0.50
米糠(GB2)	10.00	食盐	0.40
稻谷(GB2)	10.00	营养素名称	营养含量
米糠粕(GB1)	10.00	粗蛋白/%	14.00
麦饭石	10.00	钙/%	1.10
牛预混料(1%)	3.00	总磷/%	0.88
磷酸氢钙	2.00		

青年牛全价饲料配方 19

原 料 名 称	含量/%	原 料 名 称	含量/%
玉米(GB2)	20.00	贝壳粉	1.89
玉米(GB2)	18.39	赖氨酸(Lys)	0.50
豆粕(GB1)	13.31	蛋氨酸(DL-Met)	0.50
米糠(GB2)	10.00	食盐	0.40
稻谷(GB2)	10.00	营养素名称	营养含量
米糠粕(GB1)	10.00	粗蛋白/%	13.00
麦饭石	10.00	钙/%	1.10
牛预混料(1%)	3.00	总磷/%	0.87
磷酸氢钙	2.00		

青年牛全价饲料配方 20

原 料 名 称	含量/%	原 料 名 称	含量/%
小麦(GB2)	20.00	细石粉	3.00
大麦(裸 GB2)	15.00	磷酸氢钙	1.55
次粉(NY/T2)	10.00	贝壳粉	1.00
米糠(GB2)	10.00	牛预混料(1%)	1.00
小麦麸(GB1)	10.00	食盐	0.30
米糠粕(GB1)	10.00	营养素名称	营养含量
葵粕(GB2)	8.59	粗蛋白/%	15.00
DDGS——玉米溶浆蛋白	5.55	钙/%	1.83
高粱(GB1)	4.01	总磷/%	0.99

青年牛全价饲料配方 21

原 料 名 称	含量/%	原 料 名 称	含量/%
高粱(GB1)	19.80	磷酸氢钙	1.55
大麦(裸 GB2)	15.00	贝壳粉	1.00
葵粕(GB2)	13.23	牛预混料(1%)	1.00
次粉(NY/T2)	10.00	食盐	0.30
米糠(GB2)	10.00	营养素名称	营养含量
小麦麸(GB1)	10.00	粗蛋白/%	14.00
米糠粕(GB1)	10.00	钙/%	1.81
小麦(GB2)	5.12	总磷/%	0.98
细石粉	3.00		

青年牛全价饲料配方 22

原 料 名 称	含量/%	原 料 名 称	含量/%
苜蓿草粉(GB1)	20.00	DDGS——玉米溶浆蛋白	1.62
米糠	20.00	牛预混料(1%)	1.00
米糠(GB2)	10.00	细石粉	0.67
米糠粕(GB1)	10.00	玉米淀粉	0.30
麦饭石	10.00	食盐	0.30
燕麦秸秆粉	10.00	营养素名称	营养含量
麦芽根	8.75	粗蛋白/%	14.00
槐叶粉	5.36	钙/%	1.10
磷酸氢钙	2.00	总磷/%	0.87

青年牛全价饲料配方 23

原料名称	含量/%	原料名称	含量/%
麦芽根	20.00	DDGS——玉米溶浆蛋白	1.78
米糠	20.00	牛预混料(1%)	1.00
槐叶粉	15.23	细石粉	0.65
米糠(GB2)	10.00	食盐	0.30
麦饭石	10.00	营养素名称	营养含量
燕麦秸秆粉	10.00	粗蛋白/%	15.00
米糠粕(GB1)	8.49	钙/%	1.10
磷酸氢钙	2.55	总磷/%	0.95

青年牛全价饲料配方 24

原料名称	含量/%	原料名称	含量/%
苜蓿草粉(GB1)	20.00	磷酸氢钙	1.80
米糠	20.00	牛预混料(1%)	1.00
葵粕(GB2)	19.28	细石粉	0.92
米糠(GB2)	10.00	乳清粉	0.33
米糠粕(GB1)	10.00	食盐	0.30
麦饭石	10.00	营养素名称	营养含量
花生粕(GB2)	2.54	粗蛋白/%	18.00
小麦麸(GB1)	1.95	钙/%	1.10
马铃薯浓缩蛋白	1.88	总磷/%	0.95

青年牛全价饲料配方 25

原料名称	含量/%	原料名称	含量/%
苜蓿草粉(GB1)	20.00	细石粉	1.03
米糠	20.00	牛预混料(1%)	1.00
小麦麸(GB1)	18.47	马铃薯浓缩蛋白	0.97
米糠(GB2)	10.00	食盐	0.30
米糠粕(GB1)	10.00	营养素名称	营养含量
麦饭石	10.00	粗蛋白/%	15.00
葵粕(GB2)	6.49	钙/%	1.10
磷酸氢钙	1.73	总磷/%	0.96

青年牛全价饲料配方 26

原 料 名 称	含量/%	原 料 名 称	含量/%
苜蓿草粉（GB1）	20.00	磷酸氢钙	1.74
米糠	20.00	细石粉	1.04
小麦麸（GB1）	19.26	牛预混料（1%）	1.00
米糠（GB2）	10.00	食盐	0.30
米糠粕（GB1）	10.00	营养素名称	营养含量
麦饭石	10.00	粗蛋白/%	14.00
葵粕（GB2）	3.67	钙/%	1.10
小麦麸	2.99	总磷/%	0.95

青年牛全价饲料配方 27

原 料 名 称	含量/%	原 料 名 称	含量/%
次粉（NY/T2）	20.00	细石粉	1.55
小麦麸（GB1）	20.00	牛预混料（1%）	1.00
米糠	20.00	小麦麸	0.69
小麦麸（GB2）	14.07	食盐	0.30
麦饭石	10.00	营养素名称	营养含量
玉米淀粉	7.73	粗蛋白/%	13.00
马铃薯浓缩蛋白	2.49	钙/%	1.10
磷酸氢钙	2.17	总磷/%	0.80

青年牛全价饲料配方 28

原 料 名 称	含量/%	原 料 名 称	含量/%
小麦麸（GB1）	20.00	细石粉	1.52
米糠	20.00	马铃薯浓缩蛋白	1.17
小麦麸（GB2）	15.09	牛预混料（1%）	1.00
小麦麸	15.00	食盐	0.30
次粉（NY/T2）	10.10	营养素名称	营养含量
麦饭石	10.00	粗蛋白/%	14.00
葵粕（GB2）	3.61	钙/%	1.10
磷酸氢钙	2.21	总磷/%	0.80

青年牛全价饲料配方 29

原料名称	含量/%	原料名称	含量/%
次粉（NY/T2）	20.00	细石粉	1.45
小麦麸（GB1）	20.00	牛预混料（1%）	1.00
米糠	20.00	马铃薯浓缩蛋白	0.55
葵粕（GB2）	15.38	食盐	0.30
麦饭石	10.00	营养素名称	营养含量
小麦麸	6.99	粗蛋白/%	15.00
磷酸氢钙	2.22	钙/%	1.10
小麦麸（GB2）	2.12	总磷/%	0.83

青年牛全价饲料配方 30

原料名称	含量/%	原料名称	含量/%
次粉（NY/T1）	20.00	牛预混料（1%）	1.00
米糠	20.00	细石粉	0.81
小麦麸	15.00	乳清粉	0.36
大麦（裸 GB2）	10.00	食盐	0.30
次粉（NY/T2）	10.00	营养素名称	营养含量
麦饭石	10.00	粗蛋白/%	15.00
马铃薯浓缩蛋白	5.13	钙/%	1.10
高粱	4.01	总磷/%	0.80
磷酸氢钙	3.39		

青年牛全价饲料配方 31

原料名称	含量/%	原料名称	含量/%
高粱（GB1）	20.00	干蒸大麦酒糟	1.75
小麦（GB2）	10.00	牛预混料（1%）	1.00
大麦（裸 GB2）	10.00	细石粉	0.75
大麦（皮 GB1）	10.00	乳清粉	0.46
麦饭石	10.00	食盐	0.30
玉米淀粉	10.00	营养素名称	营养含量
高粱	10.00	粗蛋白/%	15.00
马铃薯浓缩蛋白	9.90	钙/%	1.10
磷酸氢钙	3.35	总磷/%	0.80
稻谷（GB2）	2.50		

青年牛全价饲料配方 32

原 料 名 称	含量/%	原 料 名 称	含量/%
高粱(GB1)	20.00	牛预混料(1%)	1.00
小麦(GB2)	10.00	细石粉	0.73
大麦(裸 GB2)	10.00	乳清粉	0.49
大麦(皮 GB1)	10.00	稻谷(GB2)	0.43
麦饭石	10.00	食盐	0.30
干蒸大麦酒糟(酒精副产品)	10.00	营养素名称	营养含量
高粱	10.00	粗蛋白/%	16.00
马铃薯浓缩蛋白	9.14	钙/%	1.10
玉米淀粉	4.53	总磷/%	0.80
磷酸氢钙	3.39		

青年牛全价饲料配方 33

原 料 名 称	含量/%	原 料 名 称	含量/%
玉米(GB2)	20.00	牛预混料(1%)	1.00
玉米(GB1)	14.46	乳清粉	0.96
稻谷(GB2)	10.00	细石粉	0.65
麦饭石	10.00	食盐	0.30
玉米淀粉	10.00	营养素名称	营养含量
干蒸大麦酒糟	10.00	粗蛋白/%	14.00
高粱	10.00	钙/%	1.10
马铃薯浓缩蛋白	8.95	总磷/%	0.80
磷酸氢钙	3.68		

青年牛全价饲料配方 34

原 料 名 称	含量/%	原 料 名 称	含量/%
玉米(GB2)	45.88	乳清粉	0.93
稻谷(GB2)	10.00	细石粉	0.76
麦饭石	10.00	食盐	0.30
干蒸大麦酒糟	10.00	营养素名称	营养含量
高粱	10.00	粗蛋白/%	14.00
马铃薯浓缩蛋白	7.63	钙/%	1.10
磷酸氢钙	3.51	总磷/%	0.80
牛预混料(1%)	1.00		

青年牛全价饲料配方35

原 料 名 称	含量/%	原 料 名 称	含量/%
玉米(GB2)	44.38	乳清粉	0.93
稻谷(GB2)	10.00	细石粉	0.74
麦饭石	10.00	高蛋白啤酒酵母	0.37
干蒸大麦酒糟	10.00	食盐	0.30
高粱	10.00	营养素名称	营养含量
马铃薯浓缩蛋白	8.74	粗蛋白/%	15.00
磷酸氢钙	3.54	钙/%	1.10
牛预混料(1%)	1.00	总磷/%	0.80

青年牛全价饲料配方36

原 料 名 称	含量/%	原 料 名 称	含量/%
玉米(GB2)	22.27	槐叶粉	5.00
稻谷(GB2)	10.00	磷酸氢钙	2.78
小麦麸(GB1)	10.00	牛预混料(1%)	1.00
干蒸大麦酒糟(酒精副产品)	10.00	细石粉	0.83
高粱	10.00	乳清粉	0.57
马铃薯浓缩蛋白	7.25	食盐	0.30
米糠(GB2)	5.00	营养素名称	营养含量
苜蓿草粉(GB1)	5.00	粗蛋白/%	16.00
玉米淀粉	5.00	钙/%	1.10
燕麦秸秆粉	5.00	总磷/%	0.80

青年牛全价饲料配方37

原 料 名 称	含量/%	原 料 名 称	含量/%
玉米(GB2)	23.72	槐叶粉	5.00
稻谷(GB2)	10.00	磷酸氢钙	2.75
小麦麸(GB1)	10.00	牛预混料(1%)	1.00
干蒸大麦酒糟(酒精副产品)	10.00	细石粉	0.84
高粱	10.00	乳清粉	0.57
马铃薯浓缩蛋白	5.82	食盐	0.30
米糠(GB2)	5.00	营养素名称	营养含量
苜蓿草粉(GB1)	5.00	粗蛋白/%	15.00
玉米淀粉	5.00	钙/%	1.10
燕麦秸秆粉	5.00	总磷/%	0.80

青年牛全价饲料配方 38

原 料 名 称	含量/%	原 料 名 称	含量/%
玉米(GB2)	35.15	磷酸氢钙	2.78
小麦麸(GB1)	10.00	牛预混料(1%)	1.00
干蒸大麦酒糟(酒精副产品)	10.00	细石粉	0.83
高粱	10.00	乳清粉	0.69
米糠(GB2)	5.00	食盐	0.30
苜蓿草粉(GB1)	5.00	营养素名称	营养含量
玉米淀粉	5.00	粗蛋白/%	14.00
燕麦秸秆粉	5.00	钙/%	1.10
槐叶粉	5.00	总磷/%	0.80
马铃薯浓缩蛋白	4.26		

青年牛全价饲料配方 39

原 料 名 称	含量/%	原 料 名 称	含量/%
玉米(GB2)	33.71	磷酸氢钙	2.80
小麦麸(GB1)	10.00	牛预混料(1%)	1.00
干蒸大麦酒糟(酒精副产品)	10.00	细石粉	0.81
高粱	10.00	乳清粉	0.69
马铃薯浓缩蛋白	5.69	食盐	0.30
米糠(GB2)	5.00	营养素名称	营养含量
苜蓿草粉(GB1)	5.00	粗蛋白/%	15.00
玉米淀粉	5.00	钙/%	1.10
燕麦秸秆粉	5.00	总磷/%	0.80
槐叶粉	5.00		

青年牛全价饲料配方 40

原 料 名 称	含量/%	原 料 名 称	含量/%
玉米(GB2)	32.26	磷酸氢钙	2.82
小麦麸(GB1)	10.00	牛预混料(1%)	1.00
干蒸大麦酒糟(酒精副产品)	10.00	细石粉	0.80
高粱	10.00	乳清粉	0.70
马铃薯浓缩蛋白	7.12	食盐	0.30
米糠(GB2)	5.00	营养素名称	营养含量
苜蓿草粉(GB1)	5.00	粗蛋白/%	16.00
玉米淀粉	5.00	钙/%	1.10
燕麦秸秆粉	5.00	总磷/%	0.80
槐叶粉	5.00		

青年牛全价饲料配方 41

原料名称	含量/%	原料名称	含量/%
玉米(GB2)	50.80	贝壳粉	1.56
菜粕(GB2)	12.91	牛预混料(1%)	1.00
小麦麸(GB1)	10.00	食盐	0.30
高粱	10.00	细石粉	0.18
米糠(GB2)	5.00	营养素名称	营养含量
棉粕(GB2)	4.14	粗蛋白/%	16.00
马铃薯浓缩蛋白	2.10	钙/%	1.10
磷酸氢钙	2.00	总磷/%	0.80

青年牛全价饲料配方 42

原料名称	含量/%	原料名称	含量/%
玉米(GB2)	52.38	牛预混料(1%)	1.00
菜粕(GB2)	16.27	食盐	0.30
小麦麸(GB1)	10.00	赖氨酸(Lys)	0.09
高粱	10.00	营养素名称	营养含量
米糠(GB2)	5.00	粗蛋白/%	15.00
磷酸氢钙	2.00	钙/%	1.10
贝壳粉	1.72	总磷/%	0.80
马铃薯浓缩蛋白	1.25		

青年牛全价饲料配方 43

原料名称	含量/%	原料名称	含量/%
玉米(GB2)	55.00	牛预混料(1%)	1.00
向日葵粕(部分去皮)	17.27	食盐	0.30
豌豆	10.00	赖氨酸(Lys)	0.05
黑小麦	6.16	细石粉	0.04
麦饭石	5.00	营养素名称	营养含量
磷酸氢钙	2.00	粗蛋白/%	14.00
贝壳粉	2.00	钙/%	1.10
豆粕(GB1)	1.18	总磷/%	0.52

青年牛全价饲料配方 44

原 料 名 称	含量/%	原 料 名 称	含量/%
玉米(GB2)	48.98	牛预混料(1%)	1.00
麦芽根	20.00	食盐	0.27
DDGS——玉米溶浆蛋白	10.00	赖氨酸(Lys)	0.15
麦饭石	10.00	营养素名称	营养含量
玉米蛋白粉(50%CP)	5.88	粗蛋白/%	16.00
磷酸氢钙	2.13	钙/%	1.10
细石粉	1.58	总磷/%	0.71

青年牛全价饲料配方 45

原 料 名 称	含量/%	原 料 名 称	含量/%
玉米(GB2)	51.31	牛预混料(1%)	1.00
麦芽根	20.00	食盐	0.27
DDGS——玉米溶浆蛋白	10.00	赖氨酸(Lys)	0.17
麦饭石	10.00	营养素名称	营养含量
玉米蛋白粉(50%CP)	3.54	粗蛋白/%	15.00
磷酸氢钙	2.12	钙/%	1.10
细石粉	1.60	总磷/%	0.70

青年牛全价饲料配方 46

原 料 名 称	含量/%	原 料 名 称	含量/%
玉米(GB2)	52.99	牛预混料(1%)	1.00
豆粕(GB1)	12.60	食盐	0.26
DDGS——玉米溶浆蛋白	10.00	营养素名称	营养含量
麦饭石	10.00	粗蛋白/%	15.00
苜蓿草粉(GB1)	10.00	钙/%	1.10
磷酸氢钙	1.65	总磷/%	0.60
细石粉	1.49		

青年牛全价饲料配方 47

原 料 名 称	含量/%	原 料 名 称	含量/%
玉米(GB2)	28.36	细石粉	1.50
棉粕(部分去皮)	20.00	牛预混料(1%)	1.00
高粱(GB1)	10.00	食盐	0.26
DDGS——玉米溶浆蛋白	10.00	赖氨酸(Lys)	0.10
麦饭石	10.00	营养素名称	营养含量
苜蓿草粉(GB1)	10.00	粗蛋白/%	16.00
稻谷(GB2)	5.00	钙/%	1.10
玉米蛋白粉(60%CP)	2.00	总磷/%	0.54
磷酸氢钙	1.78		

青年牛全价饲料配方 48

原 料 名 称	含量/%	原 料 名 称	含量/%
玉米（GB2）	30.13	牛预混料（1%）	1.00
棉粕（部分去皮）	20.00	食盐	0.26
高粱（GB1）	10.00	玉米蛋白粉（60%CP）	0.21
DDGS——玉米溶浆蛋白	10.00	赖氨酸（Lys）	0.12
麦饭石	10.00	营养素名称	营养含量
苜蓿草粉（GB1）	10.00	粗蛋白/%	15.00
稻谷（GB2）	5.00	钙/%	1.10
磷酸氢钙	1.78	总磷/%	0.54
细石粉	1.50		

青年牛全价饲料配方 49

原 料 名 称	含量/%	原 料 名 称	含量/%
玉米（GB2）	34.04	细石粉	1.51
棉粕（部分去皮）	16.26	牛预混料（1%）	1.00
高粱（GB1）	10.00	食盐	0.26
DDGS——玉米溶浆蛋白	10.00	赖氨酸（Lys）	0.17
麦饭石	10.00	营养素名称	营养含量
苜蓿草粉（GB1）	10.00	粗蛋白/%	14.00
稻谷（GB2）	5.00	钙/%	1.10
磷酸氢钙	1.76	总磷/%	0.54

青年牛全价饲料配方 50

原 料 名 称	含量/%	原 料 名 称	含量/%
甘薯干（GB）	62.37	细石粉	0.51
麦芽根	16.69	食盐	0.45
花生粕（GB2）	14.60	营养素名称	营养含量
磷酸氢钙	2.37	粗蛋白/%	15.00
大豆浓缩蛋白	2.00	钙/%	1.00
牛预混料（1%）	1.00	总磷/%	0.70

青年牛全价饲料配方 51

原 料 名 称	含量/%	原 料 名 称	含量/%
次粉（NY/T2）	20.00	磷酸氢钙	1.66
DDGS——玉米溶浆蛋白	20.00	细石粉	1.31
碎米	17.12	牛预混料（1%）	1.00
麦饭石	13.81	营养素名称	营养含量
甘薯干（GB）	10.00	粗蛋白/%	16.00
花生粕（GB2）	8.99	钙/%	1.00
小麦麸（GB1）	6.12	总磷/%	0.70

青年牛全价饲料配方 52

原 料 名 称	含量/%	原 料 名 称	含量/%
次粉（NY/T2）	20.00	磷酸氢钙	1.61
DDGS——玉米溶浆蛋白	20.00	细石粉	1.36
碎米	19.67	牛预混料（1%）	1.00
麦饭石	12.82	营养素名称	营养含量
甘薯干（GB）	10.00	粗蛋白/%	15.00
小麦麸（GB1）	8.07	钙/%	1.00
花生粕（GB2）	5.48	总磷/%	0.70

青年牛全价饲料配方 53

原 料 名 称	含量/%	原 料 名 称	含量/%
碎米	20.00	细石粉	1.12
次粉（NY/T2）	20.00	牛预混料（1%）	1.00
花生粕（GB2）	16.67	食盐	0.47
麦饭石	14.92	营养素名称	营养含量
荞麦	13.64	粗蛋白/%	14.00
甘薯干（GB）	10.00	钙/%	1.00
磷酸氢钙	2.19	总磷/%	0.70

青年牛全价饲料配方 54

原 料 名 称	含量/%	原 料 名 称	含量/%
碎米	20.00	细石粉	1.18
次粉（NY/T2）	20.00	牛预混料（1%）	1.00
花生粕（GB2）	20.00	食盐	0.46
麦饭石	15.05	营养素名称	营养含量
甘薯干（GB）	10.00	粗蛋白/%	16.00
荞麦	5.68	钙/%	1.00
麦芽根	4.59	总磷/%	0.70
磷酸氢钙	2.04		

青年牛全价饲料配方 55

原 料 名 称	含量/%	原 料 名 称	含量/%
碎米	20.00	细石粉	1.25
次粉（NY/T2）	20.00	牛预混料（1%）	1.00
花生粕（GB2）	20.00	食盐	0.46
麦饭石	13.89	营养素名称	营养含量
甘薯干（GB）	10.00	粗蛋白/%	17.00
麦芽根	9.36	钙/%	1.00
荞麦	2.13	总磷/%	0.70
磷酸氢钙	1.91		

青年牛全价饲料配方 56

原 料 名 称	含量/%	原 料 名 称	含量/%
大麦（皮 GB1）	20.00	磷酸氢钙	1.75
碎米	20.00	细石粉	1.31
麦芽根	20.00	牛预混料（1%）	1.00
甘薯干（GB）	10.00	食盐	0.40
荞麦	9.16	营养素名称	营养含量
DDGS——玉米溶浆蛋白	8.85	粗蛋白/%	16.00
麦饭石	2.88	钙/%	1.00
粉浆蛋白粉	2.65	总磷/%	0.70
米糠	2.00		

青年牛全价饲料配方 57

原 料 名 称	含量/%	原 料 名 称	含量/%
大麦（皮 GB1）	20.00	细石粉	1.25
麦芽根	20.00	牛预混料（1%）	1.0
荞麦	20.00	玉米蛋白粉（50%CP）	0.4
玉米（GB2）	10.27	食盐	0.4
甘薯干（GB）	10.00	营养素名称	营养含量
DDGS——玉米溶浆蛋白	8.23	粗蛋白/%	15.00
小麦麸（GB1）	6.90	钙/%	0.90
磷酸氢钙	1.55	总磷/%	0.70

青年牛全价饲料配方 58

原 料 名 称	含量/%	原 料 名 称	含量/%
大麦（皮 GB1）	20.00	磷酸氢钙	1.34
麦芽根	20.00	细石粉	1.26
荞麦	20.00	牛预混料（1%）	1.00
小麦麸（GB1）	12.28	食盐	0.40
甘薯干（GB）	10.00	营养素名称	营养含量
DDGS——玉米溶浆蛋白	7.83	粗蛋白/%	16.00
玉米（GB2）	3.72	钙/%	0.90
玉米蛋白粉（50%CP）	2.17	总磷/%	0.70

青年牛全价饲料配方 59

原 料 名 称	含量/%	原 料 名 称	含量/%
小麦麸(GB1)	20.00	细石粉	1.23
荞麦	20.00	牛预混料(1%)	1.00
玉米(GB2)	19.11	食盐	0.40
苜蓿草粉(GB1)	11.33	营养素名称	营养含量
甘薯干(GB)	10.00	粗蛋白/%	17.00
粉浆蛋白粉	8.10	钙/%	1.00
DDGS——玉米溶浆蛋白	7.46	总磷/%	0.70
磷酸氢钙	1.37		

青年牛全价饲料配方 60

原 料 名 称	含量/%	原 料 名 称	含量/%
玉米(GB2)	20.96	细石粉	1.21
小麦麸(GB1)	20.00	牛预混料(1%)	1.00
荞麦	20.00	食盐	0.40
苜蓿草粉(GB1)	11.17	营养素名称	营养含量
甘薯干(GB)	10.00	粗蛋白/%	16.00
DDGS——玉米溶浆蛋白	7.46	钙/%	1.00
粉浆蛋白粉	6.40	总磷/%	0.70
磷酸氢钙	1.41		

青年牛全价饲料配方 61

原 料 名 称	含量/%	原 料 名 称	含量/%
玉米(GB2)	40.00	牛预混料(1%)	1.00
苜蓿草粉(GB1)	20.00	麦饭石	0.63
甘薯干(GB)	10.00	细石粉	0.52
DDGS——玉米溶浆蛋白	8.82	食盐	0.40
玉米(GB1)	7.66	营养素名称	营养含量
粉浆蛋白粉	6.93	粗蛋白/%	16.00
磷酸氢钙	2.05	钙/%	1.00
米糠	2.00	总磷/%	0.70

青年牛全价饲料配方 62

原 料 名 称	含量/%	原 料 名 称	含量/%
玉米(GB2)	40.00	牛预混料(1%)	1.00
苜蓿草粉(GB1)	20.00	麦饭石	0.70
甘薯干(GB)	10.00	细石粉	0.54
DDGS——玉米溶浆蛋白	8.81	食盐	0.40
粉浆蛋白粉	8.71	营养素名称	营养含量
玉米(GB1)	5.83	粗蛋白/%	17.00
磷酸氢钙	2.01	钙/%	1.00
米糠	2.00	总磷/%	0.70

青年牛全价饲料配方 63

原 料 名 称	含量/%	原 料 名 称	含量/%
玉米（GB1）	20.00	磷酸氢钙	1.81
葵粕（GB2）	20.00	细石粉	1.33
玉米（GB2）	19.95	牛预混料（1%）	1.00
甘薯干（GB）	10.00	食盐	0.40
玉米蛋白粉（50%CP）	8.47	营养素名称	营养含量
DDGS——玉米溶浆蛋白	8.35	粗蛋白/%	17.00
麦饭石	6.69	钙/%	1.00
米糠	2.00	总磷/%	0.70

青年牛全价饲料配方 64

原 料 名 称	含量/%	原 料 名 称	含量/%
玉米（GB2）	24.73	磷酸氢钙	1.80
玉米（GB1）	20.00	细石粉	1.34
葵粕（GB2）	20.00	牛预混料（1%）	1.00
甘薯干（GB）	10.00	食盐	0.40
DDGS——玉米溶浆蛋白	8.36	营养素名称	营养含量
玉米蛋白粉（50%CP）	5.70	粗蛋白/%	16.00
麦饭石	4.66	钙/%	1.00
米糠	2.00	总磷/%	0.70

青年牛全价饲料配方 65

原 料 名 称	含量/%	原 料 名 称	含量/%
玉米（GB2）	29.52	磷酸氢钙	1.79
玉米（GB1）	20.00	细石粉	1.35
葵粕（GB2）	20.00	牛预混料（1%）	1.00
甘薯干（GB）	10.00	食盐	0.40
DDGS——玉米溶浆蛋白	8.38	营养素名称	营养含量
玉米蛋白粉（50%CP）	2.93	粗蛋白/%	15.00
麦饭石	2.63	钙/%	1.00
米糠	2.00	总磷/%	0.70

青年牛全价饲料配方 66

原 料 名 称	含量/%	原 料 名 称	含量/%
玉米（GB2）	30.58	细石粉	1.06
玉米（GB1）	20.00	牛预混料（1%）	1.00
麦饭石	20.00	食盐	0.40
玉米蛋白粉（60%CP）	11.76	营养素名称	营养含量
DDGS——玉米溶浆蛋白	8.68	粗蛋白/%	16.00
磷酸氢钙	2.48	钙/%	1.00
玉米蛋白粉（50%CP）	2.05	总磷/%	0.70
米糠	2.00		

青年牛全价饲料配方 67

原 料 名 称	含量/%	原 料 名 称	含量/%
玉米(GB2)	27.93	细石粉	1.06
玉米(GB1)	20.00	牛预混料(1%)	1.00
麦饭石	20.00	食盐	0.40
玉米蛋白粉(60%CP)	15.23	营养素名称	营养含量
DDGS——玉米溶浆蛋白	8.70	粗蛋白/%	17.00
磷酸氢钙	2.48	钙/%	1.00
米糠	2.00	总磷/%	0.70
燕麦秸秆粉	1.20		

青年牛全价饲料配方 68

原 料 名 称	含量/%	原 料 名 称	含量/%
玉米(GB2)	40.00	细石粉	0.80
玉米(GB1)	20.00	米糠	0.56
小麦(GB2)	20.00	食盐	0.40
马铃薯浓缩蛋白	10.77	营养素名称	营养含量
玉米(GB3)	4.00	粗蛋白/%	17.00
磷酸氢钙	2.47	钙/%	0.90
牛预混料(1%)	1.00	总磷/%	0.70

青年牛全价饲料配方 69

原 料 名 称	含量/%	原 料 名 称	含量/%
玉米(GB2)	40.00	牛预混料(1%)	1.00
玉米(GB1)	20.00	细石粉	0.89
小麦(GB2)	20.00	食盐	0.40
马铃薯浓缩蛋白	9.23	营养素名称	营养含量
玉米(GB3)	4.00	粗蛋白/%	16.00
磷酸氢钙	2.47	钙/%	0.93
米糠	2.00	总磷/%	0.70

青年牛全价饲料配方 70

原 料 名 称	含量/%	原 料 名 称	含量/%
玉米(GB2)	40.00	高蛋白啤酒酵母	0.69
小麦(GB2)	20.00	细石粉	0.48
槐叶粉	20.00	食盐	0.40
棉粕(GB2)	5.00	豆粕(GB2)	0.12
菜粕(GB2)	5.00	营养素名称	营养含量
燕麦秸秆粉	3.28	粗蛋白/%	15.00
磷酸氢钙	2.03	钙/%	1.00
米糠	2.00	总磷/%	0.70
牛预混料(1%)	1.00		

青年牛全价饲料配方 71

原 料 名 称	含量/%	原 料 名 称	含量/%
玉米(GB2)	40.00	牛预混料(1%)	1.00
小麦(GB2)	20.00	细石粉	0.48
槐叶粉	20.00	食盐	0.40
棉粕(GB2)	5.00	豆粕(GB2)	0.12
菜粕(GB2)	5.00	营养素名称	营养含量
高蛋白啤酒酵母	2.27	粗蛋白/%	16.00
磷酸氢钙	2.03	钙/%	1.00
米糠	2.00	总磷/%	0.70
燕麦秸秆粉	1.70		

青年牛全价饲料配方 72

原 料 名 称	含量/%	原 料 名 称	含量/%
玉米(GB2)	40.00	细石粉	1.11
小麦(GB2)	20.00	牛预混料(1%)	1.00
棉粕(去皮)	17.36	食盐	0.40
燕麦秸秆粉	5.75	豆粕(GB2)	0.12
棉粕(GB2)	5.00	营养素名称	营养含量
菜粕(GB2)	5.00	粗蛋白/%	18.00
磷酸氢钙	2.26	钙/%	1.00
米糠	2.00	总磷/%	0.70

青年牛全价饲料配方 73

原 料 名 称	含量/%	原 料 名 称	含量/%
玉米(GB2)	40.00	细石粉	1.11
小麦(GB2)	20.00	牛预混料(1%)	1.00
棉粕(去皮)	14.46	食盐	0.40
燕麦秸秆粉	8.65	豆粕(GB2)	0.12
棉粕(GB2)	5.00	营养素名称	营养含量
菜粕(GB2)	5.00	粗蛋白/%	17.00
磷酸氢钙	2.26	钙/%	1.00
米糠	2.00	总磷/%	0.70

青年牛全价饲料配方 74

原 料 名 称	含量/%	原 料 名 称	含量/%
玉米(GB2)	40.00	细石粉	1.11
小麦(GB2)	20.00	牛预混料(1%)	1.00
棉粕(去皮)	11.56	食盐	0.40
燕麦秸秆粉	11.55	豆粕(GB2)	0.12
棉粕(GB2)	5.00	营养素名称	营养含量
菜粕(GB2)	5.00	粗蛋白/%	16.00
磷酸氢钙	2.26	钙/%	1.00
米糠	2.00	总磷/%	0.70

青年牛全价饲料配方 75

原 料 名 称	含量/%	原 料 名 称	含量/%
玉米(GB2)	37.15	磷酸氢钙	1.15
菜粕(GB2)	20.00	牛预混料(1%)	1.00
干蒸大麦酒糟	16.11	食盐	0.70
麦饭石	10.00	棉粕(GB2)	0.12
高粱	5.00	营养素名称	营养含量
小麦麸	5.00	粗蛋白/%	16.00
米糠	2.00	钙/%	1.00
细石粉	1.77	总磷/%	0.50

青年牛全价饲料配方 76

原 料 名 称	含量/%	原 料 名 称	含量/%
玉米(GB2)	34.47	细石粉	1.84
菜粕(GB2)	20.00	磷酸氢钙	1.01
干蒸大麦酒糟	15.81	牛预混料(1%)	1.00
麦饭石	10.00	食盐	0.70
高粱	5.00	营养素名称	营养含量
小麦麸	5.00	粗蛋白/%	17.00
棉粕(GB2)	3.17	钙/%	1.00
米糠	2.00	总磷/%	0.50

青年牛全价饲料配方 77

原 料 名 称	含量/%	原 料 名 称	含量/%
玉米（GB2）	40.00	米糠	2.00
菜粕（GB2）	20.00	牛预混料（1%）	1.00
棉粕（GB2）	10.00	食盐	0.70
麦饭石	10.00	磷酸氢钙	0.50
高粱	5.00	营养素名称	营养含量
小麦麸	5.00	粗蛋白/%	17.00
玉米淀粉	3.70	钙/%	1.00
细石粉	2.09	总磷/%	0.50

青年牛全价饲料配方 78

原 料 名 称	含量/%	原 料 名 称	含量/%
玉米（GB2）	40.00	米糠	2.00
菜粕（GB2）	20.00	牛预混料（1%）	1.00
麦饭石	10.00	食盐	0.70
棉粕（GB2）	7.63	磷酸氢钙	0.65
玉米淀粉	6.00	营养素名称	营养含量
高粱	5.00	粗蛋白/%	16.00
小麦麸	5.00	钙/%	1.00
细石粉	2.02	总磷/%	0.50

青年牛全价饲料配方 79

原 料 名 称	含量/%	原 料 名 称	含量/%
玉米（GB2）	40.00	细石粉	1.95
菜粕（GB2）	20.00	牛预混料（1%）	1.00
麦饭石	10.00	磷酸氢钙	0.79
玉米淀粉	8.29	食盐	0.70
棉粕（GB2）	5.26	营养素名称	营养含量
高粱	5.00	粗蛋白/%	15.00
小麦麸	5.00	钙/%	1.00
米糠	2.00	总磷/%	0.50

青年牛全价饲料配方 80

原 料 名 称	含量/%	原 料 名 称	含量/%
米糠（GB2）	85.73	食盐	0.40
花生粕（GB2）	8.30	营养素名称	营养含量
棉粕（GB2）	2.63	粗蛋白/%	16.00
细石粉	1.93	钙/%	1.00
牛预混料（1%）	1.00	总磷/%	1.39

青年牛浓缩饲料配方 1

原 料 名 称	含量/%	原 料 名 称	含量/%
花生粕(GB1)	20.00	棉粕(GB2)	2.63
花生粕(GB2)	20.00	磷酸氢钙	1.22
葵粕(GB2)	20.00	贝壳粉	0.50
米糠(GB2)	15.00	营养素名称	营养含量
米糠粕(GB1)	8.17	粗蛋白/%	32.00
玉米蛋白粉(60%CP)	5.48	钙/%	2.00
细石粉	4.00	总磷/%	1.00
牛预混料(1%)	3.00		

青年牛浓缩饲料配方 2

原 料 名 称	含量/%	原 料 名 称	含量/%
花生粕(GB1)	20.00	棉粕(GB2)	1.91
花生粕(GB2)	20.00	磷酸氢钙	1.23
葵粕(GB2)	20.00	贝壳粉	0.50
米糠(GB2)	15.00	营养素名称	营养含量
玉米蛋白粉(60%CP)	7.93	粗蛋白/%	33.00
米糠粕(GB1)	6.43	钙/%	2.00
细石粉	4.00	总磷/%	0.97
牛预混料(1%)	3.00		

青年牛浓缩饲料配方 3

原 料 名 称	含量/%	原 料 名 称	含量/%
花生粕(GB1)	20.00	磷酸氢钙	1.24
花生粕(GB2)	20.00	棉粕(GB2)	1.19
葵粕(GB2)	20.00	贝壳粉	0.50
米糠(GB2)	15.00	营养素名称	营养含量
玉米蛋白粉(60%CP)	10.38	粗蛋白/%	34.00
米糠粕(GB1)	4.69	钙/%	2.00
细石粉	4.00	总磷/%	0.95
牛预混料(1%)	3.00		

青年牛浓缩饲料配方 4

原 料 名 称	含量/%	原 料 名 称	含量/%
花生粕（GB1）	20.00	麦饭石	2.32
花生粕（GB2）	20.00	磷酸氢钙	1.27
葵粕（GB2）	20.00	食盐	0.40
米糠（GB2）	15.00	营养素名称	营养含量
玉米蛋白粉（60%CP）	9.94	粗蛋白/%	34.00
细石粉	4.44	钙/%	2.00
棉粕（GB2）	3.63	总磷/%	0.89
牛预混料（1%）	3.00		

青年牛浓缩饲料配方 5

原 料 名 称	含量/%	原 料 名 称	含量/%
花生粕（GB1）	20.00	牛预混料（1%）	3.00
花生粕（GB2）	20.00	磷酸氢钙	1.27
葵粕（GB2）	20.00	食盐	0.40
米糠（GB2）	15.00	营养素名称	营养含量
玉米蛋白粉（60%CP）	7.33	粗蛋白/%	33.00
棉粕（GB2）	5.25	钙/%	2.00
细石粉	4.44	总磷/%	0.89
麦饭石	3.31		

青年牛浓缩饲料配方 6

原 料 名 称	含量/%	原 料 名 称	含量/%
棉粕（GB1）	20.00	麦饭石	1.86
葵粕（GB2）	20.00	磷酸氢钙	1.50
玉米蛋白粉（60%CP）	16.98	食盐	0.40
米糠（GB2）	15.00	营养素名称	营养含量
葵粕（GB2）	13.08	粗蛋白/%	33.00
细石粉	4.37	钙/%	2.00
棉粕（GB2）	3.82	总磷/%	1.05
牛预混料（1%）	3.00		

青年牛浓缩饲料配方 7

原 料 名 称	含量/%	原 料 名 称	含量/%
玉米蛋白粉(60%CP)	20.88	磷酸氢钙	1.44
棉粕(GB1)	20.00	葵粕(GB2)	1.18
葵粕(GB2)	20.00	食盐	0.40
米糠(GB2)	15.00	营养素名称	营养含量
棉粕(GB2)	10.57	粗蛋白/%	34.00
细石粉	4.44	钙/%	2.00
膨润土	3.09	总磷/%	0.99
牛预混料(1%)	3.00		

青年牛浓缩饲料配方 8

原 料 名 称	含量/%	原 料 名 称	含量/%
玉米蛋白粉(60%CP)	21.64	牛预混料(1%)	3.00
棉粕(GB1)	20.00	磷酸氢钙	1.40
葵粕(GB2)	20.00	食盐	0.40
棉粕(GB2)	16.05	营养素名称	营养含量
膨润土	8.89	粗蛋白/%	35.00
细石粉	4.46	钙/%	2.00
米糠(GB2)	4.16	总磷/%	0.88

青年牛浓缩饲料配方 9

原 料 名 称	含量/%	原 料 名 称	含量/%
玉米蛋白粉(60%CP)	21.64	牛预混料(1%)	3.00
棉粕(GB1)	20.00	磷酸氢钙	1.40
葵粕(GB2)	20.00	食盐	0.40
棉粕(GB2)	16.05	营养素名称	营养含量
膨润土	8.89	粗蛋白/%	35.00
细石粉	4.46	钙/%	2.00
米糠(GB2)	4.16	总磷/%	0.88

青年牛浓缩饲料配方 10

原 料 名 称	含量/%	原 料 名 称	含量/%
葵粕(GB2)	30.00	牛预混料(1%)	3.00
棉粕(GB1)	20.00	磷酸氢钙	1.45
玉米蛋白粉(60%CP)	18.74	食盐	0.40
棉粕(GB2)	10.16	营养素名称	营养含量
米糠(GB2)	7.65	粗蛋白/%	34.00
细石粉	4.40	钙/%	2.00
膨润土	4.20	总磷/%	0.95

青年牛浓缩饲料配方 11

原料名称	含量/%	原料名称	含量/%
葵花粕（GB2）	30.00	牛预混料（1%）	3.00
棉粕（GB1）	20.00	磷酸氢钙	1.50
玉米蛋白粉（60%CP）	16.88	食盐	0.40
米糠（GB2）	14.70	营养素名称	营养含量
葵花粕（GB2）	4.93	粗蛋白/%	33.00
细石粉	4.36	钙/%	2.00
棉粕（GB2）	4.24	总磷/%	1.05

青年牛浓缩饲料配方 12

原料名称	含量/%	原料名称	含量/%
菜粕（GB1）	20.00	牛预混料（1%）	3.00
棉粕（GB2）	20.00	磷酸氢钙	1.11
玉米蛋白粉（60%CP）	18.04	食盐	0.40
米糠（GB2）	15.00	营养素名称	营养含量
菜粕（GB2）	11.10	粗蛋白/%	33.00
麦饭石	7.06	钙/%	2.00
细石粉	4.29	总磷/%	0.96

青年牛浓缩饲料配方 13

原料名称	含量/%	原料名称	含量/%
玉米蛋白粉（60%CP）	20.71	磷酸氢钙	1.13
菜粕（GB1）	20.00	棉粕（GB2）	0.80
棉子粕（GB1）	20.00	食盐	0.40
米糠（GB2）	15.00	营养素名称	营养含量
菜粕（GB2）	8.08	粗蛋白/%	34.00
膨润土	6.56	钙/%	2.00
细石粉	4.33	总磷/%	0.95
牛预混料（1%）	3.00		

青年牛浓缩饲料配方 14

原料名称	含量/%	原料名称	含量/%
玉米蛋白粉（60%CP）	21.92	细石粉	1.36
菜粕（GB1）	20.00	磷酸氢钙	1.16
次粉（NY/T2）	16.93	食盐	0.40
小麦麸（GB1）	15.00	营养素名称	营养含量
菜粕（GB2）	14.13	粗蛋白/%	34.00
豆粕（GB1）	6.10	钙/%	1.00
牛预混料（1%）	3.00	总磷/%	0.90

青年牛浓缩饲料配方 15

原 料 名 称	含量/%	原 料 名 称	含量/%
菜粕(GB1)	20.00	细石粉	1.39
菜粕(GB2)	20.00	磷酸氢钙	0.98
玉米蛋白粉(60%CP)	19.72	食盐	0.40
米糠(GB2)	15.00	营养素名称	营养含量
小麦麸(GB1)	15.00	粗蛋白/%	33.00
牛预混料(1%)	3.00	钙/%	1.00
豆粕(GB1)	2.97	总磷/%	1.05
米糠粕(GB1)	1.54		

青年牛浓缩饲料配方 16

原 料 名 称	含量/%	原 料 名 称	含量/%
玉米蛋白粉(60%CP)	30.45	细石粉	1.52
次粉(NY/T2)	19.39	食盐	0.40
小麦麸(GB1)	15.00	营养素名称	营养含量
豆粕(GB1)	14.77	粗蛋白/%	33.00
米糠(GB2)	13.76	钙/%	1.00
牛预混料(1%)	3.00	总磷/%	0.93
磷酸氢钙	1.71		

青年牛浓缩饲料配方 17

原 料 名 称	含量/%	原 料 名 称	含量/%
玉米蛋白粉(60%CP)	31.57	磷酸氢钙	1.75
次粉(NY/T2)	20.00	食盐	0.40
豆粕(GB1)	17.89	营养素名称	营养含量
小麦麸(GB1)	15.00	粗蛋白/%	33.50
膨润土	6.04	钙/%	2.00
细石粉	4.35	总磷/%	0.77
牛预混料(1%)	3.00		

青年牛浓缩饲料配方 18

原 料 名 称	含量/%	原 料 名 称	含量/%
玉米蛋白粉(60%CP)	31.57	磷酸氢钙	1.75
次粉(NY/T2)	20.00	食盐	0.40
豆粕(GB1)	17.89	营养素名称	营养含量
小麦麸(GB1)	15.00	粗蛋白/%	33.50
膨润土	6.04	钙/%	2.00
细石粉	4.35	总磷/%	0.77
牛预混料(1%)	3.00		

青年牛浓缩饲料配方 19

原 料 名 称	含量/%	原 料 名 称	含量/%
玉米蛋白粉（60%CP）	32.47	磷酸氢钙	1.76
次粉（NY/T2）	20.00	食盐	0.40
豆粕（GB1）	15.61	营养素名称	营养含量
小麦麸（GB1）	15.00	粗蛋白/%	33.00
膨润土	7.39	钙/%	2.00
细石粉	4.36	总磷/%	0.76
牛预混料（1%）	3.00		

青年牛浓缩饲料配方 20

原 料 名 称	含量/%	原 料 名 称	含量/%
玉米蛋白粉（60%CP）	31.57	磷酸氢钙	1.75
次粉（NY/T2）	20.00	食盐	0.40
豆粕（GB1）	17.89	营养素名称	营养含量
小麦麸（GB1）	15.00	粗蛋白/%	33.50
膨润土	6.04	钙/%	2.00
细石粉	4.35	总磷/%	0.77
牛预混料（1%）	3.00		

青年牛浓缩饲料配方 21

原 料 名 称	含量/%	原 料 名 称	含量/%
玉米蛋白粉（60%CP）	33.38	磷酸氢钙	1.78
次粉（NY/T2）	20.00	食盐	0.40
小麦麸（GB1）	15.00	营养素名称	营养含量
豆粕（GB1）	13.31	粗蛋白/%	32.50
麦饭石	8.76	钙/%	2.00
细石粉	4.37	总磷/%	0.76
牛预混料（1%）	3.00		

青年牛浓缩饲料配方 22

原 料 名 称	含量/%	原 料 名 称	含量/%
玉米蛋白粉（60%CP）	33.29	磷酸氢钙	1.72
豆粕（GB1）	19.24	食盐	0.40
膨润土	15.00	营养素名称	营养含量
小麦麸（GB1）	15.00	粗蛋白/%	32.50
麦饭石	7.95	钙/%	2.00
细石粉	4.40	总磷/%	0.68
牛预混料（1%）	3.00		

青年牛浓缩饲料配方 23

原 料 名 称	含量/%	原 料 名 称	含量/%
玉米蛋白粉(60%CP)	32.57	磷酸氢钙	1.71
豆粕(GB1)	21.08	食盐	0.40
膨润土	15.00	营养素名称	营养含量
小麦麸(GB1)	15.00	粗蛋白/%	32.90
麦饭石	6.86	钙/%	2.00
细石粉	4.39	总磷/%	0.68
牛预混料(1%)	3.00		

青年牛浓缩饲料配方 24

原 料 名 称	含量/%	原 料 名 称	含量/%
玉米蛋白粉(60%CP)	32.83	磷酸氢钙	1.65
小麦麸(GB1)	20.00	食盐	0.40
豆粕(GB1)	19.27	营养素名称	营养含量
膨润土	15.00	粗蛋白/%	33.00
细石粉	4.43	钙/%	2.00
麦饭石	3.44	总磷/%	0.71
牛预混料(1%)	3.00		

青年牛浓缩饲料配方 25

原 料 名 称	含量/%	原 料 名 称	含量/%
玉米蛋白粉(60%CP)	32.46	磷酸氢钙	1.64
豆粕(GB1)	20.18	食盐	0.40
小麦麸(GB1)	20.00	营养素名称	营养含量
膨润土	15.00	粗蛋白/%	33.20
细石粉	4.42	钙/%	2.00
牛预混料(1%)	3.00	总磷/%	0.71
麦饭石	2.89		

青年牛浓缩饲料配方 26

原 料 名 称	含量/%	原 料 名 称	含量/%
玉米蛋白粉(60%CP)	32.31	磷酸氢钙	1.51
小麦麸(GB1)	30.00	食盐	0.40
豆粕(GB1)	18.24	营养素名称	营养含量
膨润土	10.05	粗蛋白/%	33.80
细石粉	4.49	钙/%	2.00
牛预混料(1%)	3.00	总磷/%	0.77

青年牛浓缩饲料配方 27

原 料 名 称	含量/%	原 料 名 称	含量/%
玉米蛋白粉（50%CP）	20.00	磷酸氢钙	1.66
花生粕（GB1）	20.00	大豆油	1.00
葵花粕（GB2）	20.00	食盐	0.40
豆粕（GB1）	15.00	营养素名称	营养含量
麦饭石	7.91	粗蛋白/%	33.00
花生粕（GB2）	6.23	钙/%	2.20
细石粉	4.79	总磷/%	0.76
牛预混料（1%）	3.00		

青年牛浓缩饲料配方 28

原 料 名 称	含量/%	原 料 名 称	含量/%
玉米蛋白粉（50%CP）	20.00	磷酸氢钙	1.64
花生粕（GB1）	20.00	大豆油	1.00
葵花粕（GB2）	20.00	食盐	0.40
豆粕（GB1）	15.00	营养素名称	营养含量
花生粕（GB2）	7.28	粗蛋白/%	33.50
麦饭石	6.88	钙/%	2.20
细石粉	4.80	总磷/%	0.76
牛预混料（1%）	3.00		

青年牛浓缩饲料配方 29

原 料 名 称	含量/%	原 料 名 称	含量/%
玉米蛋白粉（50%CP）	20.00	磷酸氢钙	1.64
花生粕（GB1）	20.00	大豆油	1.00
葵花粕（GB2）	20.00	食盐	0.40
豆粕（GB1）	15.00	营养素名称	营养含量
花生粕（GB2）	7.28	粗蛋白/%	33.50
麦饭石	6.88	钙/%	2.20
细石粉	4.80	总磷/%	0.76
牛预混料（1%）	3.00		

青年牛浓缩饲料配方 30

原 料 名 称	含量/%	原 料 名 称	含量/%
玉米蛋白粉（50%CP）	20.00	磷酸氢钙	1.60
花生粕（GB1）	20.00	大豆油	1.00
葵粕（GB2）	20.00	食盐	0.40
豆粕（GB1）	15.00	营养素名称	营养含量
花生粕（GB2）	9.37	粗蛋白/%	34.50
麦饭石	4.82	钙/%	2.20
细石粉	4.81	总磷/%	0.76
牛预混料（1%）	3.00		

青年牛浓缩饲料配方 31

原 料 名 称	含量/%	原 料 名 称	含量/%
玉米蛋白粉(50%CP)	20.00	磷酸氢钙	1.66
棉粕(GB2)	20.00	大豆油	1.00
葵粕(GB3)	20.00	食盐	0.40
葵粕(GB2)	15.95	营养素名称	营养含量
豆粕(GB1)	15.00	粗蛋白/%	35.00
细石粉	4.00	钙/%	1.94
牛预混料(1%)	2.00	总磷/%	0.96

青年牛浓缩饲料配方 32

原 料 名 称	含量/%	原 料 名 称	含量/%
玉米蛋白粉(50%CP)	20.00	大豆油	1.00
棉粕(GB2)	20.00	麦饭石	0.61
葵粕(GB3)	20.00	食盐	0.40
豆粕(GB1)	15.00	营养素名称	营养含量
葵粕(GB2)	14.58	粗蛋白/%	34.50
细石粉	4.75	钙/%	2.20
牛预混料(1%)	2.00	总磷/%	0.95
磷酸氢钙	1.67		

青年牛浓缩饲料配方 33

原 料 名 称	含量/%	原 料 名 称	含量/%
玉米蛋白粉(50%CP)	20.00	磷酸氢钙	1.69
棉粕(GB2)	20.00	大豆油	1.00
葵粕(GB3)	20.00	食盐	0.40
豆粕(GB1)	15.00	营养素名称	营养含量
葵粕(GB2)	13.21	粗蛋白/%	34.00
细石粉	4.75	钙/%	2.20
牛预混料(1%)	2.00	总磷/%	0.94
麦饭石	1.96		

青年牛浓缩饲料配方 34

原 料 名 称	含量/%	原 料 名 称	含量/%
玉米蛋白粉(50%CP)	20.00	磷酸氢钙	1.70
棉粕(GB2)	20.00	大豆油	1.00
葵粕(GB3)	20.00	食盐	0.40
豆粕(GB1)	15.00	营养素名称	营养含量
葵粕(GB2)	11.84	粗蛋白/%	33.50
细石粉	4.75	钙/%	2.20
麦饭石	3.31	总磷/%	0.92
牛预混料(1%)	2.00		

青年牛浓缩饲料配方 35

原 料 名 称	含量/%	原 料 名 称	含量/%
玉米蛋白粉（50%CP）	20.00	磷酸氢钙	1.72
棉粕（GB2）	20.00	大豆油	1.00
葵粕（GB3）	20.00	食盐	0.40
豆粕（GB1）	15.00	营养素名称	营养含量
葵粕（GB2）	10.47	粗蛋白/%	33.00
细石粉	4.75	钙/%	2.20
麦饭石	4.67	总磷/%	0.91
牛预混料（1%）	2.00		

青年牛浓缩饲料配方 36

原 料 名 称	含量/%	原 料 名 称	含量/%
葵粕（GB2）	20.00	磷酸氢钙	1.36
棉粕（GB2）	20.00	大豆油	1.00
葵粕（GB3）	20.00	食盐	0.40
豆粕（GB1）	15.00	营养素名称	营养含量
菜粕（GB2）	9.79	粗蛋白/%	32.00
麦饭石	5.70	钙/%	2.20
细石粉	4.74	总磷/%	0.98
牛预混料（1%）	2.00		

青年牛浓缩饲料配方 37

原 料 名 称	含量/%	原 料 名 称	含量/%
葵粕（GB2）	20.00	磷酸氢钙	1.33
棉粕（GB2）	20.00	菜粕（GB2）	1.22
葵粕（GB3）	20.00	大豆油	1.00
豆粕（GB1）	15.00	食盐	0.40
菜粕（GB1）	10.00	营养素名称	营养含量
细石粉	4.74	粗蛋白/%	32.50
麦饭石	4.31	钙/%	2.20
牛预混料（1%）	2.00	总磷/%	0.99

青年牛浓缩饲料配方 38

原 料 名 称	含量/%	原 料 名 称	含量/%
葵粕(GB2)	20.00	牛预混料(1%)	2.00
棉粕(GB2)	20.00	磷酸氢钙	1.30
葵粕(GB3)	20.00	大豆油	1.00
豆粕(GB1)	15.00	食盐	0.40
菜粕(GB1)	10.00	营养素名称	营养含量
细石粉	4.73	粗蛋白/%	33.00
麦饭石	2.89	钙/%	2.20
菜粕(GB2)	2.68	总磷/%	1.00

青年牛浓缩饲料配方 39

原 料 名 称	含量/%	原 料 名 称	含量/%
葵粕(GB2)	20.00	麦饭石	1.47
棉粕(GB2)	20.00	磷酸氢钙	1.27
葵粕(GB3)	20.00	大豆油	1.00
豆粕(GB1)	15.00	食盐	0.40
菜粕(GB1)	10.00	营养素名称	营养含量
细石粉	4.72	粗蛋白/%	33.50
菜粕(GB2)	4.14	钙/%	2.20
牛预混料(1%)	2.00	总磷/%	1.01

青年牛浓缩饲料配方 40

原 料 名 称	含量/%	原 料 名 称	含量/%
葵粕(GB2)	20.00	磷酸氢钙	1.24
棉粕(GB2)	20.00	大豆油	1.00
葵粕(GB3)	20.00	食盐	0.40
豆粕(GB1)	15.00	麦饭石	0.05
菜粕(GB1)	10.00	营养素名称	营养含量
菜粕(GB2)	5.60	粗蛋白/%	34.00
细石粉	4.71	钙/%	2.20
牛预混料(1%)	2.00	总磷/%	1.02

青年牛浓缩饲料配方 41

原 料 名 称	含量/%	原 料 名 称	含量/%
葵粕（GB2）	20.00	磷酸氢钙	1.21
棉粕（GB2）	20.00	大豆油	1.00
葵粕（GB3）	20.00	食盐	0.40
豆粕（GB1）	15.00	营养素名称	营养含量
菜粕（GB1）	10.00	粗蛋白/%	34.50
菜粕（GB2）	7.06	钙/%	1.72
细石粉	3.34	总磷/%	1.03
牛预混料（1%）	2.00		

青年牛浓缩饲料配方 42

原 料 名 称	含量/千克	原 料 名 称	含量/千克
棉粕（GB1）	200.00	牛预混料（1%）	20.00
棉粕（GB2）	200.00	大豆油	10.00
菜粕（GB1）	200.00	磷酸氢钙	9.03
豆粕（GB1）	150.00	食盐	4.00
菜粕（GB2）	100.00	营养素名称	营养含量
细石粉	47.69	粗蛋白/%	35.50
DDGS——玉米溶浆蛋白	37.91	钙/%	2.20
麦饭石	21.37	总磷/%	0.92

青年牛浓缩饲料配方 43

原 料 名 称	含量/千克	原 料 名 称	含量/千克
棉粕（GB1）	200.00	大豆油	10.00
菜粕（GB1）	200.00	磷酸氢钙	9.20
棉粕（GB2）	192.00	食盐	4.00
豆粕（GB1）	150.00	营养素名称	营养含量
菜粕（GB2）	100.00	粗蛋白/%	34.00
麦饭石	66.71	钙/%	2.20
细石粉	48.09	总磷/%	0.89
牛预混料（1%）	20.00		

青年牛浓缩饲料配方 44

原 料 名 称	含量/千克	原 料 名 称	含量/千克
棉粕(GB1)	200.00	大豆油	10.00
棉粕(GB2)	200.00	磷酸氢钙	9.03
菜粕(GB1)	200.00	DDGS——玉米溶浆蛋白	5.23
豆粕(GB1)	150.00	食盐	4.00
菜粕(GB2)	100.00	营养素名称	营养含量
麦饭石	53.66	粗蛋白/%	34.50
细石粉	48.08	钙/%	2.20
牛预混料(1%)	20.00	总磷/%	0.90

青年牛浓缩饲料配方 45

原 料 名 称	含量/千克	原 料 名 称	含量/千克
棉粕(GB1)	200.00	大豆油	10.00
菜粕(GB1)	200.00	磷酸氢钙	9.68
棉粕(GB2)	168.47	食盐	4.00
豆粕(GB1)	150.00	营养素名称	营养含量
菜粕(GB2)	100.00	粗蛋白/%	33.00
麦饭石	89.88	钙/%	2.20
细石粉	47.96	总磷/%	0.88
牛预混料(1%)	20.00		

青年牛浓缩饲料配方 46

原 料 名 称	含量/千克	原 料 名 称	含量/千克
棉粕(GB1)	200.00	大豆油	10.00
菜粕(GB1)	200.00	磷酸氢钙	9.44
棉粕(GB2)	180.24	食盐	4.00
豆粕(GB1)	150.00	营养素名称	营养含量
菜粕(GB2)	100.00	粗蛋白/%	33.50
麦饭石	78.30	钙/%	2.20
细石粉	48.03	总磷/%	0.88
牛预混料(1%)	20.00		

青年牛浓缩饲料配方 47

原料名称	含量/千克	原料名称	含量/千克
棉粕(GB1)	200.00	大豆油	10.00
菜粕(GB1)	200.00	磷酸氢钙	9.91
棉粕(GB2)	155.89	食盐	4.00
豆粕(GB1)	150.00	米糠粕(GB1)	2.30
菜粕(GB2)	100.00	营养素名称	营养含量
麦饭石	100.00	粗蛋白/%	32.50
细石粉	47.91	钙/%	2.20
牛预混料(1%)	20.00	总磷/%	0.87

青年牛浓缩饲料配方 48

原料名称	含量/千克	原料名称	含量/千克
小麦麸(GB1)	200.00	磷酸氢钙	20.00
棉粕(GB2)	200.00	大麦皮(GB1)	16.75
棉粕(GB1)	121.43	食盐	4.00
菜粕(GB2)	100.00	营养素名称	营养含量
葵粕(GB2)	100.00	粗蛋白/%	32.00
玉米蛋白粉(50%CP)	100.00	钙/%	2.02
豆粕(GB1)	97.83	总磷/%	1.00
细石粉	40.00		

青年牛浓缩饲料配方 49

原料名称	含量/千克	原料名称	含量/千克
棉粕(GB1)	191.81	磷酸氢钙	30.00
棉粕(GB2)	162.91	大豆油	10.00
小麦麸(GB1)	100.00	食盐	5.00
菜粕(GB2)	100.00	赖氨酸(Lys)	1.58
葵粕(GB2)	100.00	营养素名称	营养含量
玉米蛋白粉(50%CP)	100.00	粗蛋白/%	32.00
向日葵粕(部分去皮)	100.00	钙/%	2.50
DDGS——玉米溶浆蛋白	50.00	总磷/%	1.00
细石粉	48.70		

青年牛浓缩饲料配方 50

原 料 名 称	含量/千克	原 料 名 称	含量/千克
菜粕(GB2)	200.00	食盐	5.00
葵粕(GB2)	200.00	大豆油	1.34
玉米蛋白粉(50％CP)	200.00	赖氨酸(Lys)	0.18
棉粕(GB2)	167.53	营养素名称	营养含量
棉粕(GB1)	100.00	粗蛋白/％	32.00
DDGS——玉米溶浆蛋白	50.00	钙/％	2.50
细石粉	45.95	总磷/％	1.24
磷酸氢钙	30.00		

青年牛浓缩饲料配方 51

原 料 名 称	含量/千克	原 料 名 称	含量/千克
棉粕(GB2)	200.00	磷酸氢钙	30.00
葵粕(GB2)	200.00	牛预混料(1％)	10.00
玉米蛋白粉(50％CP)	200.00	食盐	5.00
小麦麸(GB1)	100.00	大豆油	2.55
菜粕(GB2)	100.00	营养素名称	营养含量
豆粕(GB1)	55.36	粗蛋白/％	32.00
DDGS——玉米溶浆蛋白	50.00	钙/％	2.50
细石粉	47.10	总磷/％	1.20

青年牛浓缩饲料配方 52

原 料 名 称	含量/千克	原 料 名 称	含量/千克
棉粕(GB2)	200.00	磷酸氢钙	30.00
葵粕(GB2)	200.00	牛预混料(1％)	10.00
玉米蛋白粉(50％CP)	200.00	食盐	5.00
小麦麸(GB1)	100.00	大豆油	2.55
菜粕(GB2)	100.00	营养素名称	营养含量
豆粕(GB1)	55.36	粗蛋白/％	32.00
DDGS——玉米溶浆蛋白	50.00	钙/％	2.50
细石粉	47.10	总磷/％	1.20

青年牛浓缩饲料配方 53

原 料 名 称	含量/千克	原 料 名 称	含量/千克
棉粕(GB2)	200.00	磷酸氢钙	30.00
葵粕(GB2)	200.00	牛预混料(1%)	10.00
玉米蛋白粉(50%CP)	200.00	食盐	5.00
小麦麸(GB1)	100.00	大豆油	2.55
菜粕(GB2)	100.00	营养素名称	营养含量
豆粕(GB1)	55.36	粗蛋白/%	32.00
DDGS——玉米溶浆蛋白	50.00	钙/%	2.50
细石粉	47.10	总磷/%	1.20

青年牛浓缩饲料配方 54

原 料 名 称	含量/千克	原 料 名 称	含量/千克
棉粕(GB2)	200.00	磷酸氢钙	30.00
葵粕(GB2)	200.00	牛预混料(1%)	10.00
玉米蛋白粉(50%CP)	200.00	食盐	5.00
小麦麸(GB1)	100.00	大豆油	2.55
菜粕(GB2)	100.00	营养素名称	营养含量
豆粕(GB1)	55.36	粗蛋白/%	32.00
DDGS——玉米溶浆蛋白	50.00	钙/%	2.50
细石粉	47.10	总磷/%	1.20

青年牛浓缩饲料配方 55

原 料 名 称	含量/千克	原 料 名 称	含量/千克
棉粕(GB2)	200.00	磷酸氢钙	30.00
葵粕(GB2)	200.00	牛预混料(1%)	10.00
玉米蛋白粉(50%CP)	200.00	食盐	5.00
小麦麸(GB1)	100.00	大豆油	2.55
菜粕(GB2)	100.00	营养素名称	营养含量
豆粕(GB1)	55.36	粗蛋白/%	32.00
DDGS——玉米溶浆蛋白	50.00	钙/%	2.50
细石粉	47.10	总磷/%	1.20

青年牛浓缩饲料配方 56

原 料 名 称	含量/千克	原 料 名 称	含量/千克
菜粕(GB2)	200.00	牛预混料(1%)	10.00
葵粕(GB2)	200.00	食盐	5.00
玉米蛋白粉(50%CP)	200.00	赖氨酸(Lys)	1.38
DDGS——玉米溶浆蛋白	200.00	营养素名称	营养含量
棉粕(GB2)	87.52	粗蛋白/%	32.00
细石粉	49.66	钙/%	2.50
小麦麸(GB1)	24.24	总磷/%	1.07
磷酸氢钙	22.21		

青年牛浓缩饲料配方 57

原 料 名 称	含量/千克	原 料 名 称	含量/千克
菜粕(GB2)	200.00	牛预混料(1%)	10.00
葵粕(GB2)	200.00	食盐	5.00
玉米蛋白粉(50%CP)	200.00	赖氨酸(Lys)	1.86
DDGS——玉米溶浆蛋白	200.00	营养素名称	营养含量
小麦麸(GB1)	60.44	粗蛋白/%	31.00
棉粕(GB2)	50.62	钙/%	2.50
细石粉	49.67	总磷/%	1.07
磷酸氢钙	22.43		

青年牛浓缩饲料配方 58

原 料 名 称	含量/千克	原 料 名 称	含量/千克
棉粕(GB2)	200.00	牛预混料(1%)	10.00
菜粕(GB2)	200.00	食盐	5.00
葵粕(GB2)	200.00	赖氨酸(Lys)	0.37
DDGS——玉米溶浆蛋白	200.00	营养素名称	营养含量
小麦麸(GB1)	100.00	CP/%	30.40
细石粉	50.19	钙/%	2.50
磷酸氢钙	20.00	总磷/%	1.14
豆粕(GB1)	14.44		

青年牛浓缩饲料配方 59

原 料 名 称	含量/千克	原 料 名 称	含量/千克
菜粕(GB2)	200.00	磷酸氢钙	20.00
葵粕(GB2)	200.00	牛预混料(1%)	10.00
DDGS——玉米溶浆蛋白	200.00	食盐	5.00
棉粕(GB2)	164.89	营养素名称	营养含量
小麦麸(GB1)	100.00	粗蛋白/%	30.50
细石粉	50.11	钙/%	2.50
豆粕(GB1)	50.00	总磷/%	1.12

青年牛浓缩饲料配方 60

原 料 名 称	含量/千克	原 料 名 称	含量/千克
棉粕(GB2)	200.00	磷酸氢钙	20.00
菜粕(GB2)	200.00	牛预混料(1%)	10.00
葵粕(GB2)	200.00	食盐	5.00
小麦麸(GB1)	100.00	营养素名称	营养含量
DDGS——玉米溶浆蛋白	100.00	粗蛋白/%	30.50
豆粕(GB1)	66.06	钙/%	2.50
槐叶粉	50.00	总磷/%	1.11
细石粉	48.94		

青年牛浓缩饲料配方 61

原 料 名 称	含量/千克	原 料 名 称	含量/千克
棉粕(GB2)	200.00	磷酸氢钙	20.00
菜粕(GB2)	200.00	牛预混料(1%)	10.00
葵粕(GB2)	200.00	食盐	5.00
小麦麸(GB1)	100.00	营养素名称	营养含量
DDGS——玉米溶浆蛋白	100.00	粗蛋白/%	30.50
豆粕(GB1)	66.06	钙/%	2.50
槐叶粉	50.00	总磷/%	1.11
细石粉	48.94		

青年牛浓缩饲料配方 62

原 料 名 称	含量/千克	原 料 名 称	含量/千克
棉粕(GB2)	200.00	磷酸氢钙	20.00
菜粕(GB2)	200.00	牛预混料(1%)	10.00
葵粕(GB2)	200.00	食盐	4.00
DDGS——玉米溶浆蛋白	100.00	营养素名称	营养含量
小麦麸(GB1)	99.13	粗蛋白/%	31.00
豆粕(GB1)	76.87	钙/%	2.19
槐叶粉	50.00	总磷/%	1.12
细石粉	40.00		

青年牛浓缩饲料配方 63

原 料 名 称	含量/千克	原 料 名 称	含量/千克
花生粕(GB1)	200.00	玉米蛋白粉(60%粗蛋白)	28.12
葵粕(GB2)	200.00	磷酸氢钙	18.31
棉粕(GB2)	200.00	花生粕(GB2)	11.18
米糠(GB2)	100.00	赖氨酸(Lys)	4.00
米糠粕(GB1)	100.00	营养素名称	营养含量
葵粕(GB3)	67.75	粗蛋白/%	32.00
细石粉	40.64	钙/%	2.00
牛预混料(1%)	30.00	总磷/%	1.20

青年牛浓缩饲料配方 64

原 料 名 称	含量/千克	原 料 名 称	含量/千克
花生粕(GB1)	200.00	牛预混料(1%)	30.00
葵粕(GB2)	200.00	磷酸氢钙	18.49
棉粕(GB2)	124.31	赖氨酸(Lys)	4.00
葵粕(GB3)	118.44	营养素名称	营养含量
米糠(GB2)	100.00	粗蛋白/%	31.00
米糠粕(GB1)	100.00	钙/%	2.00
花生粕(GB2)	64.44	总磷/%	1.20
细石粉	40.32		

青年牛浓缩饲料配方 65

原 料 名 称	含量/千克	原 料 名 称	含量/千克
葵粕(GB2)	200.00	玉米蛋白粉(60%粗蛋白)	21.71
棉粕(GB2)	200.00	磷酸氢钙	18.83
葵粕(GB3)	200.00	大豆油	10.00
菜粕(GB2)	78.16	赖氨酸(Lys)	4.00
花生粕(GB2)	78.04	营养素名称	营养含量
米糠(GB2)	60.00	粗蛋白/%	31.00
米糠粕(GB1)	60.00	钙/%	2.00
细石粉	39.26	总磷/%	1.20
牛预混料(1%)	30.00		

青年牛浓缩饲料配方 66

原 料 名 称	含量/千克	原 料 名 称	含量/千克
花生粕(GB1)	200.00	磷酸氢钙	17.88
葵粕(GB2)	200.00	棉粕(GB2)	14.87
花生粕(GB2)	200.00	玉米蛋白粉(60%粗蛋白)	4.07
米糠(GB2)	150.00	贝壳粉	0.92
米糠粕(GB1)	122.73	营养素名称	营养含量
细石粉	40.00	粗蛋白/%	31.00
牛预混料(1%)	30.00	钙/%	2.00
葵粕(GB3)	19.52	总磷/%	1.20

青年牛浓缩饲料配方 67

原 料 名 称	含量/千克	原 料 名 称	含量/千克
花生粕(GB1)	200.00	磷酸氢钙	17.88
葵粕(GB2)	200.00	棉粕(GB2)	14.87
花生粕(GB2)	200.00	玉米蛋白粉(60%粗蛋白)	4.07
米糠(GB2)	150.00	贝壳粉	0.92
米糠粕(GB1)	122.73	营养素名称	营养含量
细石粉	40.00	粗蛋白/%	31.00
牛预混料(1%)	30.00	钙/%	2.00
葵粕(GB3)	19.52	总磷/%	1.20

青年牛浓缩饲料配方 68

原 料 名 称	含量/%	原 料 名 称	含量/%
花生粕(GB1)	20.00	牛预混料(1%)	3.00
花生粕(GB2)	20.00	磷酸氢钙	1.20
葵粕(GB2)	20.00	贝壳粉	0.50
米糠(GB2)	15.00	营养素名称	营养含量
米糠粕(GB1)	9.91	粗蛋白/%	31.00
细石粉	4.00	钙/%	2.00
棉粕(GB2)	3.34	总磷/%	1.02
玉米蛋白粉(60%粗蛋白)	3.04		

青年牛浓缩饲料配方 69

原 料 名 称	含量/%	原 料 名 称	含量/%
花生粕(GB1)	20.00	牛预混料(1%)	3.00
花生粕(GB2)	20.00	磷酸氢钙	1.27
葵粕(GB2)	20.00	食盐	0.40
米糠(GB2)	15.00	营养素名称	营养含量
棉粕(GB2)	6.87	粗蛋白/%	32.00
玉米蛋白粉(60%粗蛋白)	4.72	钙/%	2.00
细石粉	4.44	总磷/%	0.89
麦饭石	4.30		

青年牛浓缩饲料配方 70

原料名称	含量/%	原料名称	含量/%
花生粕(GB1)	20.00	牛预混料(1%)	3.00
花生粕(GB2)	20.00	磷酸氢钙	1.29
葵粕(GB2)	20.00	玉米蛋白粉(60%粗蛋白)	1.21
米糠(GB2)	15.00	食盐	0.40
葵粕(GB2)	7.12	营养素名称	营养含量
细石粉	4.40	粗蛋白/%	31.00
麦饭石	4.09	钙/%	2.00
棉粕(GB2)	3.49	总磷/%	0.93

青年牛浓缩饲料配方 71

原料名称	含量/%	原料名称	含量/%
葵粕(GB2)	23.11	麦饭石	2.02
棉粕(GB2)	20.00	磷酸氢钙	1.54
葵粕(GB3)	20.00	食盐	0.40
米糠(GB2)	15.00	营养素名称	营养含量
玉米蛋白粉(60%粗蛋白)	10.62	粗蛋白/%	31.00
细石粉	4.31	钙/%	2.00
牛预混料(1%)	3.00	总磷/%	1.11

青年牛浓缩饲料配方 72

原料名称	含量/%	原料名称	含量/%
葵粕(GB2)	20.81	磷酸氢钙	1.53
棉粕(GB2)	20.00	麦饭石	1.42
葵粕(GB3)	20.00	食盐	0.40
米糠(GB2)	15.00	营养素名称	营养含量
玉米蛋白粉(60%粗蛋白)	13.52	粗蛋白/%	32.00
细石粉	4.32	钙/%	2.00
牛预混料(1%)	3.00	总磷/%	1.09

青年牛浓缩饲料配方 73

原料名称	含量/%	原料名称	含量/%
葵粕(GB3)	30.00	磷酸氢钙	1.53
棉粕(GB2)	20.00	食盐	0.40
葵粕(GB2)	14.25	营养素名称	营养含量
米糠(GB2)	13.48	粗蛋白/%	32.00
玉米蛋白粉(60%粗蛋白)	13.03	钙/%	2.00
细石粉	4.31	总磷/%	1.08
牛预混料(1%)	3.00		

青年牛浓缩饲料配方 74

原 料 名 称	含量/%	原 料 名 称	含量/%
葵粕（GB3）	30.00	磷酸氢钙	1.54
棉粕（GB2）	20.00	食盐	0.40
葵粕（GB3）	15.46	营养素名称	营养含量
米糠（GB2）	14.82	粗蛋白/%	31.00
玉米蛋白粉（60%粗蛋白）	10.49	钙/%	2.00
细石粉	4.30	总磷/%	1.11
牛预混料（1%）	3.00		

青年牛浓缩饲料配方 75

原 料 名 称	含量/%	原 料 名 称	含量/%
菜粕（GB1）	20.00	牛预混料（1%）	3.00
棉粕（GB2）	20.00	磷酸氢钙	1.08
菜粕（GB2）	15.14	食盐	0.40
米糠（GB2）	15.00	营养素名称	营养含量
玉米蛋白粉（60%粗蛋白）	12.71	粗蛋白/%	31.00
麦饭石	8.42	钙/%	2.00
细石粉	4.25	总磷/%	0.97

青年牛浓缩饲料配方 76

原 料 名 称	含量/%	原 料 名 称	含量/%
菜粕（GB1）	20.00	牛预混料（1%）	3.00
棉粕（GB2）	20.00	磷酸氢钙	1.10
玉米蛋白粉（60%粗蛋白）	15.37	食盐	0.40
米糠（GB2）	15.00	营养素名称	营养含量
菜粕（GB2）	13.12	粗蛋白/%	32.00
麦饭石	7.74	钙/%	2.00
细石粉	4.27	总磷/%	0.96

青年牛浓缩饲料配方 77

原 料 名 称	含量/%	原 料 名 称	含量/%
玉米蛋白粉（60%粗蛋白）	20.56	牛预混料（1%）	3.00
菜粕（GB1）	20.00	磷酸氢钙	1.01
菜粕（GB2）	20.00	食盐	0.40
米糠（GB2）	15.00	营养素名称	营养含量
小麦麸（GB1）	10.41	粗蛋白/%	32.00
米糠粕（GB1）	5.36	钙/%	2.00
细石粉	4.25	总磷/%	1.07

青年牛浓缩饲料配方 78

原 料 名 称	含量/%	原 料 名 称	含量/%
玉米蛋白粉(60%粗蛋白)	21.29	牛预混料(1%)	3.00
菜粕(GB1)	20.00	磷酸氢钙	1.15
菜粕(GB2)	20.00	食盐	0.40
米糠(GB2)	15.00	营养素名称	营养含量
麦饭石	8.46	粗蛋白/%	31.00
米糠粕(GB1)	6.51	钙/%	2.00
细石粉	4.20	总磷/%	1.02

青年牛浓缩饲料配方 79

原 料 名 称	含量/%	原 料 名 称	含量/%
玉米蛋白粉(60%粗蛋白)	31.60	细石粉	1.64
米糠(GB2)	15.00	磷酸氢钙	1.55
小麦麸(GB1)	15.00	食盐	0.40
米糠粕(GB1)	15.00	营养素名称	营养含量
次粉(NY/T2)	10.46	粗蛋白/%	31.00
豆粕(GB1)	6.35	钙/%	1.00
牛预混料(1%)	3.00	总磷/%	1.11

青年牛浓缩饲料配方 80

原 料 名 称	含量/%	原 料 名 称	含量/%
玉米蛋白粉(60%粗蛋白)	29.77	细石粉	1.63
米糠(GB2)	15.00	磷酸氢钙	1.51
小麦麸(GB1)	15.00	食盐	0.40
米糠粕(GB1)	15.00	营养素名称	营养含量
豆粕(GB1)	12.09	粗蛋白/%	32.00
次粉(NY/T2)	6.60	钙/%	1.00
牛预混料(1%)	3.00	总磷/%	1.11

青年牛浓缩饲料配方 81

原 料 名 称	含量/%	原 料 名 称	含量/%
玉米蛋白粉(60%粗蛋白)	34.28	磷酸氢钙	1.79
次粉(NY/T2)	20.00	食盐	0.40
小麦麸(GB1)	15.00	膨润土	0.13
豆粕(GB1)	11.02	营养素名称	营养含量
麦饭石	10.00	粗蛋白/%	32.00
细石粉	4.38	钙/%	2.00
牛预混料(1%)	3.00	总磷/%	0.75

青年牛浓缩饲料配方 82

原料名称	含量/%	原料名称	含量/%
玉米蛋白粉（60%粗蛋白）	35.19	磷酸氢钙	1.81
次粉（NY/T2）	20.00	膨润土	1.50
小麦麸（GB1）	15.00	食盐	0.40
麦饭石	10.00	营养素名称	营养含量
豆粕（GB1）	8.72	粗蛋白/%	31.50
细石粉	4.39	钙/%	2.00
牛预混料（1%）	3.00	总磷/%	0.74

青年牛浓缩饲料配方 83

原料名称	含量/%	原料名称	含量/%
玉米蛋白粉（60%粗蛋白）	37.00	牛预混料（1%）	3.00
次粉（NY/T2）	20.00	磷酸氢钙	1.84
小麦麸（GB1）	15.00	食盐	0.40
麦饭石	10.00	营养素名称	营养含量
细石粉	4.41	粗蛋白/%	30.50
膨润土	4.23	钙/%	2.00
豆粕（GB1）	4.12	总磷/%	0.72

青年牛浓缩饲料配方 84

原料名称	含量/%	原料名称	含量/%
玉米蛋白粉（60%粗蛋白）	37.00	牛预混料（1%）	3.00
次粉（NY/T2）	20.00	磷酸氢钙	1.84
小麦麸（GB1）	15.00	食盐	0.40
麦饭石	10.00	营养素名称	营养含量
细石粉	4.41	粗蛋白/%	30.50
膨润土	4.23	钙/%	2.00
豆粕（GB1）	4.12	总磷/%	0.72

青年牛浓缩饲料配方 85

原料名称	含量/%	原料名称	含量/%
玉米蛋白粉（60%粗蛋白）	39.68	磷酸氢钙	1.85
小麦麸（GB1）	15.00	食盐	0.40
膨润土	14.97	营养素名称	营养含量
次粉（NY/T2）	10.64	粗蛋白/%	29.00
麦饭石	10.00	钙/%	2.00
细石粉	4.45	总磷/%	0.67
牛预混料（1%）	3.00		

青年牛浓缩饲料配方86

原 料 名 称	含量/%	原 料 名 称	含量/%
玉米蛋白粉(60%粗蛋白)	36.92	磷酸氢钙	1.78
麦饭石	20.00	食盐	0.40
小麦麸(GB1)	15.00	营养素名称	营养含量
豆粕(GB1)	10.05	粗蛋白/%	30.50
膨润土	8.42	钙/%	2.00
细石粉	4.44	总磷/%	0.65
牛预混料(1%)	3.00		

青年牛浓缩饲料配方87

原 料 名 称	含量/%	原 料 名 称	含量/%
玉米蛋白粉(60%粗蛋白)	36.01	磷酸氢钙	1.76
麦饭石	20.00	食盐	0.40
小麦麸(GB1)	15.00	营养素名称	营养含量
豆粕(GB1)	12.35	粗蛋白/%	31.00
膨润土	7.05	钙/%	2.00
细石粉	4.43	总磷/%	0.65
牛预混料(1%)	3.00		

青年牛浓缩饲料配方88

原 料 名 称	含量/%	原 料 名 称	含量/%
玉米蛋白粉(60%粗蛋白)	35.11	磷酸氢钙	1.75
麦饭石	20.00	食盐	0.40
小麦麸(GB1)	15.00	营养素名称	营养含量
豆粕(GB1)	14.64	粗蛋白/%	31.50
膨润土	5.69	钙/%	2.00
细石粉	4.42	总磷/%	0.66
牛预混料(1%)	3.00		

青年牛浓缩饲料配方89

原 料 名 称	含量/%	原 料 名 称	含量/%
玉米蛋白粉(60%粗蛋白)	34.20	磷酸氢钙	1.73
麦饭石	20.00	食盐	0.40
豆粕(GB1)	16.94	营养素名称	营养含量
小麦麸(GB1)	15.00	粗蛋白/%	32.00
细石粉	4.41	钙/%	2.00
膨润土	4.32	总磷/%	0.67
牛预混料(1%)	3.00		

青年牛浓缩饲料配方 90

原 料 名 称	含量/%	原 料 名 称	含量/%
玉米蛋白粉(50％粗蛋白)	20.00	磷酸氢钙	1.73
棉粕(GB2)	20.00	大豆油	1.00
葵粕(GB3)	20.00	食盐	0.40
豆粕(GB1)	15.00	营养素名称	营养含量
葵粕(GB2)	9.10	粗蛋白/%	32.50
麦饭石	6.02	钙/%	2.20
细石粉	4.75	总磷/%	0.90
牛预混料(1％)	2.00		

第六章　成年牛的饲料配制及配方实例

成年牛指 24 月龄以上，已经具有完全生殖能力，身体已基本达到成熟，体躯和骨骼不再生长或生长已较缓慢的牛。这一生理阶段的牛，根据其用途分为成年种公牛、成年母牛和阉牛。成年母牛又根据其所处身体生理变化分为妊娠母牛、哺乳母牛及干乳母牛等。

第一节　成年牛的饲养管理要点

一、成年种公牛的饲养管理

种公牛对发展牛群、提高肉牛质量起着极为重要的作用。一头优质的肉用种公牛采用人工授精，每年能配千头至万头以上的母牛。种公牛要保持体质健壮、生殖机能正常、性欲旺盛、精液量多，且密度大、品质好，能延长其使用年限，必须要有正确的饲养管理。

1. 成年种公牛的饲养

种公牛的饲养是一个关键环节，是影响种公牛精液品质的重要因素之一。喂给种公牛的饲料应营养全面，各种营养成分必须完全。种公牛饲料的全价性是保证正常生产及生殖器官正常发育的首要条件，特别是饲料中应含有足够的蛋白质、矿物质和维生素，这些营养物质对精液的生成与质量提高，以及对成年种公牛的健康均有良好的作用。根据种公牛的营养需要特点，其日粮组成应种类多、品质好、适口性强、易于消化，而且青、粗、精料的搭配要适当。

在配制种公牛日粮时，应注意以下几点。

① 供给全价精料。精料应由生物学价值较高的麦麸、玉米、豆粕、燕麦等组成。采精频繁时，精料中可适当补加优质蛋白质饲料。

② 供给优质青干草。要保证优质豆科干草的供给量，控制玉米青贮料的饲喂量。青贮料属生理碱性饲料，但本身含有多量的有机酸，饲喂过多不利于精子的生成。要合理搭配使用青绿多汁饲料，但切勿过量饲喂多汁饲料和粗饲料，长期饲喂过多的粗饲料，尤其是质量低劣的粗饲料，会使种公牛的消化器官扩张，形成"草腹"，腹部下垂，导致种公牛精神萎靡而影响配种效能。此外，用大量秸秆喂公牛易引起便秘，抑制公牛的性活动。

③ 合理搭配日粮。种公牛的日粮可由青草或青干草、块根类及混合精料组成。一般按每日每 100 千克种公牛体重饲喂干草 1 千克、块根饲料 1 千克、青贮料 0.5 千克、精料 0.5 千克；或按每日每 100 千克体重喂给 1 千克干草、0.5 千克混合精料。

④ 控制干物质的摄入量。在配制种公牛的日粮时，干物质的摄入量是一个重要指标。饲料摄入量应基于种公牛的实际重量和体况。一般成熟种公牛每日的总干物质摄入量应为其体重的 1.2%～1.4%。此外，还应根据季节温度的变化进行调整，即在寒冷的季节因需要较高的能量，总干物质的摄入量要适当增加，而在炎热的气候条件下，总干物质摄入量则应适当减少。

⑤ 饲喂方法。种公牛应单槽喂养，两头公牛之间的距离应保持 3 米以上或用 2 米高的栏板（栅栏）隔开，以免相互爬跨和顶架。饲喂种公牛应定时定量，一般日喂 3 次。饲喂顺序为先精后粗。

⑥ 饮水充足。冬季日喂水 3 次，夏季 4～5 次，也可自由饮水。种公牛的饮水应保证随时供给，否则动物有可能处于应激状态，影响精液产量。水要在给料和采精前给予，但应注意种公牛采精前或运动前后半小时内不宜饮水，以免影响健康。

2. 成年种公牛的管理

为了使种公牛体质健壮，精力充沛，除了饲喂全价稳定的日粮之外，还必须有相应的管理方法。如穿鼻戴环单圈饲养、坚持每天1~2小时行程4千米的适量运动，以促进代谢和血液循环，保证精液品质；刷拭牛体，保持牛体清洁卫生；每天坚持按摩睾丸5~10分钟，促进性欲和精液质量；加强护蹄，每年春秋各削蹄1次；合理利用种公牛，3岁以上每周采精3~4次，交配或采精的时间应在饲喂后2~3小时进行；保持种公牛舍干净、平坦、坚硬、不漏，远离母牛舍。

二、成年母牛的饲养管理

母牛饲养管理的好坏标准主要是观察犊牛健康与否、初生重和断奶重的大小、哺育犊牛能力的好坏、断奶成活率的高低、产犊后的返情早晚以及泌乳量的高低等。因此，对母牛的饲养管理要本着上述原则，采取相应的措施。

1. 妊娠母牛的饲养管理

妊娠母牛的饲养与管理参见第五章第一节妊娠母牛的饲养管理内容。

2. 哺乳母牛的饲养管理

（1）哺乳母牛的饲养 哺乳母牛饲养的主要任务是多产奶，以满足犊牛生长发育所需要营养。母牛在哺乳期所消耗营养比妊娠后期还多。犊牛生后2个月内每天需母乳5~7千克，此时若不给哺乳母牛增加营养，则会使泌乳量下降，这不仅直接影响犊牛的生长，而且会损害母牛健康。

母牛分娩前30天和产后70天，这是非常关键的100天，此时期饲养的好坏直接对母牛的分娩、泌乳、产后发情、配种受胎、犊牛的初生重和断奶重、犊牛的健康和正常生长发育都十分重要。母牛分娩3周后，泌乳量迅速上升，母牛身体已恢复正常，日产奶量可达7~10千克。能量饲料的需要比妊娠时高出50%左右，蛋白质、钙、磷的需要量加倍。此时，应增加精料饲喂量，每日以干物质进食量9~11千克、日粮中粗蛋白含量10%~11%为宜，并要供给优质粗饲料。饲料要多样化，一般精、粗饲料各由3~4种组成，并大量饲喂青绿、多汁饲料，以保证泌乳需要和母牛发情。

（2）哺乳母牛的管理　母牛产后到生殖器官等逐渐恢复正常状态的时期为产后期。这一时期应对母牛加强护理，促使其尽快恢复到正常状态，并防止产后疾病。在正常情况下，母牛子宫大约在产后 9～12 天就可以恢复，但要完全恢复到未妊娠时状态，约需26～47 天；卵巢的恢复约需 1 个月时间；阴门、阴道、骨盆及韧带等在产后几天就可恢复正常。

母牛产后立即驱赶让其站立，让其舔初生犊牛，并把备好的麦麸食盐温水让母牛充分饮用，以补充体内水分，帮助维持体内酸碱平衡、暖腹、充饥，增加腹压，以避免产犊后腹内压突然下降，使血液集中到内脏，造成"临时性贫血"而休克。产后 1～2 天的母牛在继续饮用温水的同时，喂给质量好、易消化的饲料，但投料不宜过多，尤其不应突然增加精料量，以免引起消化道疾病。一般 5～6 天后可以逐渐恢复正常饲养。另外，要加强外阴部的清洁和消毒。产后期母体生理过程有很大变化，机体抵抗力降低，产道黏膜损伤，可能成为疾病侵入的门户。因此，对刚产完犊的母牛，可在外阴及周围用温水、肥皂水或 1%～2% 来苏尔或 0.1% 的高锰酸钾水冲洗干净并擦干。母牛产后从生殖道排出大量分泌物，最初为红褐色，之后为黄褐色，最后变为无色透明。这种分泌物叫恶露。母牛产后排出恶露持续时间一般为 10～14 天，要注意及时更换和清除被污染的垫草。要防止贼风吹入，以免发生感冒，影响母牛的健康。胎衣排出后，可让母牛适当运动。同时，要注意乳房护理，哺乳前应用温水洗涤，以防乳房污染，保证乳汁卫生，并帮助犊牛吸吮乳汁，杜绝犊牛吸吮被污染的乳汁而发生消化道疾病的现象。因此，要经常打扫，加强牛舍的卫生，保持乳房的清洁卫生，避免有害微生物污染母牛的乳房和乳汁，引起犊牛疾病。对放牧的哺乳母牛要特别注意食盐的补给，由于牧草含钾多钠少，可适当补给食盐，维持体内的钠钾平衡。归放后对哺乳母牛进行补饲，满足泌乳所需的营养，提高泌乳量。

3. 架子牛的饲养管理

架子牛是指在育成牛阶段，按较粗放的饲养条件饲养 18 个月以上，当体重在 300 千克以上时的成年牛。

（1）架子牛的饲养　架子牛的快速育肥时间一般为3~4个月。在这一段时间内，饲养水平应有所调整，由低到高，以适应肉牛的营养需要。肉牛自由采食青粗饲料，如青草、青贮全株玉米、氨化秸秆等，而且在第1个月每头牛供给2千克由玉米、豆粕和麦麸组成的精料，第2个月供给2.5千克，第3个月供给3千克。这种饲喂方式，每头牛每天可增重1千克左右。整个育肥期可增重90~120千克。有些年龄较大或因为品种的原因，增重较慢，这种牛要尽早出栏。因为牛的年龄越大，肉质越差，而且饲料的利用率也就越低。一般情况下，肉牛应在2岁出栏，最好不要超过2.5岁。

（2）架子牛的管理　架子牛到牛场后，不要与正在育肥的其他牛混养，要单独饲养。要根据新来牛的特点采取不同的措施。首先要对牛驱虫；其次，由于饲养环境和饲料的改变，牛的适应过程一般需要1~2周，有的牛采食量较少，所以饲喂时要由少到多，逐渐增加；牛适应后，应根据架子牛的年龄、体重和品种分组；此外，为了了解架子牛的增重情况，还可以给牛编号，分别称重记录。

我国农区的肉牛育肥场大多数都是采取拴系式，这种方式便于管理，减少了牛的运动，节约了能量，提高了饲料的利用率，但拴系式饲养也有一些不利的方面。

第二节　成年牛营养需要

一、成年母牛的营养需要

一般情况下2.5岁以上的母牛称为成年母牛，成年母牛的饲养管理实际上包括仍在生长母牛的管理、妊娠母牛的饲养管理以及哺乳母牛的饲养管理三种。从2.5岁到5岁这个阶段，母牛的体重、体尺和体型仍在继续生长发育，尚未最后完成，因而日粮所含的营养物质必须满足其生长发育的需要。不过，由于母牛随着年龄增大而体重增加，其增重速度逐渐变慢，生长所需的营养减少，而维持需要增加，所以总的营养物质需要量仍呈增长趋势。5岁以上母牛已经达到体成熟，在不怀胎和哺乳犊牛的情况下，只需维持需要，表 6-1 与表 6-2 所列为各阶段母牛的营养需要。

表 6-1　2.5～5 岁母牛的营养需要

体重 /千克	干物质 /千克	粗蛋白 /克	增重净能 /兆焦	钙 /克	磷 /克	胡萝卜素 /毫克	每千克干物质含代谢能 /兆焦
300	5.53	523	13.64	20	14	40	8.36～9.20
350	5.87	547	13.81	19	14	40	8.36～9.20
400	6.15	560	13.81	18	15	40	8.36～9.20
450	6.38	571	14.48	17	16	40	8.36～9.20
500	6.89	616	14.73	18	18	43	8.36～9.20

表 6-2　5 岁以上成年母牛的维持营养需要

体重 /千克	干物质 /千克	粗蛋白 /克	增重净能 /兆焦	钙 /克	磷 /克	胡萝卜素 /毫克	每千克干物质含代谢能 /兆焦
400	5.55	492	9.29	13	13	30	7.53～8.79
450	6.06	537	10.13	15	15	33	7.53～8.79
500	6.56	582	10.96	16	16	35	7.53～8.79
550	7.04	625	11.80	18	18	38	7.53～8.79
600	7.52	667	12.59	20	20	40	7.53～8.79

二、妊娠母牛的营养需要

妊娠母牛的营养需要与胎儿的生长发育有直接关系。妊娠前期胎儿的增重较慢所需营养不多，中期以后，胎儿的增重开始加快；胎儿的增重主要集中在妊娠的最后 3 个月，此期的增重占犊牛初生重的 70%～80%，胎儿需要从母体中吸收大量的营养。如果胚胎期胎儿的生长发育受阻或发育不良，出生后就难以补偿，会造成犊牛的生长缓慢，增重速度减慢，增加饲养成本，降低经济效益。同时，母牛体内需蓄积一定的养分，以保证产后的泌乳量，满足哺乳的需要。

在饲养上，由于妊娠期前 6 个月胚胎生长发育缓慢，不必为妊娠母牛增加额外的营养，只要使其保持中上等膘情即可。但在妊娠的最后 3 个月需增加营养物质的供给，以满足胎儿的生长发育需要及保证产后的泌乳需要。一般母牛在分娩前 3 个月，至少要增重

45～70 千克，才能保证产犊后的正常泌乳与发情，但也不可使母
牛过肥，尤其是大型牛品种改良的小体型母牛，应合理控制营养成
分的供给，以免因胎儿过大而造成母牛难产。目前，在我国的肉牛
饲养中，经常使用一些外来的大型肉牛品种来改良我国的一些地方
品种，由于体型上的差异，难产现象时有发生，特别是在初产母牛
上表现更为突出。妊娠母牛在妊娠最后 3 个月每天需要增加的营养
需要量见表 6-3。妊娠母牛的营养需要除满足能量和蛋白质外，还
要注意维生素和矿物质的供给。维生素 A 在冬春季节的 4～5 个月
期间常常出现缺乏，它直接影响到母牛的正常分娩、胎衣的排出、
泌乳以及产后发情和初生犊牛的健康与成活率。

表 6-3　妊娠母牛最后 3 个月每天需要增加的营养量

成年体重/千克	粗蛋白质/克	增重净能/兆焦	钙/克	磷/克	胡萝卜素/克
550 以下	90	3.56	4.5	3	3.8×10^{-3}
550 以上	120	4.81	6	4	5×10^{-3}

　　如果在舍饲情况下，应以青粗饲料为主适当搭配精饲料的原则，
参照饲养标准饲喂。粗料若以燕麦秸秆粉秆为主，由于蛋白质含量低，
则需搭配 1/3～1/2 的优质豆科牧草，再补饲饼粕类，也可以用尿素代
替部分饲料蛋白。如果没有豆科牧草，可用青草补料标准的 1.3 倍补
饲混合料，同时还要注意燕麦秸秆粉秆的质量，粗硬且适口性差的燕
麦秸秆粉需进行适当的加工，改善其适口性，才能增加采食量，减少
浪费。粗料若以麦秸、稻草等为主，同样应搭配优质豆科牧草，并补
给混合精料和维生素 A 或胡萝卜素。混合精料的配方：玉米 27%、大
麦 25%、饼粕类 20%、麸皮 25%、细石粉 0.2%、食盐 1%、1.7% 为
赋性剂。每头牛每天应添加的维生素 A 的量为 1200～1600 国际单位。
体重 500 千克妊娠母牛中期的营养需要见表 6-4。

表 6-4　体重 500 千克的妊娠母牛中期的每天营养需要

营养物质	需要量	营养物质	需要量
干物质	9.5 千克	钙	0.21%
代谢能	5.9 兆焦／千克	磷	0.26%
蛋白质	7.8%	维生素 A	27000 国际单位

如果是在以放牧为主的肉牛业生产中，青草季节应尽量延长放牧时间，一般可以不进行补饲。而在枯草季节，应根据牧草的质量和牛的营养需要确定补饲草料的种类和数量，特别是在怀孕后期的2～3个月，应重点补饲以补充所需营养。由于牛长期吃不到青草，维生素的摄入量不足，故可用胡萝卜或维生素A添加剂来补充，每天每头牛补饲胡萝卜0.5～1千克，同时补饲精料以满足妊娠牛对营养物质的全面需求，每天每头牛应补充精料0.8～1千克。精料配方：玉米50%、糠麸类10%、油粕类30%、高粱7%、石灰细石粉2%、食盐1%，另需每100千克添加维生素A 100万国际单位，也可通过单喂胡萝卜来满足需要。

三、泌乳母牛的营养需要

产犊后用乳汁哺育犊牛的母牛称之为哺乳母牛。哺乳期犊牛生长的快慢与哺乳母牛泌乳量的高低有很大关系。不同的牛品种，其母牛的泌乳量差异很大，故其饲养标准也不尽相同。随着我国黄牛杂交改良程度的提高，一些杂交后代的泌乳量较我国当地黄牛要高很多，特别是肉乳兼用品种杂交改良的后代不仅用于肉牛生产，而且有的也作为乳用。

人们通常把母牛分娩前30天和产后70天称为母牛饲养关键的100天，精饲料主要补充在这100天里，这100天饲养的好坏，对母牛的分娩、泌乳、产后发情、配种受胎、犊牛的初生重和断奶重以及犊牛的健康和正常发育都十分重要。带犊泌乳牛的采食量及营养要求是母牛各生理阶段中最高的和最关键的，热能需要量增加50%，蛋白质需要量加倍，钙、磷需要量增加3倍，维生素A需要量增加50%。母牛的日粮中如果缺乏这些物质，可能会使其犊牛生长停滞以及患下痢、肺炎和佝偻病等，严重时还可损害母牛的健康。为了使母牛获得充足的营养，应给以品质优良的青草和干草。豆科牧草是母牛蛋白质和钙质的良好来源。为了使母牛获得足够的维生素，可多喂青绿饲料，冬季可加喂青贮料、胡萝卜和大麦芽等。

母牛分娩后的前几天，体力尚未恢复，消化机能很弱，必须给予容易消化的日粮，粗饲料应以优质干草为主，精料最好用小麦麸，每天0.5～1.0千克，逐渐增加，并加入其他饲料，待3～4天后就可转入正常日粮的饲喂。母牛产后恶露还没有排净之前，不可喂过多精料，以免影响生殖器官的复原和产后发情。

母牛生产1千克的标准乳需要消耗1.67兆焦增重净能以及约140克干物质，约相当于0.3～0.4千克配合饲料的营养物质。大型泌乳母牛在自然哺乳时每头日均产奶量可达6～7千克，产后2～3个月达到泌乳高峰期时，日产奶量可达10千克以上，肉乳兼用牛的产奶量会更高一些。例如中国西门塔尔牛的日产量在10～20千克之间，在泌乳盛期产奶量可高达30千克，且乳脂率较中国黑白花要高。因而，如果母牛产后不及时增加营养，就会使其泌乳量下降，影响母牛的健康状况。营养物质的增加量可在原日粮（维持或生长日粮）的基础上按其泌乳量的高低增加。每产1千克乳应加喂饲料干物质0.45千克（应至少含粗蛋白85克、综合净能2.57兆焦、钙2.46克、磷1.12克、胡萝卜素2.5毫克），而对于大多数的专门化肉用牛和杂交改良牛来说，其泌乳母牛的泌乳只是为了满足犊牛的哺乳需要，故可以按哺乳母牛的营养需要（表6-5）来进行日粮的配合。

表6-5　哺乳母牛的营养需要

体重/千克	干物质/千克	综合净能/兆焦	粗蛋白/千克	钙/千克	磷/千克
300	4.47	2.36	0.332	0.010	0.010
350	5.02	2.65	0.372	0.012	0.012
400	5.55	2.93	0.411	0.013	0.013
450	6.06	3.20	0.449	0.015	0.015
500	6.56	3.46	0.486	0.016	0.016
550	7.04	3.72	0.522	0.018	0.018

母牛泌乳量在高峰期过后表现下降趋势，如能采取各种有效措施，如继续采食全价的配合饲料、标准化饲养，加之科学合理的管理，便可以减缓泌乳量下降的速度，增加产乳量。

四、干乳母牛的营养需要

干乳是母牛饲养管理过程中的一个重要环节，干乳方法的好坏、干乳期的长短以及干乳期的饲养管理对胎儿的发育、母牛的健康以及下一个泌乳期母牛的产乳量有着直接的关系。

母牛干乳期的长短依其年龄、体况和泌乳性能而定，一般为45～75 天，平均为 50～60 天。干乳的方法较多，由于肉乳兼用牛产奶量不高，所以可采用快速干乳法。即从进入干乳之日起在 4～7 天内将奶干完。方法是从干乳期的第 1 天开始，适当减少精料，停喂青绿多汁饲料，控制饮水，加强运动，减少挤奶次数，打乱挤奶时间。由于母牛在生活规律上突然发生巨大变化，产奶量显著下降，一般经过 5～7 天，日产量下降到 5～8 千克以下时就可以停止挤奶。最后一次挤奶时要完全挤干净，并用灭菌液将乳头消毒后涂抹青霉素软膏，以后再对乳头表面消毒 1 次。

对于干乳母牛，不仅应适当增加饲料的数量，而且不论精料和粗饲料都应使其新鲜清洁，质地良好。不可让干乳母牛采食发霉变质、冰冻的饲料以及掺有毒草的饲料，也不可让其饮过冷的水以防止流产、难产及胎衣滞留等疾病。

第三节　成年牛饲料配方

成年牛全价饲料配方 1

原料名称	含量/%	原料名称	含量/%
玉米（GB2）	45.00	磷酸氢钙	1.69
燕麦秸秆粉	13.59	牛预混料（1%）	1.00
米糠（GB2）	10.00	大豆油（毛 NRC）	0.65
小麦麸（GB1）	9.63	食盐	0.30
菜粕（GB2）	8.71	营养素名称	营养含量
米糠粕（GB1）	4.67	粗蛋白/%	12.00
细石粉	3.00	钙/%	1.49
玉米蛋白粉（60%粗蛋白）	1.75	总磷/%	0.80

成年牛全价饲料配方 2

原 料 名 称	含量/%	原 料 名 称	含量/%
玉米（GB2）	43.35	牛预混料（1%）	1.00
燕麦秸秆粉	16.68	菜粕（GB2）	0.51
米糠（GB2）	10.00	食盐	0.20
DDGS——玉米溶浆蛋白	9.81	营养素名称	营养含量
棉粕（GB2）	7.99	粗蛋白/%	13.00
米糠粕（GB1）	5.66	钙/%	1.50
细石粉	2.92	总磷/%	0.80
磷酸氢钙	1.88		

成年牛全价饲料配方 3

原 料 名 称	含量/%	原 料 名 称	含量/%
玉米（GB2）	20.99	贝壳粉	1.92
玉米（GB3）	20.00	赖氨酸（Lys）	0.50
豆粕（GB1）	10.69	蛋氨酸（DL-Met）	0.50
米糠（GB2）	10.00	食盐	0.40
稻谷（GB2）	10.00	营养素名称	营养含量
米糠粕（GB1）	10.00	粗蛋白/%	12.00
麦饭石	10.00	钙/%	1.10
牛预混料（1%）	3.00	总磷/%	0.86
磷酸氢钙	2.00		

成年牛全价饲料配方 4

原 料 名 称	含量/%	原 料 名 称	含量/%
大麦（裸 GB2）	15.00	小麦（GB2）	1.90
稻谷（GB2）	15.00	磷酸氢钙	1.53
高粱（GB1）	11.37	贝壳粉	1.00
次粉（NY/T2）	10.00	牛预混料（1%）	1.00
米糠（GB2）	10.00	食盐	0.30
小麦麸（GB1）	10.00	营养素名称	营养含量
米糠粕（GB1）	10.00	粗蛋白/%	13.00
葵粕（GB2）	9.91	钙/%	1.78
细石粉	3.00	总磷/%	0.96

成年牛全价饲料配方 5

原料名称	含量/%	原料名称	含量/%
高粱(GB1)	20.00	磷酸氢钙	1.52
大麦(裸 GB2)	15.00	贝壳粉	1.00
稻谷(GB2)	15.00	牛预混料(1%)	1.00
米糠(GB2)	10.00	食盐	0.30
米糠粕(GB1)	10.00	营养素名称	营养含量
次粉(NY/T2)	8.65	粗蛋白/%	12.00
小麦麸(GB1)	8.28	钙/%	1.78
葵粕(GB2)	6.25	总磷/%	0.93
细石粉	3.00		

成年牛全价饲料配方 6

原料名称	含量/%	原料名称	含量/%
米糠	20.00	DDGS——玉米溶浆蛋白	1.62
苜蓿草粉(GB1)	14.78	细石粉	1.04
米糠(GB2)	10.00	牛预混料(1%)	1.00
米糠粕(GB1)	10.00	食盐	0.30
麦饭石	10.00	赖氨酸(Lys)	0.01
玉米淀粉	10.00	营养素名称	营养含量
燕麦秸秆粉	10.00	粗蛋白/%	12.00
荞麦	6.89	钙/%	1.10
马铃薯浓缩蛋白	2.22	总磷/%	0.82
磷酸氢钙	2.14		

成年牛全价饲料配方 7

原料名称	含量/%	原料名称	含量/%
苜蓿草粉(GB1)	20.00	马铃薯浓缩蛋白	1.11
米糠	20.00	牛预混料(1%)	1.00
米糠(GB2)	10.00	细石粉	0.89
米糠粕(GB1)	10.00	食盐	0.30
麦饭石	10.00	荞麦	0.04
燕麦秸秆粉	10.00	营养素名称	营养含量
玉米淀粉	7.50	粗蛋白/%	13.00
麦芽根	5.51	钙/%	1.10
磷酸氢钙	2.02	总磷/%	0.84
DDGS——玉米溶浆蛋白	1.62		

成年牛全价饲料配方 8

原 料 名 称	含量/%	原 料 名 称	含量/%
苜蓿草粉(GB1)	20.00	牛预混料(1%)	1.00
米糠	20.00	食盐	0.30
小麦麸(GB1)	16.92	乳清粉	0.10
米糠(GB2)	10.00	赖氨酸(Lys)	0.00
米糠粕(GB1)	10.00	营养素名称	营养含量
麦饭石	10.00	粗蛋白/%	13.00
荞麦	8.90	钙/%	1.10
磷酸氢钙	1.75	总磷/%	0.92
细石粉	1.04		

成年牛全价饲料配方 9

原 料 名 称	含量/%	原 料 名 称	含量/%
苜蓿草粉(GB1)	20.00	细石粉	0.97
荞麦	20.00	乳清粉	0.53
米糠	20.00	食盐	0.30
米糠(GB2)	10.00	马铃薯浓缩蛋白	0.26
米糠粕(GB1)	10.00	赖氨酸(Lys)	0.01
麦饭石	10.00	营养素名称	营养含量
玉米淀粉	3.22	粗蛋白/%	12.00
磷酸氢钙	1.87	钙/%	1.10
小麦麸(GB1)	1.84	总磷/%	0.85
牛预混料(1%)	1.00		

成年牛全价饲料配方 10

原 料 名 称	含量/%	原 料 名 称	含量/%
次粉(NY/T2)	20.00	马铃薯浓缩蛋白	1.48
小麦麸(GB1)	20.00	牛预混料(1%)	1.00
米糠	20.00	食盐	0.30
小麦麸(GB2)	13.40	赖氨酸(Lys)	0.09
麦饭石	10.00	营养素名称	营养含量
玉米淀粉	10.00	粗蛋白/%	12.00
磷酸氢钙	2.20	钙/%	1.10
细石粉	1.53	总磷/%	0.80

成年牛全价饲料配方 11

原料名称	含量/%	原料名称	含量/%
次粉（NY/T1）	20.00	牛预混料（1%）	1.00
米糠	20.00	细石粉	0.81
小麦麸	15.00	乳清粉	0.36
大麦（裸 GB2）	10.00	食盐	0.30
次粉（NY/T2）	10.00	营养素名称	营养含量
麦饭石	10.00	粗蛋白/%	14.00
高粱	5.46	钙/%	1.10
马铃薯浓缩蛋白	3.68	总磷/%	0.80
磷酸氢钙	3.39		

成年牛全价饲料配方 12

原料名称	含量/%	原料名称	含量/%
次粉（NY/T1）	20.00	玉米淀粉	1.24
米糠	20.00	牛预混料（1%）	1.00
小麦麸	15.00	细石粉	0.81
大麦（裸 GB2）	10.00	乳清粉	0.36
次粉（NY/T2）	10.00	食盐	0.30
麦饭石	10.00	营养素名称	营养含量
高粱	5.50	粗蛋白/%	12.50
磷酸氢钙	3.39	钙/%	1.10
马铃薯浓缩蛋白	2.40	总磷/%	0.80

成年牛全价饲料配方 13

原料名称	含量/%	原料名称	含量/%
次粉（NY/T1）	20.00	牛预混料（1%）	1.00
米糠	20.00	细石粉	0.76
小麦麸	15.00	乳清粉	0.41
次粉（NY/T2）	10.00	食盐	0.30
麦饭石	10.00	赖氨酸（Lys）	0.04
玉米淀粉	10.00	营养素名称	营养含量
大麦（裸 GB2）	6.72	粗蛋白/%	12.00
磷酸氢钙	3.46	钙/%	1.10
马铃薯浓缩蛋白	2.31	总磷/%	0.80

成年牛全价饲料配方 14

原 料 名 称	含量/%	原 料 名 称	含量/%
高粱(GB1)	20.00	小麦(GB2)	2.88
大麦(裸 GB2)	10.00	牛预混料(1%)	1.00
大麦(皮 GB1)	10.00	细石粉	0.82
稻谷(GB2)	10.00	乳清粉	0.50
麦饭石	10.00	食盐	0.30
玉米淀粉	10.00	营养素名称	营养含量
高粱	10.00	粗蛋白/%	12.00
马铃薯浓缩蛋白	6.61	钙/%	1.10
玉米(GB2)	4.61	总磷/%	0.80
磷酸氢钙	3.29		

成年牛全价饲料配方 15

原 料 名 称	含量/%	原 料 名 称	含量/%
高粱(GB1)	16.77	磷酸氢钙	3.26
小麦(GB2)	10.00	牛预混料(1%)	1.00
大麦(裸 GB2)	10.00	细石粉	0.81
大麦(皮 GB1)	10.00	乳清粉	0.38
稻谷(GB2)	10.00	食盐	0.30
麦饭石	10.00	营养素名称	营养含量
玉米淀粉	10.00	粗蛋白/%	13.00
高粱	10.00	钙/%	1.10
马铃薯浓缩蛋白	7.47	总磷/%	0.80

成年牛全价饲料配方 16

原 料 名 称	含量/%	原 料 名 称	含量/%
高粱(GB1)	15.30	磷酸氢钙	3.29
小麦(GB2)	10.00	牛预混料(1%)	1.00
大麦(GB2)	10.00	细石粉	0.80
大麦(GB1)	10.00	乳清粉	0.40
稻谷(GB2)	10.00	食盐	0.30
麦饭石	10.00	营养素名称	营养含量
玉米淀粉	10.00	粗蛋白/%	14.00
高粱	10.00	钙/%	1.10
马铃薯浓缩蛋白	8.90	总磷/%	0.80

成年牛全价饲料配方 17

原 料 名 称	含量/%	原 料 名 称	含量/%
玉米（GB2）	20.00	牛预混料（1%）	1.00
玉米（GB1）	15.91	乳清粉	0.96
稻谷（GB2）	10.00	细石粉	0.66
麦饭石	10.00	食盐	0.30
玉米淀粉	10.00	营养素名称	营养含量
干蒸大麦酒糟（酒精副产品）	10.00	粗蛋白/%	13.00
高粱	10.00	钙/%	1.10
马铃薯浓缩蛋白	7.50	总磷/%	0.80
磷酸氢钙	3.66		

成年牛全价饲料配方 18

原 料 名 称	含量/%	原 料 名 称	含量/%
玉米（GB3）	20.00	牛预混料（1%）	1.00
玉米（GB2）	18.30	乳清粉	0.95
稻谷（GB2）	10.00	细石粉	0.68
麦饭石	10.00	食盐	0.30
玉米淀粉	10.00	营养素名称	营养含量
高粱	10.00	粗蛋白/%	12.00
干蒸大麦酒糟（酒精副产品）	8.66	钙/%	1.10
马铃薯浓缩蛋白	6.48	总磷/%	0.80
磷酸氢钙	3.63		

成年牛全价饲料配方 19

原 料 名 称	含量/%	原 料 名 称	含量/%
玉米（GB2）	40.16	牛预混料（1%）	1.00
稻谷（GB2）	10.00	乳清粉	0.94
麦饭石	10.00	细石粉	0.70
玉米淀粉	10.00	食盐	0.30
高粱	10.00	营养素名称	营养含量
干蒸大麦酒糟（酒精副产品）	6.72	粗蛋白/%	12.00
马铃薯浓缩蛋白	6.57	钙/%	1.10
磷酸氢钙	3.60	总磷/%	0.80

成年牛全价饲料配方 20

原 料 名 称	含量/%	原 料 名 称	含量/%
玉米(GB2)	55.00	贝壳粉	0.92
稻谷(GB2)	10.00	乳清粉	0.90
麦饭石	10.00	食盐	0.30
高粱	10.00	赖氨酸(Lys)	0.02
马铃薯浓缩蛋白	6.18	营养素名称	营养含量
磷酸氢钙	3.38	粗蛋白/%	12.00
干蒸大麦酒糟(酒精副产品)	2.30	钙/%	1.10
牛预混料(1%)	1.00	总磷/%	0.80

成年牛全价饲料配方 21

原 料 名 称	含量/%	原 料 名 称	含量/%
玉米(GB2)	47.32	乳清粉	0.92
稻谷(GB2)	10.00	细石粉	0.77
麦饭石	10.00	食盐	0.30
干蒸大麦酒糟	10.00	营养素名称	营养含量
高粱	10.00	粗蛋白/%	13.00
马铃薯浓缩蛋白	6.20	钙/%	1.10
磷酸氢钙	3.49	总磷/%	0.80
牛预混料(1%)	1.00		

成年牛全价饲料配方 22

原 料 名 称	含量/%	原 料 名 称	含量/%
玉米(GB2)	25.16	马铃薯浓缩蛋白	4.39
稻谷(GB2)	10.00	磷酸氢钙	2.73
小麦麸(GB1)	10.00	牛预混料(1%)	1.00
干蒸大麦酒糟(酒精副产品)	10.00	细石粉	0.86
高粱	10.00	乳清粉	0.56
米糠(GB2)	5.00	食盐	0.30
苜蓿草粉(GB1)	5.00	营养素名称	营养含量
玉米淀粉	5.00	粗蛋白/%	14.00
燕麦秸秆粉	5.00	钙/%	1.10
槐叶粉	5.00	总磷/%	0.80

成年牛全价饲料配方 23

原 料 名 称	含量/%	原 料 名 称	含量/%
玉米(GB2)	33.75	磷酸氢钙	2.61
稻谷(GB2)	10.00	干蒸大麦酒糟(酒精副产品)	1.33
小麦麸(GB1)	10.00	牛预混料(1%)	1.00
高粱	10.00	细石粉	0.94
米糠(GB2)	5.00	乳清粉	0.54
苜蓿草粉(GB1)	5.00	食盐	0.30
玉米淀粉	5.00	营养素名称	营养含量
燕麦秸秆粉	5.00	粗蛋白/%	13.00
槐叶粉	5.00	钙/%	1.10
马铃薯浓缩蛋白	4.54	总磷/%	0.80

成年牛全价饲料配方 24

原 料 名 称	含量/%	原 料 名 称	含量/%
玉米(GB2)	36.19	磷酸氢钙	2.57
稻谷(GB2)	10.00	牛预混料(1%)	1.00
小麦麸(GB1)	10.00	细石粉	0.96
高粱	10.00	乳清粉	0.53
米糠(GB2)	5.00	食盐	0.30
苜蓿草粉(GB1)	5.00	赖氨酸(Lys)	0.09
玉米淀粉	5.00	营养素名称	营养含量
燕麦秸秆粉	5.00	粗蛋白/%	12.00
槐叶粉	5.00	钙/%	1.10
马铃薯浓缩蛋白	3.36	总磷/%	0.80

成年牛全价饲料配方 25

原 料 名 称	含量/%	原 料 名 称	含量/%
玉米(GB2)	46.16	牛预混料(1%)	1.00
小麦麸(GB1)	10.00	细石粉	0.93
高粱	10.00	乳清粉	0.66
米糠(GB2)	5.00	食盐	0.30
苜蓿草粉(GB1)	5.00	赖氨酸(Lys)	0.11
玉米淀粉	5.00	营养素名称	营养含量
燕麦秸秆粉	5.00	粗蛋白/%	12.00
槐叶粉	5.00	钙/%	1.10
马铃薯浓缩蛋白	3.23	总磷/%	0.80
磷酸氢钙	2.61		

成年牛全价饲料配方 26

原 料 名 称	含量/%	原 料 名 称	含量/%
玉米(GB2)	44.84	牛预混料(1%)	1.00
小麦麸(GB1)	10.00	细石粉	0.92
高粱	10.00	乳清粉	0.66
米糠(GB2)	5.00	食盐	0.30
苜蓿草粉(GB1)	5.00	赖氨酸(Lys)	0.00
玉米淀粉	5.00	营养素名称	营养含量
燕麦秸秆粉	5.00	粗蛋白/%	13.00
槐叶粉	5.00	钙/%	1.10
马铃薯浓缩蛋白	4.65	总磷/%	0.80
磷酸氢钙	2.63		

成年牛全价饲料配方 27

原 料 名 称	含量/%	原 料 名 称	含量/%
玉米(GB2)	53.91	食盐	0.30
菜粕(GB2)	15.88	赖氨酸(Lys)	0.19
小麦麸(GB1)	10.00	马铃薯浓缩蛋白	0.00
高粱	10.00	营养素名称	营养含量
米糠(GB2)	5.00	粗蛋白/%	14.00
磷酸氢钙	2.00	钙/%	1.10
贝壳粉	1.72	总磷/%	0.80
牛预混料(1%)	1.00		

成年牛全价饲料配方 28

原 料 名 称	含量/%	原 料 名 称	含量/%
玉米(GB2)	55.00	贝壳粉	1.95
小麦麸(GB1)	10.00	牛预混料(1%)	1.00
高粱	10.00	食盐	0.30
豌豆	9.75	赖氨酸(Lys)	0.03
米糠(GB2)	5.00	营养素名称	营养含量
菜粕(GB2)	2.69	粗蛋白/%	13.00
马铃薯浓缩蛋白	2.28	钙/%	1.10
磷酸氢钙	2.00	总磷/%	0.70

成年牛全价饲料配方 29

原料名称	含量/%	原料名称	含量/%
玉米（GB2）	55.00	马铃薯浓缩蛋白	0.88
小麦麸（GB1）	10.00	黑小麦	0.85
豌豆	10.00	食盐	0.30
高粱	10.00	赖氨酸（Lys）	0.12
米糠（GB2）	5.00	营养素名称	营养含量
菜粕（GB2）	2.90	粗蛋白/%	12.00
磷酸氢钙	2.00	钙/%	1.10
贝壳粉	1.95	总磷/%	0.70
牛预混料（1%）	1.00		

成年牛全价饲料配方 30

原料名称	含量/%	原料名称	含量/%
玉米（GB2）	55.00	牛预混料（1%）	1.00
黑小麦	14.68	食盐	0.30
豌豆	10.00	赖氨酸（Lys）	0.15
向日葵粕（部分去皮）	8.67	细石粉	0.04
麦饭石	5.00	营养素名称	营养含量
磷酸氢钙	2.00	粗蛋白/%	12.00
贝壳粉	2.00	钙/%	1.10
豆粕（GB1）	1.18	总磷/%	0.52

成年牛全价饲料配方 31

原料名称	含量/%	原料名称	含量/%
玉米（GB2）	55.00	牛预混料（1%）	1.00
向日葵粕（部分去皮）	12.97	食盐	0.30
黑小麦	10.42	赖氨酸（Lys）	0.10
豌豆	10.00	细石粉	0.04
麦饭石	5.00	营养素名称	营养含量
磷酸氢钙	2.00	粗蛋白/%	13.00
贝壳粉	2.00	钙/%	1.10
豆粕（GB1）	1.18	总磷/%	0.52

成年牛全价饲料配方 32

原 料 名 称	含量/%	原 料 名 称	含量/%
玉米(GB2)	55.00	牛预混料(1%)	1.00
向日葵粕(部分去皮)	17.27	食盐	0.30
豌豆	10.00	赖氨酸(Lys)	0.05
黑小麦	6.16	细石粉	0.04
麦饭石	5.00	营养素名称	营养含量
磷酸氢钙	2.00	粗蛋白/%	14.00
贝壳粉	2.00	钙/%	1.10
豆粕(GB1)	1.18	总磷/%	0.52

成年牛全价饲料配方 33

原 料 名 称	含量/%	原 料 名 称	含量/%
玉米(GB2)	53.64	牛预混料(1%)	1.00
麦芽根	20.00	食盐	0.27
DDGS——玉米溶浆蛋白	10.00	赖氨酸(Lys)	0.19
麦饭石	10.00	营养素名称	营养含量
磷酸氢钙	2.10	粗蛋白/%	14.00
细石粉	1.61	钙/%	1.10
玉米蛋白粉(50%粗蛋白)	1.20	总磷/%	0.70

成年牛全价饲料配方 34

原 料 名 称	含量/%	原 料 名 称	含量/%
玉米(GB2)	55.00	食盐	0.30
麦芽根	20.00	乳清粉	0.30
麦饭石	10.00	赖氨酸(Lys)	0.21
DDGS——玉米溶浆蛋白	8.25	营养素名称	营养含量
磷酸氢钙	2.28	粗蛋白/%	13.00
贝壳粉	1.66	钙/%	1.10
大豆油	1.00	总磷/%	0.72
牛预混料(1%)	1.00		

成年牛全价饲料配方 35

原 料 名 称	含量/%	原 料 名 称	含量/%
玉米(GB2)	60.00	食盐	0.27
DDGS——玉米溶浆蛋白	10.00	赖氨酸(Lys)	0.24
麦饭石	10.00	乳清粉	0.10
苜蓿草粉(GB1)	10.00	蛋氨酸(DL-Met)	0.03
豆粕(GB1)	5.00	营养素名称	营养含量
贝壳粉	1.68	粗蛋白/%	12.00
磷酸氢钙	1.68	钙/%	1.10
牛预混料(1%)	1.00	总磷/%	0.58

成年牛全价饲料配方 36

原 料 名 称	含量/%	原 料 名 称	含量/%
玉米(GB2)	57.87	食盐	0.26
DDGS——玉米溶浆蛋白	10.00	赖氨酸(Lys)	0.16
麦饭石	10.00	蛋氨酸(DL-Met)	0.01
苜蓿草粉(GB1)	10.00	营养素名称	营养含量
豆粕(GB1)	7.51	粗蛋白/%	13.00
磷酸氢钙	1.67	钙/%	1.10
细石粉	1.53	总磷/%	0.59
牛预混料(1%)	1.00		

成年牛全价饲料配方 37

原 料 名 称	含量/%	原 料 名 称	含量/%
玉米(GB2)	55.44	牛预混料(1%)	1.00
豆粕(GB1)	10.05	食盐	0.26
DDGS——玉米溶浆蛋白	10.00	赖氨酸(Lys)	0.07
麦饭石	10.00	营养素名称	营养含量
苜蓿草粉(GB1)	10.00	粗蛋白/%	14.00
磷酸氢钙	1.66	钙/%	1.10
细石粉	1.51	总磷/%	0.59

成年牛全价饲料配方 38

原 料 名 称	含量/%	原 料 名 称	含量/%
玉米(GB2)	38.24	细石粉	1.53
棉粕(部分去皮)	12.01	牛预混料(1%)	1.00
高粱(GB1)	10.00	食盐	0.26
DDGS——玉米溶浆蛋白	10.00	赖氨酸(Lys)	0.23
麦饭石	10.00	营养素名称	营养含量
苜蓿草粉(GB1)	10.00	粗蛋白/%	13.00
稻谷(GB2)	5.00	钙/%	1.10
磷酸氢钙	1.73	总磷/%	0.55

成年牛全价饲料配方 39

原 料 名 称	含量/%	原 料 名 称	含量/%
玉米(GB2)	60.00	乳清粉	0.30
棉粕(部分去皮)	13.52	赖氨酸(Lys)	0.29
DDGS——玉米溶浆蛋白	10.00	食盐	0.27
麦饭石	10.00	营养素名称	营养含量
磷酸氢钙	2.05	粗蛋白/%	12.00
贝壳粉	1.93	钙/%	1.10
牛预混料(1%)	1.00	总磷/%	0.56
大豆油	0.65		

成年牛全价饲料配方 40

原 料 名 称	含量/%	原 料 名 称	含量/%
玉米(GB2)	51.87	牛预混料(1%)	1.00
DDGS——玉米溶浆蛋白	10.00	赖氨酸(Lys)	0.28
麦饭石	10.00	食盐	0.27
苜蓿草粉(GB1)	10.00	蛋氨酸(DL-Met)	0.01
棉粕(部分去皮)	8.29	营养素名称	营养含量
稻谷(GB2)	5.00	粗蛋白/%	12.00
磷酸氢钙	1.73	钙/%	1.10
细石粉	1.55	总磷/%	0.55

成年牛全价饲料配方 41

原 料 名 称	含量/%	原 料 名 称	含量/%
甘薯干(GB)	65.85	食盐	0.45
麦芽根	14.04	细石粉	0.43
花生粕(GB2)	13.73	营养素名称	营养含量
磷酸氢钙	2.50	粗蛋白/%	14.00
大豆浓缩蛋白	2.00	钙/%	1.00
牛预混料(1%)	1.00	总磷/%	0.70

成年牛全价饲料配方 42

原 料 名 称	含量/%	原 料 名 称	含量/%
甘薯干(GB)	69.32	食盐	0.45
花生粕(GB2)	12.86	细石粉	0.35
麦芽根	11.39	营养素名称	营养含量
磷酸氢钙	2.63	粗蛋白/%	13.00
大豆浓缩蛋白	2.00	钙/%	1.00
牛预混料(1%)	1.00	总磷/%	0.70

成年牛全价饲料配方 43

原 料 名 称	含量/%	原 料 名 称	含量/%
甘薯干(GB)	72.79	食盐	0.46
花生粕(GB2)	11.99	细石粉	0.26
麦芽根	8.73	营养素名称	营养含量
磷酸氢钙	2.76	粗蛋白/%	12.00
大豆浓缩蛋白	2.00	钙/%	1.00
牛预混料(1%)	1.00	总磷/%	0.70

成年牛全价饲料配方 44

原 料 名 称	含量/%	原 料 名 称	含量/%
碎米	20.00	磷酸氢钙	1.59
次粉（NY/T2）	20.00	细石粉	1.38
DDGS——玉米溶浆蛋白	20.00	牛预混料（1%）	1.00
麦饭石	11.41	营养素名称	营养含量
甘薯干（GB）	10.00	粗蛋白/%	14.00
小麦麸（GB1）	9.02	钙/%	1.00
大麦（皮 GB1）	3.67	总磷/%	0.70
花生粕（GB2）	1.92		

成年牛全价饲料配方 45

原 料 名 称	含量/%	原 料 名 称	含量/%
碎米	20.00	细石粉	1.34
次粉（NY/T2）	20.00	牛预混料（1%）	1.00
DDGS——玉米溶浆蛋白	20.00	大麦（皮 GB1）	0.45
稻谷（GB2）	10.25	营养素名称	营养含量
甘薯干（GB）	10.00	粗蛋白/%	13.00
麦饭石	9.97	钙/%	1.00
小麦麸（GB1）	5.29	总磷/%	0.70
磷酸氢钙	1.69		

成年牛全价饲料配方 46

原 料 名 称	含量/%	原 料 名 称	含量/%
玉米（GB2）	23.91	细石粉	1.11
稻谷（GB2）	20.00	牛预混料（1%）	1.00
DDGS——玉米溶浆蛋白	20.00	营养素名称	营养含量
小麦（GB2）	14.78	粗蛋白/%	12.00
甘薯干（GB）	10.00	钙/%	1.00
麦饭石	7.15	总磷/%	0.70
磷酸氢钙	2.05		

成年牛全价饲料配方 47

原 料 名 称	含量/%	原 料 名 称	含量/%
碎米	20.00	细石粉	1.11
次粉（NY/T2）	20.00	牛预混料（1%）	1.00
荞麦	20.00	食盐	0.47
麦饭石	12.50	营养素名称	营养含量
花生粕（GB2）	10.16	粗蛋白/%	12.00
甘薯干（GB）	10.00	钙/%	1.00
大麦（皮 GB1）	2.53	总磷/%	0.70
磷酸氢钙	2.23		

成年牛全价饲料配方 48

原 料 名 称	含量/%	原 料 名 称	含量/%
碎米	20.00	细石粉	1.11
次粉(NY/T2)	20.00	牛预混料(1%)	1.00
荞麦	18.01	食盐	0.47
麦饭石	13.74	营养素名称	营养含量
花生粕(GB2)	13.46	粗蛋白/%	13.00
甘薯干(GB)	10.00	钙/%	1.00
磷酸氢钙	2.21	总磷/%	0.70

成年牛全价饲料配方 49

原 料 名 称	含量/%	原 料 名 称	含量/%
碎米	20.00	细石粉	1.12
次粉(NY/T2)	20.00	牛预混料(1%)	1.00
花生粕(GB2)	19.87	食盐	0.46
麦饭石	16.11	营养素名称	营养含量
甘薯干(GB)	10.00	粗蛋白/%	15.00
荞麦	9.27	钙/%	1.00
磷酸氢钙	2.17	总磷/%	0.70

成年牛全价饲料配方 50

原 料 名 称	含量/%	原 料 名 称	含量/%
碎米	20.00	细石粉	1.26
麦芽根	20.00	牛预混料(1%)	1.00
荞麦	20.00	食盐	0.40
大麦(皮 GB1)	13.04	营养素名称	营养含量
甘薯干(GB)	10.00	粗蛋白/%	14.00
DDGS——玉米溶浆蛋白	7.99	钙/%	1.00
麦饭石	4.49	总磷/%	0.70
磷酸氢钙	1.81		

成年牛全价饲料配方 51

原 料 名 称	含量/%	原 料 名 称	含量/%
大麦(皮 GB1)	20.00	细石粉	1.29
碎米	20.00	牛预混料(1%)	1.00
麦芽根	20.00	粉浆蛋白粉	0.84
荞麦	11.17	食盐	0.40
甘薯干(GB)	10.00	营养素名称	营养含量
DDGS——玉米溶浆蛋白	8.88	粗蛋白/%	15.00
麦饭石	2.67	钙/%	1.00
米糠	2.00	总磷/%	0.70
磷酸氢钙	1.77		

成年牛全价饲料配方 52

原 料 名 称	含量/%	原 料 名 称	含量/%
碎米	20.00	细石粉	1.25
麦芽根	20.00	牛预混料(1%)	1.00
荞麦	20.00	食盐	0.45
大麦(皮 GB1)	19.37	营养素名称	营养含量
甘薯干(GB)	10.00	粗蛋白/%	13.00
麦饭石	3.58	钙/%	1.00
DDGS——玉米溶浆蛋白	2.45	总磷/%	0.70
磷酸氢钙	1.90		

成年牛全价饲料配方 53

原 料 名 称	含量/%	原 料 名 称	含量/%
大麦(皮 GB1)	20.00	细石粉	1.22
碎米	20.00	牛预混料(1%)	1.00
荞麦	20.00	食盐	0.50
麦芽根	17.79	营养素名称	营养含量
甘薯干(GB)	10.00	粗蛋白/%	12.00
麦饭石	3.97	钙/%	1.00
玉米(GB2)	3.50	总磷/%	0.70
磷酸氢钙	2.01		

成年牛全价饲料配方 54

原 料 名 称	含量/%	原 料 名 称	含量/%
玉米(GB2)	26.33	牛预混料(1%)	1.00
大麦(皮 GB1)	20.00	麦饭石	0.79
荞麦	20.00	食盐	0.50
麦芽根	18.13	营养素名称	营养含量
甘薯干(GB)	10.00	粗蛋白/%	12.00
磷酸氢钙	2.05	钙/%	1.00
细石粉	1.21	总磷/%	0.70

成年牛全价饲料配方 55

原 料 名 称	含量/%	原 料 名 称	含量/%
玉米(GB2)	22.21	牛预混料(1%)	1.00
大麦(皮 GB1)	20.00	麦饭石	0.47
麦芽根	20.00	食盐	0.44
荞麦	20.00	营养素名称	营养含量
甘薯干(GB)	10.00	粗蛋白/%	13.00
DDGS——玉米溶浆蛋白	2.71	钙/%	1.00
磷酸氢钙	1.93	总磷/%	0.70
细石粉	1.25		

成年牛全价饲料配方 56

原 料 名 称	含量/%	原 料 名 称	含量/%
大麦（皮 GB1）	20.00	牛预混料（1%）	1.00
麦芽根	20.00	麦饭石	0.80
荞麦	20.00	食盐	0.40
玉米（GB2）	17.35	营养素名称	营养含量
甘薯干（GB）	10.00	粗蛋白/%	14.00
DDGS——玉米溶浆蛋白	7.36	钙/%	1.00
磷酸氢钙	1.84	总磷/%	0.70
细石粉	1.26		

成年牛全价饲料配方 57

原 料 名 称	含量/%	原 料 名 称	含量/%
玉米（GB2）	22.81	细石粉	1.19
小麦麸（GB1）	20.00	牛预混料（1%）	1.00
荞麦	20.00	食盐	0.40
苜蓿草粉（GB1）	11.00	营养素名称	营养含量
甘薯干（GB）	10.00	粗蛋白/%	15.00
DDGS——玉米溶浆蛋白	7.47	钙/%	1.00
粉浆蛋白粉	4.69	总磷/%	0.70
磷酸氢钙	1.44		

成年牛全价饲料配方 58

原 料 名 称	含量/%	原 料 名 称	含量/%
玉米（GB2）	24.65	细石粉	1.18
小麦麸（GB1）	20.00	牛预混料（1%）	1.00
荞麦	20.00	食盐	0.40
苜蓿草粉（GB1）	10.84	营养素名称	营养含量
甘薯干（GB）	10.00	粗蛋白/%	14.00
DDGS——玉米溶浆蛋白	7.47	钙/%	1.00
粉浆蛋白粉	2.98	总磷/%	0.70
磷酸氢钙	1.47		

成年牛全价饲料配方 59

原 料 名 称	含量/%	原 料 名 称	含量/%
玉米（GB2）	26.50	细石粉	1.16
小麦麸（GB1）	20.00	牛预混料（1%）	1.00
荞麦	20.00	食盐	0.40
苜蓿草粉（GB1）	10.68	营养素名称	营养含量
甘薯干（GB）	10.00	粗蛋白/%	13.00
DDGS——玉米溶浆蛋白	7.48	钙/%	1.00
磷酸氢钙	1.50	总磷/%	0.70
粉浆蛋白粉	1.28		

成年牛全价饲料配方 60

原 料 名 称	含量/%	原 料 名 称	含量/%
玉米（GB2）	28.92	牛预混料（1%）	1.00
小麦麸（GB1）	20.00	麦饭石	0.67
荞麦	20.00	食盐	0.40
甘薯干（GB）	10.00	营养素名称	营养含量
苜蓿草粉（GB1）	8.77	粗蛋白/%	12.00
DDGS——玉米溶浆蛋白	7.48	钙/%	1.00
磷酸氢钙	1.56	总磷/%	0.70
细石粉	1.20		

成年牛全价饲料配方 61

原 料 名 称	含量/%	原 料 名 称	含量/%
玉米（GB2）	40.00	麦饭石	0.92
苜蓿草粉（GB1）	20.00	细石粉	0.43
玉米（优质）	14.83	食盐	0.40
甘薯干（GB）	10.00	营养素名称	营养含量
DDGS——玉米溶浆蛋白	8.85	粗蛋白/%	12.00
磷酸氢钙	2.16	钙/%	1.00
米糠	1.40	总磷/%	0.70
牛预混料（1%）	1.00		

成年牛全价饲料配方 62

原 料 名 称	含量/%	原 料 名 称	含量/%
玉米(GB2)	40.00	牛预混料(1%)	1.00
苜蓿草粉(GB1)	20.00	细石粉	0.45
玉米(优质)	13.16	食盐	0.40
甘薯干(GB)	10.00	麦饭石	0.40
DDGS——玉米溶浆蛋白	8.84	营养素名称	营养含量
磷酸氢钙	2.14	粗蛋白/%	13.00
米糠	2.00	钙/%	1.00
粉浆蛋白粉	1.62	总磷/%	0.70

成年牛全价饲料配方 63

原 料 名 称	含量/%	原 料 名 称	含量/%
玉米(GB2)	40.00	牛预混料(1%)	1.00
苜蓿草粉(GB1)	20.00	细石粉	0.47
玉米(优质)	11.32	麦饭石	0.47
甘薯干(GB)	10.00	食盐	0.40
DDGS——玉米溶浆蛋白	8.83	营养素名称	营养含量
粉浆蛋白粉	3.39	粗蛋白/%	14.00
磷酸氢钙	2.11	钙/%	1.00
米糠	2.00	总磷/%	0.70

成年牛全价饲料配方 64

原 料 名 称	含量/%	原 料 名 称	含量/%
玉米(GB2)	40.00	牛预混料(1%)	1.00
苜蓿草粉(GB1)	20.00	麦饭石	0.55
甘薯干(GB)	10.00	细石粉	0.50
玉米(优质)	9.49	食盐	0.40
DDGS——玉米溶浆蛋白	8.82	营养素名称	营养含量
粉浆蛋白粉	5.16	粗蛋白/%	15.00
磷酸氢钙	2.08	钙/%	1.00
米糠	2.00	总磷/%	0.70

成年牛全价饲料配方 65

原 料 名 称	含量/%	原 料 名 称	含量/%
玉米（GB2）	34.30	牛预混料（1%）	1.00
玉米（优质）	20.00	麦饭石	0.60
葵粕（GB2）	20.00	食盐	0.40
甘薯干（GB）	10.00	玉米蛋白粉（50%粗蛋白）	0.16
DDGS——玉米溶浆蛋白	8.40	营养素名称	营养含量
米糠	2.00	粗蛋白/%	14.00
磷酸氢钙	1.78	钙/%	1.00
细石粉	1.35	总磷/%	0.70

成年牛全价饲料配方 66

原 料 名 称	含量/%	原 料 名 称	含量/%
玉米（GB2）	40.00	细石粉	1.28
玉米（优质）	16.92	牛预混料（1%）	1.00
葵粕（GB2）	16.05	食盐	0.40
甘薯干（GB）	10.00	营养素名称	营养含量
DDGS——玉米溶浆蛋白	8.47	粗蛋白/%	13.00
米糠	2.00	钙/%	1.00
麦饭石	1.95	总磷/%	0.70
磷酸氢钙	1.94		

成年牛全价饲料配方 67

原 料 名 称	含量/%	原 料 名 称	含量/%
玉米（GB2）	40.00	细石粉	1.19
玉米（优质）	19.58	牛预混料（1%）	1.00
葵粕（GB2）	11.66	食盐	0.40
甘薯干（GB）	10.00	营养素名称	营养含量
DDGS——玉米溶浆蛋白	8.54	粗蛋白/%	12.00
麦饭石	3.52	钙/%	1.00
磷酸氢钙	2.11	总磷/%	0.70
米糠	2.00		

成年牛全价饲料配方 68

原 料 名 称	含量/%	原 料 名 称	含量/%
玉米(GB2)	40.00	细石粉	1.08
玉米(优质)	20.00	牛预混料(1%)	1.00
麦饭石	14.23	食盐	0.40
DDGS——玉米溶浆蛋白	8.62	营养素名称	营养含量
玉米蛋白粉(50%粗蛋白)	6.72	粗蛋白/%	12.00
玉米(GB2)	3.50	钙/%	1.00
磷酸氢钙	2.46	总磷/%	0.70
米糠	2.00		

成年牛全价饲料配方 69

原 料 名 称	含量/%	原 料 名 称	含量/%
玉米(GB2)	38.83	细石粉	1.07
玉米(优质)	20.00	牛预混料(1%)	1.00
麦饭石	16.23	食盐	0.40
玉米蛋白粉(50%粗蛋白)	9.41	营养素名称	营养含量
DDGS——玉米溶浆蛋白	8.60	粗蛋白/%	13.00
磷酸氢钙	2.47	钙/%	1.00
米糠	2.00	总磷/%	0.70

成年牛全价饲料配方 70

原 料 名 称	含量/%	原 料 名 称	含量/%
玉米(GB2)	34.04	细石粉	1.06
玉米(优质)	20.00	牛预混料(1%)	1.00
麦饭石	18.26	食盐	0.40
玉米蛋白粉(50%粗蛋白)	12.18	营养素名称	营养含量
DDGS——玉米溶浆蛋白	8.58	粗蛋白/%	14.00
磷酸氢钙	2.48	钙/%	1.00
米糠	2.00	总磷/%	0.70

成年牛全价饲料配方 71

原 料 名 称	含量/%	原 料 名 称	含量/%
玉米(GB2)	30.01	细石粉	1.06
玉米(优质)	20.00	牛预混料(1%)	1.00
麦饭石	20.00	食盐	0.40
玉米蛋白粉(50%粗蛋白)	13.02	营养素名称	营养含量
DDGS——玉米溶浆蛋白	8.58	粗蛋白/%	15.00
磷酸氢钙	2.48	钙/%	1.00
米糠	2.00	总磷/%	0.70
玉米蛋白粉(60%粗蛋白)	1.45		

成年牛全价饲料配方 72

原 料 名 称	含量/%	原 料 名 称	含量/%
玉米(GB2)	40.00	麦饭石	1.08
玉米(优质)	20.00	牛预混料(1%)	1.00
小麦(GB2)	20.00	食盐	0.40
马铃薯浓缩蛋白	7.96	营养素名称	营养含量
玉米(GB3)	4.00	粗蛋白/%	15.00
磷酸氢钙	2.47	钙/%	1.00
米糠	2.00	总磷/%	0.70
细石粉	1.08		

成年牛全价饲料配方 73

原 料 名 称	含量/%	原 料 名 称	含量/%
玉米(GB2)	40.00	细石粉	1.08
玉米(GB1)	20.00	牛预混料(1%)	1.00
小麦(GB2)	20.00	食盐	0.40
马铃薯浓缩蛋白	6.69	营养素名称	营养含量
玉米(优质)	4.00	粗蛋白/%	14.00
磷酸氢钙	2.47	钙/%	1.00
麦饭石	2.35	总磷/%	0.70
米糠	2.00		

成年牛全价饲料配方 74

原 料 名 称	含量/%	原 料 名 称	含量/%
玉米(GB2)	40.00	细石粉	1.08
玉米(优质)	20.00	牛预混料(1%)	1.00
小麦(GB2)	20.00	食盐	0.40
马铃薯浓缩蛋白	5.42	营养素名称	营养含量
玉米(GB3)	4.00	粗蛋白/%	13.00
麦饭石	3.62	钙/%	1.00
磷酸氢钙	2.47	总磷/%	0.70
米糠	2.00		

成年牛全价饲料配方 75

原 料 名 称	含量/%	原 料 名 称	含量/%
玉米(GB2)	40.00	细石粉	1.08
玉米(优质)	20.00	牛预混料(1%)	1.00
小麦(GB2)	20.00	食盐	0.40
麦饭石	4.89	营养素名称	营养含量
马铃薯浓缩蛋白	4.15	粗蛋白/%	12.00
玉米(GB3)	4.00	钙/%	1.00
磷酸氢钙	2.47	总磷/%	0.70
米糠	2.00		

成年牛全价饲料配方 76

原 料 名 称	含量/%	原 料 名 称	含量/%
玉米(GB2)	40.00	牛预混料(1%)	1.00
小麦(GB2)	20.00	槐叶粉	0.92
燕麦秸秆粉	20.00	食盐	0.40
棉粕(GB2)	5.00	豆粕(GB2)	0.12
菜粕(GB2)	5.00	营养素名称	营养含量
磷酸氢钙	2.25	粗蛋白/%	12.00
麦饭石	2.23	钙/%	1.00
米糠	2.00	总磷/%	0.70
细石粉	1.08		

成年牛全价饲料配方 77

原 料 名 称	含量/%	原 料 名 称	含量/%
玉米(GB2)	40.00	牛预混料(1%)	1.00
小麦(GB2)	20.00	细石粉	0.87
燕麦秸秆粉	15.71	食盐	0.40
槐叶粉	7.73	豆粕(GB2)	0.12
棉粕(GB2)	5.00	营养素名称	营养含量
菜粕(GB2)	5.00	粗蛋白/%	13.00
磷酸氢钙	2.17	钙/%	1.00
米糠	2.00	总磷/%	0.70

成年牛全价饲料配方 78

原 料 名 称	含量/%	原 料 名 称	含量/%
玉米(GB2)	40.00	牛预混料(1%)	1.00
小麦(GB2)	20.00	细石粉	0.62
槐叶粉	15.58	食盐	0.40
燕麦秸秆粉	8.21	豆粕(GB2)	0.12
棉粕(GB2)	5.00	营养素名称	营养含量
菜粕(GB2)	5.00	粗蛋白/%	14.00
磷酸氢钙	2.08	钙/%	1.00
米糠	2.00	总磷/%	0.70

成年牛全价饲料配方 79

原 料 名 称	含量/%	原 料 名 称	含量/%
玉米（GB2）	40.00	细石粉	0.82
小麦（GB2）	20.00	牛预混料（1%）	1.0
燕麦秸秆粉	14.45	食盐	0.4
棉粕（去皮）	8.66	豆粕（GB2）	0.41
棉粕（GB2）	5.00	营养素名称	营养含量
菜粕（GB2）	5.00	粗蛋白/%	15.00
磷酸氢钙	2.26	钙/%	1.00
米糠	2.00	总磷/%	0.70

成年牛全价饲料配方 80

原 料 名 称	含量/%	原 料 名 称	含量/%
玉米（GB2）	40.00	细石粉	1.11
小麦（GB2）	20.00	牛预混料（1%）	1.00
燕麦秸秆粉	17.35	食盐	0.40
棉粕（去皮）	5.76	豆粕（GB2）	0.12
棉粕（GB2）	5.00	营养素名称	营养含量
菜粕（GB2）	5.00	粗蛋白/%	14.00
磷酸氢钙	2.26	钙/%	1.00
米糠	2.00	总磷/%	0.70

成年牛全价饲料配方 81

原 料 名 称	含量/%	原 料 名 称	含量/%
玉米（GB2）	40.00	牛预混料（1%）	1.00
小麦（GB2）	20.00	食盐	0.40
燕麦秸秆粉	20.00	麦饭石	0.21
棉粕（GB2）	5.00	豆粕（GB2）	0.12
菜粕（GB2）	5.00	营养素名称	营养含量
棉粕（去皮）	2.90	粗蛋白/%	13.00
磷酸氢钙	2.26	钙/%	1.00
米糠	2.00	总磷/%	0.70
细石粉	1.11		

成年牛全价饲料配方 82

原 料 名 称	含量/%	原 料 名 称	含量/%
玉米(GB2)	40.00	牛预混料(1%)	1.00
小麦(GB2)	20.00	棉粕(去皮)	0.42
燕麦秸秆粉	20.00	食盐	0.40
棉粕(GB2)	5.00	豆粕(GB2)	0.12
菜粕(GB2)	5.00	营养素名称	营养含量
麦饭石	2.69	粗蛋白/%	12.00
磷酸氢钙	2.26	钙/%	1.00
米糠	2.00	总磷/%	0.70
细石粉	1.11		

成年牛全价饲料配方 83

原 料 名 称	含量/%	原 料 名 称	含量/%
玉米(GB2)	40.00	细石粉	1.72
菜粕(GB2)	16.60	磷酸氢钙	1.34
玉米淀粉	14.17	牛预混料(1%)	1.00
麦饭石	10.00	食盐	0.70
高粱	5.00	营养素名称	营养含量
小麦麸	5.00	粗蛋白/%	12.00
干蒸大麦酒糟	2.47	钙/%	1.00
米糠	2.00	总磷/%	0.50

成年牛全价饲料配方 84

原 料 名 称	含量/%	原 料 名 称	含量/%
玉米(GB2)	40.00	细石粉	1.72
菜粕(GB2)	16.60	磷酸氢钙	1.34
麦饭石	10.00	牛预混料(1%)	1.00
玉米淀粉	9.44	食盐	0.70
干蒸大麦酒糟(酒精副产品)	7.19	营养素名称	营养含量
高粱	5.00	粗蛋白/%	13.00
小麦麸	5.00	钙/%	1.00
米糠	2.00	总磷/%	0.50

成年牛全价饲料配方 85

原 料 名 称	含量/%	原 料 名 称	含量/%
玉米（GB2）	40.00	细石粉	1.72
菜粕（GB2）	16.60	磷酸氢钙	1.34
干蒸大麦酒糟	11.91	牛预混料（1%）	1.00
麦饭石	10.00	食盐	0.70
高粱	5.00	营养素名称	营养含量
小麦麸	5.00	粗蛋白/%	14.00
玉米淀粉	4.72	钙/%	1.00
米糠	2.00	总磷/%	0.50

成年牛浓缩饲料配方 1

原 料 名 称	含量/%	原 料 名 称	含量/%
玉米蛋白粉（50%粗蛋白）	20.00	磷酸氢钙	1.75
棉粕（GB2）	20.00	大豆油	1.00
葵粕（GB3）	20.00	食盐	0.40
豆粕（GB1）	15.00	营养素名称	营养含量
葵粕（GB2）	7.73	粗蛋白/%	32.00
麦饭石	7.37	钙/%	2.20
细石粉	4.75	总磷/%	0.88
牛预混料（1%）	2.00		

成年牛浓缩饲料配方 2

原 料 名 称	含量/%	原 料 名 称	含量/%
玉米蛋白粉（50%粗蛋白）	20.00	磷酸氢钙	1.76
棉粕（GB2）	20.00	大豆油	1.00
葵粕（GB3）	20.00	食盐	0.40
豆粕（GB1）	15.00	营养素名称	营养含量
麦饭石	8.73	粗蛋白/%	31.50
葵粕（GB2）	6.36	钙/%	2.20
细石粉	4.76	总磷/%	0.87
牛预混料（1%）	2.00		

成年牛浓缩饲料配方 3

原 料 名 称	含量/%	原 料 名 称	含量/%
玉米蛋白粉(50%粗蛋白)	20.00	磷酸氢钙	1.77
棉粕(GB2)	20.00	大豆油	1.00
葵粕(GB3)	20.00	食盐	0.40
豆粕(GB1)	15.00	米糠粕(GB1)	0.14
麦饭石	10.00	营养素名称	营养含量
葵粕(GB2)	4.93	粗蛋白/%	31.00
细石粉	4.76	钙/%	2.20
牛预混料(1%)	2.00	总磷/%	0.86

成年牛浓缩饲料配方 4

原 料 名 称	含量/%	原 料 名 称	含量/%
葵粕(GB2)	20.00	磷酸氢钙	1.46
棉粕(GB2)	20.00	大豆油	1.00
葵粕(GB3)	20.00	食盐	0.40
豆粕(GB1)	15.00	营养素名称	营养含量
麦饭石	9.48	粗蛋白/%	30.50
菜粕(GB2)	5.91	钙/%	2.20
细石粉	4.76	总磷/%	0.96
牛预混料(1%)	2.00		

成年牛浓缩饲料配方 5

原 料 名 称	含量/%	原 料 名 称	含量/%
葵粕(GB2)	20.00	磷酸氢钙	1.43
棉粕(GB2)	20.00	大豆油	1.00
葵粕(GB3)	20.00	食盐	0.40
豆粕(GB1)	15.00	营养素名称	营养含量
麦饭石	8.22	粗蛋白/%	31.00
菜粕(GB2)	7.20	钙/%	2.20
细石粉	4.75	总磷/%	0.96
牛预混料(1%)	2.00		

成年牛浓缩饲料配方 6

原 料 名 称	含量/%	原 料 名 称	含量/%
葵粕(GB2)	20.00	磷酸氢钙	1.39
棉粕(GB2)	20.00	大豆油	1.00
葵粕(GB3)	20.00	食盐	0.40
豆粕(GB1)	15.00	营养素名称	营养含量
菜粕(GB2)	8.50	粗蛋白/%	31.50
麦饭石	6.96	钙/%	2.20
细石粉	4.75	总磷/%	0.97
牛预混料(1%)	2.00		

成年牛浓缩饲料配方 7

原 料 名 称	含量/千克	原 料 名 称	含量/千克
小麦麸(GB1)	200.00	细石粉	49.90
DDGS——玉米溶浆蛋白	200.00	磷酸氢钙	20.00
棉粕(GB2)	153.87	食盐	5.00
菜粕(GB2)	100.00	营养素名称	营养含量
葵粕(GB2)	100.00	粗蛋白/%	28.00
玉米蛋白粉(50%粗蛋白)	100.00	钙/%	2.50
槐叶粉	71.24	总磷/%	1.04

成年牛浓缩饲料配方 8

原 料 名 称	含量/千克	原 料 名 称	含量/千克
DDGS——玉米溶浆蛋白	200.00	细石粉	50.00
棉粕(GB2)	191.91	磷酸氢钙	20.00
小麦麸(GB1)	168.56	食盐	5.00
菜粕(GB2)	100.00	营养素名称	营养含量
葵粕(GB2)	100.00	粗蛋白/%	29.00
玉米蛋白粉(50%粗蛋白)	100.00	钙/%	2.50
槐叶粉	64.53	总磷/%	1.04

成年牛浓缩饲料配方 9

原 料 名 称	含量/千克	原 料 名 称	含量/千克
小麦麸(GB1)	200.00	细石粉	48.76
棉粕(GB2)	200.00	磷酸氢钙	20.00
大麦(皮 GB1)	100.00	食盐	4.00
菜粕(GB2)	100.00	营养素名称	营养含量
葵粕(GB2)	100.00	粗蛋白/%	29.00
玉米蛋白粉(50%粗蛋白)	100.00	钙/%	2.32
棉粕(去皮)	74.74	总磷/%	1.00
豆粕(GB1)	52.50		

成年牛浓缩饲料配方 10

原料名称	含量/千克	原料名称	含量/千克
小麦麸(GB1)	200.00	细石粉	40.00
棉粕(GB2)	200.00	磷酸氢钙	20.00
菜粕(GB2)	100.00	食盐	4.00
葵粕(GB2)	100.00	营养素名称	营养含量
玉米蛋白粉(50%粗蛋白)	100.00	粗蛋白/%	30.00
棉粕(去皮)	92.53	钙/%	2.01
大麦(皮 GB1)	79.70	总磷/%	1.00
豆粕(GB1)	63.77		

成年牛浓缩饲料配方 11

原料名称	含量/千克	原料名称	含量/千克
菜粕(GB2)	200.00	牛预混料(1%)	10.00
葵粕(GB2)	200.00	食盐	5.00
玉米蛋白粉(50%粗蛋白)	200.00	赖氨酸(Lys)	2.34
DDGS——玉米溶浆蛋白	200.00	营养素名称	营养含量
小麦麸(GB1)	96.63	粗蛋白/%	30.00
细石粉	49.67	钙/%	2.50
磷酸氢钙	22.64	总磷/%	1.07
棉粕(GB2)	13.72		

成年牛浓缩饲料配方 12

原料名称	含量/千克	原料名称	含量/千克
菜粕(GB2)	200.00	牛预混料(1%)	10.00
葵粕(GB2)	200.00	食盐	5.00
玉米蛋白粉(50%粗蛋白)	200.00	赖氨酸(Lys)	2.38
DDGS——玉米溶浆蛋白	200.00	营养素名称	营养含量
小麦麸(GB1)	100.00	粗蛋白/%	29.90
细石粉	49.68	钙/%	2.50
磷酸氢钙	22.66	总磷/%	1.07
棉粕(GB2)	10.28		

成年牛浓缩饲料配方 13

原料名称	含量/千克	原料名称	含量/千克
菜粕(GB2)	200.00	牛预混料(1%)	10.00
葵粕(GB2)	200.00	食盐	5.00
玉米蛋白粉(50%粗蛋白)	200.00	赖氨酸(Lys)	2.38
DDGS——玉米溶浆蛋白	200.00	营养素名称	营养含量
小麦麸(GB1)	100.00	粗蛋白/%	29.90
细石粉	49.68	钙/%	2.50
磷酸氢钙	22.66	总磷/%	1.07
棉粕(GB2)	10.28		

成年牛浓缩饲料配方 14

原 料 名 称	含量/千克	原 料 名 称	含量/千克
菜粕(GB2)	200.00	牛预混料(1%)	10.00
葵粕(GB2)	200.00	食盐	5.00
玉米蛋白粉(50%粗蛋白)	200.00	赖氨酸(Lys)	2.38
DDGS——玉米溶浆蛋白	200.00	营养素名称	营养含量
小麦麸(GB1)	100.00	粗蛋白/%	29.90
细石粉	49.68	钙/%	2.50
磷酸氢钙	22.66	总磷/%	1.07
棉粕(GB2)	10.28		

成年牛浓缩饲料配方 15

原 料 名 称	含量/千克	原 料 名 称	含量/千克
葵粕(GB2)	200.00	牛预混料(1%)	30.00
葵粕(GB3)	198.98	磷酸氢钙	19.27
花生粕(GB1)	187.61	赖氨酸(Lys)	4.00
花生粕(GB2)	120.36	营养素名称	营养含量
米糠(GB2)	100.00	粗蛋白/%	30.00
米糠粕(GB1)	100.00	钙/%	2.00
细石粉	39.78	总磷/%	1.20

成年牛浓缩饲料配方 16

原 料 名 称	含量/千克	原 料 名 称	含量/千克
葵粕(GB2)	200.00	牛预混料(1%)	30.00
葵粕(GB3)	198.98	磷酸氢钙	19.27
花生粕(GB1)	187.61	赖氨酸(Lys)	4.00
花生粕(GB2)	120.36	营养素名称	营养含量
米糠(GB2)	100.00	粗蛋白/%	30.00
米糠粕(GB1)	100.00	钙/%	2.00
细石粉	39.78	总磷/%	1.20

成年牛浓缩饲料配方 17

原 料 名 称	含量/千克	原 料 名 称	含量/千克
葵粕(GB2)	200.00	牛预混料(1%)	30.00
花生粕(GB2)	200.00	磷酸氢钙	17.14
葵粕(GB3)	200.00	赖氨酸(Lys)	4.00
米糠(GB2)	100.00	营养素名称	营养含量
米糠粕(GB1)	100.00	粗蛋白/%	29.00
棉粕(GB2)	75.06	钙/%	2.00
细石粉	40.85	总磷/%	1.20
菜粕(GB2)	32.94		

成年牛浓缩饲料配方 18

原 料 名 称	含量/千克	原 料 名 称	含量/千克
葵粕(GB2)	200.00	牛预混料(1%)	30.00
葵粕(GB3)	200.00	磷酸氢钙	14.78
菜粕(GB2)	170.15	赖氨酸(Lys)	4.00
花生粕(GB2)	140.35	营养素名称	营养含量
米糠(GB2)	100.00	粗蛋白/%	28.00
米糠粕(GB1)	100.00	钙/%	2.00
细石粉	40.72	总磷/%	1.20

成年牛浓缩饲料配方 19

原 料 名 称	含量/千克	原 料 名 称	含量/千克
葵粕(GB2)	200.00	贝壳粉	20.00
菜粕(GB2)	200.00	磷酸氢钙	17.47
葵粕(GB3)	200.00	大豆油	10.00
棉粕(GB2)	198.12	赖氨酸(Lys)	4.00
米糠(GB2)	50.00	营养素名称	营养含量
米糠粕(GB1)	50.00	粗蛋白/%	29.40
牛预混料(1%)	30.00	钙/%	2.00
细石粉	20.42	总磷/%	1.20

成年牛浓缩饲料配方 20

原 料 名 称	含量/千克	原 料 名 称	含量/千克
葵粕(GB2)	200.00	贝壳粉	20.00
菜粕(GB2)	200.00	磷酸氢钙	17.47
葵粕(GB3)	200.00	大豆油	10.00
棉粕(GB2)	198.12	赖氨酸(Lys)	4.00
米糠(GB2)	50.00	营养素名称	营养含量
米糠粕(GB1)	50.00	粗蛋白/%	29.40
牛预混料(1%)	30.00	钙/%	2.00
细石粉	20.42	总磷/%	1.20

成年牛浓缩饲料配方 21

原 料 名 称	含量/千克	原 料 名 称	含量/千克
葵粕(GB2)	200.00	贝壳粉	20.00
菜粕(GB2)	200.00	磷酸氢钙	17.47
葵粕(GB3)	200.00	大豆油	10.00
棉粕(GB1)	198.12	赖氨酸(Lys)	4.00
米糠(GB2)	50.00	营养素名称	营养含量
米糠粕(GB1)	50.00	粗蛋白/%	29.40
牛预混料(1%)	30.00	钙/%	2.00
细石粉	20.42	总磷/%	1.20

成年牛浓缩饲料配方 22

原料名称	含量/千克	原料名称	含量/千克
葵粕（GB2）	200.00	磷酸氢钙	18.85
棉粕（GB2）	200.00	大豆油	10.00
葵粕（GB3）	200.00	菜粕（GB2）	9.31
菜粕（GB1）	136.61	赖氨酸（Lys）	4.00
花生粕（GB2）	52.79	营养素名称	营养含量
米糠（GB2）	50.00	粗蛋白/%	30.00
米糠粕（GB1）	50.00	钙/%	2.00
细石粉	38.43	总磷/%	1.20
牛预混料（1%）	30.00		

成年牛浓缩饲料配方 23

原料名称	含量/千克	原料名称	含量/千克
花生粕（GB1）	200.00	花生粕（GB2）	17.69
葵粕（GB3）	200.00	磷酸氢钙	14.91
米糠（GB2）	150.00	贝壳粉	3.21
米糠粕（GB1）	138.87	营养素名称	营养含量
棉粕（GB2）	133.62	粗蛋白/%	28.00
葵粕（GB2）	81.80	钙/%	2.00
细石粉	40.00	总磷/%	1.20
牛预混料（1%）	19.90		

成年牛浓缩饲料配方 24

原料名称	含量/千克	原料名称	含量/千克
花生粕（GB1）	200.00	磷酸氢钙	16.49
葵粕（GB3）	200.00	花生粕（GB2）	9.92
米糠（GB2）	150.00	贝壳粉	2.21
棉粕（GB2）	146.88	营养素名称	营养含量
米糠粕（GB1）	119.02	粗蛋白/%	28.00
葵粕（GB2）	85.47	钙/%	2.00
细石粉	40.00	总磷/%	1.20
牛预混料（1%）	30.00		

成年牛浓缩饲料配方 25

原 料 名 称	含量/千克	原 料 名 称	含量/千克
花生粕(GB1)	200.00	牛预混料(1%)	30.00
葵粕(GB3)	200.00	磷酸氢钙	18.93
米糠(GB2)	150.00	贝壳粉	0.43
米糠(GB1)	100.96	营养素名称	营养含量
花生粕(GB2)	89.87	粗蛋白/%	29.00
葵粕(GB2)	89.49	钙/%	2.00
棉粕(GB2)	80.33	总磷/%	1.20
细石粉	40.00		

成年牛浓缩饲料配方 26

原 料 名 称	含量/千克	原 料 名 称	含量/千克
葵粕(GB2)	200.00	牛预混料(1%)	30.00
花生粕(GB1)	200.00	磷酸氢钙	19.28
葵粕(GB3)	159.68	营养素名称	营养含量
米糠(GB2)	150.00	粗蛋白/%	30.00
花生粕(GB2)	127.59	钙/%	2.00
米糠粕(GB1)	73.54	总磷/%	1.20
细石粉	39.91		

成年牛浓缩饲料配方 27

原 料 名 称	含量/千克	原 料 名 称	含量/千克
葵粕(GB2)	200.00	牛预混料(1%)	30.00
花生粕(GB1)	200.00	磷酸氢钙	19.28
葵粕(GB3)	159.68	营养素名称	营养含量
米糠(GB2)	150.00	粗蛋白/%	30.00
花生粕(GB2)	127.59	钙/%	2.00
米糠粕(GB1)	73.54	总磷/%	1.20
细石粉	39.91		

成年牛浓缩饲料配方 28

原 料 名 称	含量/千克	原 料 名 称	含量/千克
花生粕(GB1)	200.00	牛预混料(1%)	30.00
葵粕(GB3)	200.00	磷酸氢钙	18.93
米糠(GB2)	150.00	贝壳粉	0.43
米糠粕(GB1)	100.96	营养素名称	营养含量
花生粕(GB2)	89.87	粗蛋白/%	29.00
葵粕(GB2)	89.49	钙/%	2.00
棉粕(GB2)	80.33	总磷/%	1.20
细石粉	40.00		

成年牛浓缩饲料配方 29

原 料 名 称	含量/千克	原 料 名 称	含量/千克
花生粕(GB1)	200.00	磷酸氢钙	16.49
葵粕(GB3)	200.00	花生粕(GB2)	9.92
米糠(GB2)	150.00	贝壳粉	2.21
棉粕(GB2)	146.88	营养素名称	营养含量
米糠粕(GB1)	119.02	粗蛋白/%	28.00
葵粕(GB2)	85.47	钙/%	2.00
细石粉	40.00	总磷/%	1.20
牛预混料(1%)	30.00		

成年牛浓缩饲料配方 30

原 料 名 称	含量/千克	原 料 名 称	含量/千克
花生粕(GB1)	200.00	磷酸氢钙	16.49
葵粕(GB3)	200.00	花生粕(GB2)	9.92
米糠(GB2)	150.00	贝壳粉	2.21
棉粕(GB2)	146.88	营养素名称	营养含量
米糠粕(GB1)	119.02	粗蛋白/%	28.00
葵粕(GB2)	85.47	钙/%	2.00
细石粉	40.00	总磷/%	1.20
牛预混料(1%)	30.00		

成年牛浓缩饲料配方 31

原 料 名 称	含量/%	原 料 名 称	含量/%
棉粕(GB2)	20.00	磷酸氢钙	1.67
花生粕(GB1)	20.00	细石粉	1.45
菜粕(GB2)	17.34	赖氨酸(Lys)	0.44
花生粕(GB2)	10.22	食盐	0.28
米糠(GB2)	10.00	营养素名称	营养含量
麦饭石	10.00	粗蛋白/%	30.00
米糠粕(GB1)	5.60	钙/%	1.10
牛预混料(1%)	3.00	总磷/%	1.01

成年牛浓缩饲料配方 32

原 料 名 称	含量/%	原 料 名 称	含量/%
棉粕(GB2)	20.00	磷酸氢钙	1.69
花生粕(GB1)	20.00	细石粉	1.44
菜粕(GB2)	18.36	赖氨酸(Lys)	0.46
米糠(GB2)	10.00	食盐	0.28
麦饭石	10.00	营养素名称	营养含量
米糠粕(GB1)	8.20	粗蛋白/%	29.00
花生粕(GB2)	6.58	钙/%	1.10
牛预混料(1%)	3.00	总磷/%	1.05

成年牛浓缩饲料配方 33

原 料 名 称	含量/%	原 料 名 称	含量/%
棉粕(GB2)	20.00	细石粉	1.42
菜粕(GB2)	20.00	赖氨酸(Lys)	0.49
花生粕(GB1)	20.00	食盐	0.40
米糠(GB2)	10.00	小麦麸(GB1)	0.37
米糠粕(GB1)	10.00	营养素名称	营养含量
麦饭石	10.00	粗蛋白/%	28.00
牛预混料(1%)	3.00	钙/%	1.10
花生粕(GB2)	2.62	总磷/%	1.08
磷酸氢钙	1.70		

成年牛浓缩饲料配方 34

原 料 名 称	含量/%	原 料 名 称	含量/%
棉粕(GB1)	20.00	磷酸氢钙	1.71
菜粕(GB2)	20.00	细石粉	1.43
花生粕(GB2)	15.28	赖氨酸(Lys)	0.50
米糠(GB2)	10.00	食盐	0.40
米糠粕(GB1)	10.00	营养素名称	营养含量
麦饭石	10.00	粗蛋白/%	27.00
棉粕(GB2)	4.53	钙/%	1.10
小麦麸(GB1)	3.15	总磷/%	1.11
牛预混料(1%)	3.00		

成年牛浓缩饲料配方 35

原 料 名 称	含量/%	原 料 名 称	含量/%
棉粕（GB1）	20.00	磷酸氢钙	1.72
菜粕（GB2）	20.00	细石粉	1.44
棉粕（GB2）	12.36	赖氨酸（Lys）	0.50
米糠（GB2）	10.00	食盐	0.40
米糠粕（GB1）	10.00	营养素名称	营养含量
麦饭石	10.00	粗蛋白/%	26.00
小麦麸（GB1）	5.98	钙/%	1.10
花生粕（GB2）	4.60	总磷/%	1.16
牛预混料（1%）	3.00		

成年牛浓缩饲料配方 36

原 料 名 称	含量/%	原 料 名 称	含量/%
花生粕（GB1）	20.00	牛预混料（1%）	3.00
葵粕（GB3）	20.00	磷酸氢钙	1.31
米糠（GB2）	15.00	贝壳粉	0.43
米糠粕（GB1）	14.28	营养素名称	营养含量
葵粕（GB2）	11.73	粗蛋白/%	28.00
花生粕（GB2）	10.25	钙/%	2.00
细石粉	4.00	总磷/%	1.15

成年牛浓缩饲料配方 37

原 料 名 称	含量/%	原 料 名 称	含量/%
花生粕（GB1）	20.00	牛预混料（1%）	3.00
葵粕（GB3）	20.00	磷酸氢钙	1.25
花生粕（GB2）	17.83	贝壳粉	0.44
米糠（GB2）	15.00	营养素名称	营养含量
葵粕（GB2）	9.47	粗蛋白/%	30.00
米糠粕（GB1）	9.00	钙/%	2.00
细石粉	4.00	总磷/%	1.07

成年牛浓缩饲料配方 38

原 料 名 称	含量/%	原 料 名 称	含量/%
花生粕（GB1）	20.00	磷酸氢钙	1.33
花生粕（GB2）	20.00	食盐	0.40
葵粕（GB3）	20.00	蛋氨酸（DL-Met）	0.01
米糠（GB2）	15.00	营养素名称	营养含量
葵粕（GB2）	10.36	粗蛋白/%	30.00
麦饭石	5.53	钙/%	2.00
细石粉	4.37	总磷/%	0.94
牛预混料（1%）	3.00		

成年牛浓缩饲料配方 39

原 料 名 称	含量/%	原 料 名 称	含量/%
花生粕(GB1)	20.00	磷酸氢钙	1.36
花生粕(GB2)	20.00	食盐	0.40
葵粕(GB3)	20.00	蛋氨酸(DL-Met)	0.03
米糠(GB2)	15.00	营养素名称	营养含量
麦饭石	8.22	粗蛋白/%	29.00
葵粕(GB2)	7.62	钙/%	2.00
细石粉	4.37	总磷/%	0.91
牛预混料(1%)	3.00		

成年牛浓缩饲料配方 40

原 料 名 称	含量/%	原 料 名 称	含量/%
花生粕(GB1)	20.00	磷酸氢钙	1.39
花生粕(GB3)	20.00	膨润土	0.90
葵粕(GB2)	20.00	食盐	0.40
米糠(GB2)	15.00	蛋氨酸(DL-Met)	0.05
麦饭石	10.00	营养素名称	营养含量
葵粕(GB2)	4.88	粗蛋白/%	28.00
细石粉	4.38	钙/%	2.00
牛预混料(1%)	3.00	总磷/%	0.89

成年牛浓缩饲料配方 41

原 料 名 称	含量/%	原 料 名 称	含量/%
花生粕(GB1)	20.00	磷酸氢钙	1.39
花生粕(GB2)	20.00	膨润土	0.90
葵粕(GB3)	20.00	食盐	0.40
米糠(GB2)	15.00	蛋氨酸(DL-Met)	0.05
麦饭石	10.00	营养素名称	营养含量
葵粕(GB2)	4.88	粗蛋白/%	28.00
细石粉	4.38	钙/%	2.00
牛预混料(1%)	3.00	总磷/%	0.89

成年牛浓缩饲料配方 42

原 料 名 称	含量/%	原 料 名 称	含量/%
花生粕(GB1)	20.00	磷酸氢钙	1.45
葵粕(GB2)	20.00	食盐	0.40
花生粕(GB2)	19.54	蛋氨酸(DL-Met)	0.09
米糠(GB2)	15.00	营养素名称	营养含量
麦饭石	10.00	粗蛋白/%	26.00
膨润土	6.14	钙/%	2.00
细石粉	4.38	总磷/%	0.84
牛预混料(1%)	3.00		

成年牛浓缩饲料配方 43

原 料 名 称	含量/%	原 料 名 称	含量/%
葵粕(GB2)	27.89	磷酸氢钙	1.60
棉粕(GB2)	20.00	食盐	0.40
葵粕(GB3)	20.00	营养素名称	营养含量
米糠(GB2)	15.00	粗蛋白/%	26.00
麦饭石	7.86	钙/%	2.00
细石粉	4.25	总磷/%	1.13
牛预混料(1%)	3.00		

成年牛浓缩饲料配方 44

原 料 名 称	含量/%	原 料 名 称	含量/%
葵粕(GB2)	30.00	磷酸氢钙	1.56
棉粕(GB2)	20.00	菜粕(GB2)	0.60
葵粕(GB3)	20.00	食盐	0.40
米糠(GB2)	15.00	营养素名称	营养含量
麦饭石	5.20	粗蛋白/%	27.00
细石粉	4.25	钙/%	2.00
牛预混料(1%)	3.00	总磷/%	1.15

成年牛浓缩饲料配方 45

原 料 名 称	含量/%	原 料 名 称	含量/%
葵粕(GB2)	30.00	磷酸氢钙	1.55
棉粕(GB2)	20.00	食盐	0.40
葵粕(GB3)	20.00	菜粕(GB2)	0.03
米糠(GB2)	15.00	营养素名称	营养含量
细石粉	4.26	粗蛋白/%	28.00
麦饭石	3.84	钙/%	2.00
牛预混料(1%)	3.00	总磷/%	1.15
玉米蛋白粉(60%粗蛋白)	1.92		

成年牛浓缩饲料配方 46

原 料 名 称	含量/%	原 料 名 称	含量/%
葵粕(GB2)	27.73	牛预混料(1%)	3.00
棉粕(GB2)	20.00	磷酸氢钙	1.55
葵粕(GB3)	20.00	食盐	0.40
米糠(GB2)	15.00	营养素名称	营养含量
玉米蛋白粉(60%粗蛋白)	4.82	粗蛋白/%	29.00
细石粉	4.27	钙/%	2.00
麦饭石	3.23	总磷/%	1.14

成年牛浓缩饲料配方 47

原 料 名 称	含量/%	原 料 名 称	含量/%
葵粕(GB2)	25.42	麦饭石	2.63
棉粕(GB2)	20.00	磷酸氢钙	1.54
葵粕(GB3)	20.00	食盐	0.40
米糠(GB2)	15.00	营养素名称	营养含量
玉米蛋白粉(60%粗蛋白)	7.72	粗蛋白/%	30.00
细石粉	4.29	钙/%	2.00
牛预混料(1%)	3.00	总磷/%	1.12

成年牛浓缩饲料配方 48

原 料 名 称	含量/%	原 料 名 称	含量/%
葵粕(GB3)	30.00	磷酸氢钙	1.54
棉粕(GB2)	20.00	麦饭石	0.52
葵粕(GB2)	17.62	食盐	0.40
米糠(GB2)	15.00	营养素名称	营养含量
玉米蛋白粉(60%粗蛋白)	7.64	粗蛋白/%	30.00
细石粉	4.28	钙/%	2.00
牛预混料(1%)	3.00	总磷/%	1.12

成年牛浓缩饲料配方 49

原 料 名 称	含量/%	原 料 名 称	含量/%
葵粕(GB3)	30.00	磷酸氢钙	1.55
棉粕(GB2)	20.00	麦饭石	1.12
葵粕(GB2)	19.92	食盐	0.40
米糠(GB2)	15.00	营养素名称	营养含量
玉米蛋白粉(60%粗蛋白)	4.74	粗蛋白/%	29.00
细石粉	4.27	钙/%	2.00
牛预混料(1%)	3.00	总磷/%	1.14

成年牛浓缩饲料配方 50

原 料 名 称	含量/%	原 料 名 称	含量/%
葵粕(GB3)	30.00	麦饭石	1.73
葵粕(GB2)	22.23	磷酸氢钙	1.56
棉粕(GB2)	20.00	食盐	0.40
米糠(GB2)	15.00	营养素名称	营养含量
细石粉	4.25	粗蛋白/%	28.00
牛预混料(1%)	3.00	钙/%	2.00
玉米蛋白粉(60%粗蛋白)	1.84	总磷/%	1.15

成年牛浓缩饲料配方 51

原 料 名 称	含量/%	原 料 名 称	含量/%
葵粕(GB3)	30.00	磷酸氢钙	1.57
葵粕(GB2)	22.68	食盐	0.40
棉粕(GB2)	20.00	营养素名称	营养含量
米糠(GB2)	15.00	粗蛋白/%	27.00
细石粉	4.24	钙/%	2.00
麦饭石	3.10	总磷/%	1.15
牛预混料(1%)	3.00		

成年牛浓缩饲料配方 52

原 料 名 称	含量/%	原 料 名 称	含量/%
葵粕(GB3)	30.00	磷酸氢钙	1.60
棉粕(GB2)	20.00	食盐	0.40
葵粕(GB2)	19.95	营养素名称	营养含量
米糠(GB2)	15.00	粗蛋白/%	26.00
麦饭石	5.81	钙/%	2.00
细石粉	4.24	总磷/%	1.12
牛预混料(1%)	3.00		

成年牛浓缩饲料配方 53

原 料 名 称	含量/%	原 料 名 称	含量/%
葵粕(GB3)	30.00	磷酸氢钙	1.63
棉粕(GB2)	20.00	食盐	0.40
葵粕(GB2)	17.21	营养素名称	营养含量
米糠(GB2)	15.00	粗蛋白/%	25.00
麦饭石	8.52	钙/%	2.00
细石粉	4.25	总磷/%	1.10
牛预混料(1%)	3.00		

成年牛浓缩饲料配方 54

原 料 名 称	含量/%	原 料 名 称	含量/%
菜粕(GB1)	20.00	牛预混料(1%)	3.00
棉粕(GB2)	20.00	磷酸氢钙	1.27
米糠(GB2)	15.00	食盐	0.40
膨润土	10.26	营养素名称	营养含量
麦饭石	10.00	粗蛋白/%	25.00
菜粕(GB2)	9.54	钙/%	2.00
玉米蛋白粉(60%粗蛋白)	6.28	总磷/%	0.92
细石粉	4.25		

成年牛浓缩饲料配方 55

原 料 名 称	含量/%	原 料 名 称	含量/%
菜粕(GB1)	20.00	玉米蛋白粉(60%粗蛋白)	2.20
棉粕(GB2)	20.00	磷酸氢钙	1.10
菜粕(GB2)	20.00	食盐	0.40
米糠(GB2)	15.00	营养素名称	营养含量
麦饭石	10.00	粗蛋白/%	26.00
细石粉	4.18	钙/%	2.00
膨润土	4.12	总磷/%	0.97
牛预混料(1%)	3.00		

成年牛浓缩饲料配方 56

原 料 名 称	含量/%	原 料 名 称	含量/%
菜粕(GB1)	20.00	膨润土	2.56
棉粕(GB2)	20.00	磷酸氢钙	1.08
菜粕(GB2)	20.00	食盐	0.40
米糠(GB2)	15.00	营养素名称	营养含量
麦饭石	10.00	粗蛋白/%	27.00
细石粉	4.18	钙/%	2.00
玉米蛋白粉(60%粗蛋白)	3.78	总磷/%	0.98
牛预混料(1%)	3.00		

成年牛浓缩饲料配方 57

原 料 名 称	含量/%	原 料 名 称	含量/%
菜粕(GB1)	20.00	磷酸氢钙	1.06
棉粕(GB2)	20.00	膨润土	0.99
菜粕(GB2)	20.00	食盐	0.40
米糠(GB2)	15.00	营养素名称	营养含量
麦饭石	10.00	粗蛋白/%	28.00
玉米蛋白粉(60%粗蛋白)	5.35	钙/%	2.00
细石粉	4.19	总磷/%	0.98
牛预混料(1%)	3.00		

成年牛浓缩饲料配方 58

原 料 名 称	含量/%	原 料 名 称	含量/%
菜粕(GB1)	20.00	牛预混料(1%)	3.00
棉粕(GB2)	20.00	磷酸氢钙	1.06
菜粕(GB2)	19.18	食盐	0.40
米糠(GB2)	15.00	营养素名称	营养含量
麦饭石	9.79	粗蛋白/%	29.00
玉米蛋白粉(60%粗蛋白)	7.37	钙/%	2.00
细石粉	4.20	总磷/%	0.98

成年牛浓缩饲料配方 59

原 料 名 称	含量/%	原 料 名 称	含量/%
菜粕(GB1)	20.00	牛预混料(1%)	3.00
棉粕(GB2)	20.00	磷酸氢钙	1.07
菜粕(GB2)	17.16	食盐	0.40
米糠(GB2)	15.00	营养素名称	营养含量
玉米蛋白粉(60%粗蛋白)	10.04	粗蛋白/%	30.00
麦饭石	9.11	钙/%	2.00
细石粉	4.23	总磷/%	0.98

成年牛浓缩饲料配方 60

原 料 名 称	含量/%	原 料 名 称	含量/%
玉米蛋白粉(60%粗蛋白)	21.26	牛预混料(1%)	3.00
菜粕(GB1)	20.00	磷酸氢钙	1.24
菜粕(GB2)	20.00	食盐	0.40
米糠(GB2)	15.00	营养素名称	营养含量
麦饭石	10.00	粗蛋白/%	30.00
膨润土	4.93	钙/%	2.00
细石粉	4.17	总磷/%	0.91

成年牛浓缩饲料配方 61

原 料 名 称	含量/%	原 料 名 称	含量/%
菜粕(GB1)	20.00	牛预混料(1%)	3.00
菜粕(GB2)	20.00	磷酸氢钙	1.26
玉米蛋白粉(60%粗蛋白)	19.68	食盐	0.40
米糠(GB2)	15.00	营养素名称	营养含量
麦饭石	10.00	粗蛋白/%	29.00
膨润土	6.49	钙/%	2.00
细石粉	4.16	总磷/%	0.91

成年牛浓缩饲料配方 62

原 料 名 称	含量/%	原 料 名 称	含量/%
菜粕(GB1)	20.00	牛预混料(1%)	3.00
菜粕(GB2)	20.00	磷酸氢钙	1.28
玉米蛋白粉(60%粗蛋白)	18.11	食盐	0.40
米糠(GB2)	15.00	营养素名称	营养含量
麦饭石	10.00	粗蛋白/%	28.00
膨润土	8.06	钙/%	2.00
细石粉	4.16	总磷/%	0.91

成年牛浓缩饲料配方 63

原 料 名 称	含量/%	原 料 名 称	含量/%
菜粕(GB1)	20.00	牛预混料(1%)	3.00
菜粕(GB2)	20.00	磷酸氢钙	1.28
玉米蛋白粉(60%粗蛋白)	18.11	食盐	0.40
米糠(GB2)	15.00	营养素名称	营养含量
麦饭石	10.00	粗蛋白/%	28.00
膨润土	8.06	钙/%	2.00
细石粉	4.16	总磷/%	0.91

成年牛浓缩饲料配方 64

原 料 名 称	含量/%	原 料 名 称	含量/%
菜粕(GB1)	20.00	牛预混料(1%)	3.00
菜粕(GB2)	20.00	磷酸氢钙	1.31
米糠(GB2)	15.00	食盐	0.40
玉米蛋白粉(60%粗蛋白)	14.96	营养素名称	营养含量
膨润土	11.19	粗蛋白/%	26.00
麦饭石	10.00	钙/%	2.00
细石粉	4.14	总磷/%	0.90

成年牛浓缩饲料配方 65

原 料 名 称	含量/%	原 料 名 称	含量/%
玉米蛋白粉(60%粗蛋白)	34.03	磷酸氢钙	1.80
米糠(GB2)	15.00	小麦麸(GB1)	1.30
膨润土	15.00	食盐	0.40
米糠粕(GB1)	15.00	营养素名称	营养含量
麦饭石	10.00	粗蛋白/%	26.00
细石粉	4.47	钙/%	2.00
牛预混料(1%)	3.00	总磷/%	0.94

成年牛浓缩饲料配方 66

原 料 名 称	含量/%	原 料 名 称	含量/%
玉米蛋白粉(60%粗蛋白)	36.12	磷酸氢钙	1.81
米糠(GB2)	15.00	食盐	0.40
膨润土	15.00	营养素名称	营养含量
米糠粕(GB1)	14.21	粗蛋白/%	27.00
麦饭石	10.00	钙/%	2.00
细石粉	4.47	总磷/%	0.92
牛预混料(1%)	3.00		

成年牛浓缩饲料配方 67

原 料 名 称	含量/%	原 料 名 称	含量/%
玉米蛋白粉(60%粗蛋白)	36.16	牛预混料(1%)	3.00
米糠(GB2)	15.00	磷酸氢钙	1.72
米糠粕(GB1)	15.00	食盐	0.40
麦饭石	10.00	营养素名称	营养含量
膨润土	8.77	粗蛋白/%	28.00
小麦麸(GB1)	5.45	钙/%	2.00
细石粉	4.50	总磷/%	0.97

成年牛浓缩饲料配方 68

原 料 名 称	含量/%	原 料 名 称	含量/%
玉米蛋白粉(60%粗蛋白)	35.18	磷酸氢钙	1.58
米糠(GB2)	15.00	次粉(NY/T2)	0.87
小麦麸(GB1)	15.00	食盐	0.40
米糠粕(GB1)	15.00	营养素名称	营养含量
麦饭石	9.41	粗蛋白/%	29.00
细石粉	4.55	钙/%	2.00
牛预混料(1%)	3.00	总磷/%	1.04

成年牛浓缩饲料配方 69

原 料 名 称	含量/%	原 料 名 称	含量/%
玉米蛋白粉(60%粗蛋白)	33.43	磷酸氢钙	1.59
米糠(GB2)	15.00	豆粕(GB1)	0.62
小麦麸(GB1)	15.00	食盐	0.40
米糠粕(GB1)	15.00	营养素名称	营养含量
次粉(NY/T2)	14.31	粗蛋白/%	30.00
牛预混料(1%)	3.00	钙/%	1.00
细石粉	1.65	总磷/%	1.11

成年牛浓缩饲料配方 70

原 料 名 称	含量/%	原 料 名 称	含量/%
玉米蛋白粉(60%粗蛋白)	37.91	磷酸氢钙	1.85
次粉(NY/T2)	20.00	豆粕(GB1)	1.82
小麦麸(GB1)	15.00	食盐	0.40
麦饭石	10.00	营养素名称	营养含量
膨润土	5.60	粗蛋白/%	30.00
细石粉	4.42	钙/%	2.00
牛预混料(1%)	3.00	总磷/%	0.72

成年牛浓缩饲料配方 71

原 料 名 称	含量/%	原 料 名 称	含量/%
玉米蛋白粉(60%粗蛋白)	38.81	磷酸氢钙	1.86
次粉(NY/T2)	18.40	食盐	0.40
小麦麸(GB1)	15.00	营养素名称	营养含量
麦饭石	10.00	粗蛋白/%	29.50
膨润土	8.10	钙/%	2.00
细石粉	4.43	总磷/%	0.70
牛预混料(1%)	3.00		

成年牛浓缩饲料配方 72

原 料 名 称	含量/%	原 料 名 称	含量/%
玉米蛋白粉(60%粗蛋白)	38.69	磷酸氢钙	1.86
膨润土	15.00	食盐	0.40
小麦麸(GB1)	15.00	营养素名称	营养含量
次粉(NY/T2)	11.60	粗蛋白/%	28.50
麦饭石	10.00	钙/%	2.00
细石粉	4.44	总磷/%	0.67
牛预混料(1%)	3.00		

成年牛浓缩饲料配方 73

原 料 名 称	含量/%	原 料 名 称	含量/%
玉米蛋白粉(60%粗蛋白)	37.69	磷酸氢钙	1.87
膨润土	15.00	食盐	0.40
小麦麸(GB1)	15.00	营养素名称	营养含量
次粉(NY/T2)	12.60	粗蛋白/%	28.00
麦饭石	10.00	钙/%	2.00
细石粉	4.44	总磷/%	0.67
牛预混料(1%)	3.00		

成年牛浓缩饲料配方 74

原 料 名 称	含量/%	原 料 名 称	含量/%
玉米蛋白粉(60%粗蛋白)	36.69	磷酸氢钙	1.89
膨润土	15.00	食盐	0.40
小麦麸(GB1)	15.00	营养素名称	营养含量
次粉(NY/T2)	13.60	粗蛋白/%	27.50
麦饭石	10.00	钙/%	2.00
细石粉	4.43	总磷/%	0.67
牛预混料(1%)	3.00		

成年牛浓缩饲料配方 75

原 料 名 称	含量/%	原 料 名 称	含量/%
玉米蛋白粉(60%粗蛋白)	35.69	磷酸氢钙	1.90
膨润土	15.00	食盐	0.40
小麦麸(GB1)	15.00	营养素名称	营养含量
次粉(NY/T2)	14.59	粗蛋白/%	27.00
麦饭石	10.00	钙/%	2.00
细石粉	4.42	总磷/%	0.68
牛预混料(1%)	3.00		

成年牛浓缩饲料配方 76

原 料 名 称	含量/%	原 料 名 称	含量/%
玉米蛋白粉(60%粗蛋白)	34.68	磷酸氢钙	1.91
次粉(NY/T2)	15.59	食盐	0.40
膨润土	15.00	营养素名称	营养含量
小麦麸(GB1)	15.00	粗蛋白/%	26.50
麦饭石	10.00	钙/%	2.00
细石粉	4.42	总磷/%	0.68
牛预混料(1%)	3.00		

成年牛浓缩饲料配方 77

原 料 名 称	含量/%	原 料 名 称	含量/%
玉米蛋白粉(60%粗蛋白)	39.85	磷酸氢钙	1.85
麦饭石	20.00	食盐	0.40
膨润土	15.00	营养素名称	营养含量
小麦麸(GB1)	15.00	粗蛋白/%	27.70
贝壳粉	4.90	钙/%	2.00
牛预混料(1%)	3.00	总磷/%	0.61

成年牛浓缩饲料配方 78

原 料 名 称	含量/%	原 料 名 称	含量/%
玉米蛋白粉(60%粗蛋白)	39.85	磷酸氢钙	1.85
麦饭石	20.00	食盐	0.40
膨润土	15.00	营养素名称	营养含量
小麦麸(GB1)	15.00	粗蛋白/%	27.70
贝壳粉	4.90	钙/%	2.00
牛预混料(1%)	3.00	总磷/%	0.61

成年牛浓缩饲料配方 79

原 料 名 称	含量/%	原 料 名 称	含量/%
玉米蛋白粉（60％粗蛋白）	39.85	磷酸氢钙	1.85
麦饭石	20.00	食盐	0.40
膨润土	15.00	营养素名称	营养含量
小麦麸（GB1）	15.00	粗蛋白/％	27.70
贝壳粉	4.90	钙/％	2.00
牛预混料（1％）	3.00	总磷/％	0.61

成年牛浓缩饲料配方 80

原 料 名 称	含量/%	原 料 名 称	含量/%
玉米蛋白粉（60％粗蛋白）	40.42	磷酸氢钙	1.85
麦饭石	20.00	食盐	0.40
膨润土	15.00	营养素名称	营养含量
小麦麸（GB1）	14.85	粗蛋白/％	28.00
细石粉	4.48	钙/％	2.00
牛预混料（1％）	3.00	总磷/％	0.61

参考文献

[1] 李伟，毛鑫智. 新生犊牛的营养代谢和内分泌生理特点 [J]. 畜牧与兽医，1992，4 (24)：185-186.

[2] 李静霞. 养好犊牛的关键技术 [J]. 北方牧业，2007，(6)：21.

[3] 赵振冰. 犊牛饲养管理技术 [J]. 湖北畜牧兽医，2005，6：17-18.